粮食高产高效技术模式

农业部种植业管理司
全国农业技术推广服务中心 主编

中国农业出版社

《粮食高产高效技术模式》编辑委员会

主　　编　叶贞琴

副 主 编　曾衍德　谢建华

编写人员（以姓氏笔画为序）

才　卓　丁　斌　万克江　万富世　马　旭
马日亮　马兴林　王国占　王　蒂　王　璞
王齐娥　王季春　王法宏　王荣焕　王积军
方福平　卡哈尔曼·胡吉　史桂荣　吕金庆
吕修涛　朱新开　刘永红　刘亚萍　刘鹏涛
齐　华　汤　松　孙士明　孙丽娟　严光斌
李　晓　李洪文　李潮海　杨　勤　杨炳南
杨惠成　何　卫　邹应斌　汪　春　沈福生
宋志荣　张　凯　张　毅　张文忠　张文毅
张世煌　张东兴　张似松　张学昆　张建国
陆卫平　陈明才　金黎平　周广生　周继泽
庞万福　赵　明　赵久然　赵广才　贺　娟
徐春春　徐晶莹　涂　勇　高聚林　郭华春
郭志乾　黄大山　黄吉美　黄振霖　曹靖生
常　勇　鄂文弟　崔彦宏　隋启君　董志强
董树亭　程备久　曾令清　雷尊国　薛吉全
霍中洋　霍立君

序　言

粮食是关系经济发展、社会稳定和国家自立的重要基础。在粮食"九连增"的高起点上，如何保障粮食生产继续稳定发展，实现党的十八大提出的保障我国粮食安全和重要农产品有效供给的目标，是一个现实而紧迫的重大问题。为进一步挖掘增产潜力，2013年农业部在总结高产创建成功经验的基础上，开展了粮食增产模式攻关，组织育种、栽培、农机、植保等多领域的专家和各地农业部门，统筹考虑不同区域作物种植布局、茬口安排、光温水等资源禀赋，将高产创建万亩示范片的成熟模式，进行集成组装、完善配套，制定了涵盖东北、黄淮海、长江中下游、西南西北4大区域、29个粮食生产优势区域，涉及玉米、小麦、水稻、马铃薯、油菜5大作物，以不同主推技术为核心的58个区域性、标准化高产高效技术模式。

粮食增产模式攻关是高产创建的"升级版"，打破了行政区域的界限，在生态类型相近、种植制度相同的区域内，实行农科教结合，产学研协作，跨县、跨市、跨省联合推进，协作攻关，突破制约区域内粮食产量提升的关键技术瓶颈，形成区域性、标准化的高产高效模式，通过在更广范围、更大面积推广普及，力争示范区域产量比现有大田产量提高20%，到2020年粮食增产1 000亿斤以上。

粮食高产高效技术模式，重点突出标准化、机械化、规模化导向。一是高产与高效相结合，确定不同技术模式的目标产量，既考虑挖掘增产潜力，也兼顾投入产出效益。二是实用与先导相结合，既有生产中已普遍应用的技术，也有正在重点示范推广的技术。三是农艺与农机相结合，组装配套综合性的增产技术模式，以机械化为平台，对适合农机作业的品种和栽培技术进行定性描述，对作业机械和作业指标进行定量表达，形成从种到收套餐式的组合。四是示范与推广相结合，根据每个区域性、标准化技术模式的投入产出效益，以使种粮农户达到城镇居民户均可支配收入水平为标准，提出每个技术模式适宜的经营种植规模。

目前推出的58个粮食高产高效技术模式，既是地方实践经验的凝练提升，也是专家团队集体智慧的结晶。如果说，畜力＋劳动力＋精耕细作技术是数千年传统农业文明的主要标志，那么今天的模式化技术＋现代劳动力＋机械化就应该是现代农业文明的主要标志。粮食高产高效技术模式，不仅为粮食而且为农业现代化的“软件”开发创造了积极成果，开辟了新的路径，是一件很有意义的事，在此对专家和各级农业部门同志的辛苦付出表示衷心感谢！

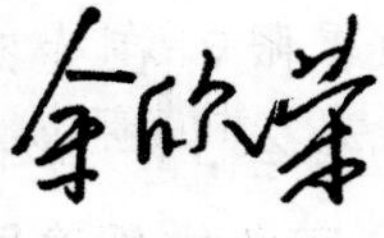

2013年11月

目录

序言 …… 余欣荣

一、东北玉米产区 …… 1

（一）东北北部玉米区 …… 1

东北北部玉米等行密植技术模式（模式 1） …… 1

东北北部玉米大垄双行技术模式（模式 2） …… 5

（二）东北西部灌溉玉米区 …… 9

东北西部灌区玉米深松保护性耕作技术模式（模式 1） …… 9

东北西部灌区玉米旋耕保护性耕作技术模式（模式 2） …… 13

（三）东北西部旱作玉米区 …… 16

东北西部旱作区玉米全膜覆盖技术模式（模式 1） …… 17

东北西部旱作区玉米半膜覆盖技术模式（模式 2） …… 20

（四）东北中南部平原玉米区 …… 24

东北中南部平原玉米深松等行距种植技术模式（模式 1） …… 25

东北中南部平原玉米深松大垄双行种植技术模式（模式 2） …… 28

（五）东北中南部山地丘陵玉米区 …… 32

东北中南部山地丘陵玉米秋旋起垄密植技术模式（模式 1） …… 32

东北中南部山地丘陵玉米免耕早播密植技术模式（模式 2） …… 36

二、东北水稻产区 …… 40

（一）东北南部稻区 …… 40

东北南部水稻硬盘旱育机插技术模式（模式 1） …… 40

东北南部水稻无纺布旱育秧抛摆技术模式（模式 2） …… 44

（二）东北中部稻区 …… 48

东北中部水稻软盘育秧抛摆技术模式（模式 1） …… 48

东北中部水稻旱育稀植技术模式（模式 2） …………………………… 52
东北中部水稻硬盘旱育秧机插技术模式（模式 3） ………………………… 55
（三）东北北部稻区 ……………………………………………………………… 59
东北北部水稻智能化旱育壮秧机插技术模式（模式 1） …………………… 59
东北北部水稻钵盘育秧全程机械化技术模式（模式 2） …………………… 66

三、黄淮海小麦产区 …………………………………………………………… 72

（一）黄淮海南部水浇地麦区 …………………………………………………… 72
黄淮海南部水浇地小麦深松深耕机条播技术模式（模式 1） ……………… 72
黄淮海南部水浇地小麦少免耕沟播技术模式（模式 2） …………………… 76
（二）黄淮海南部稻茬麦区 ……………………………………………………… 79
黄淮海南部稻茬麦少免耕机条播技术模式 ………………………………… 79
（三）黄淮海北部水浇地麦区 …………………………………………………… 83
黄淮海北部水浇地小麦深松深耕机条播技术模式（模式 1） ……………… 83
黄淮海北部水浇地小麦少免耕机沟播技术模式（模式 2）………………… 87
（四）黄淮海旱地麦区 …………………………………………………………… 90
黄淮海旱地麦少免耕机沟播技术模式（模式 1） …………………………… 90
黄淮海旱地麦机械条播镇压技术模式（模式 2） …………………………… 93

四、黄淮海夏玉米产区 ………………………………………………………… 98

（一）黄淮海中南部夏玉米区 …………………………………………………… 98
黄淮海中南部夏玉米贴茬精播合理保灌技术模式（模式 1） ……………… 98
黄淮海中南部夏玉米贴茬精播雨养旱作技术模式（模式 2） …………… 102
（二）黄淮海北部夏玉米区 …………………………………………………… 106
黄淮海北部夏玉米贴茬抢早精播合理保灌技术模式（模式 1） ………… 106
黄淮海北部夏玉米贴茬抢早精播雨养旱作技术模式（模式 2） ………… 110

五、长江中下游水稻产区 …………………………………………………… 115

（一）长江中下游双季早稻区 ………………………………………………… 115
长江中下游双季早稻工厂化育秧机插技术模式（模式 1） ……………… 115
长江中下游双季早稻保温育秧点抛技术模式（模式 2） ………………… 119
长江中下游双季早稻无盘旱育秧点抛技术模式（模式 3） ……………… 122
（二）长江中下游双季晚稻区 ………………………………………………… 126
长江中下游双季晚稻湿润育秧点抛技术模式（模式 1） ………………… 126

长江中下游双季晚稻湿润育秧划行移栽技术模式（模式2） …… 129
长江中下游双季晚粳湿润育秧点抛技术模式（模式3） …… 133
（三）长江中下游单季籼稻区 …… 136
长江中下游单季籼稻集中育秧机插技术模式（模式1） …… 137
长江中下游单季籼稻无盘旱育秧点抛技术模式（模式2） …… 140
（四）长江中下游单季粳稻区 …… 144
长江中下游单季粳稻软盘旱育秧点抛技术模式（模式1） …… 144
长江中下游单季粳稻塑盘旱育秧机插技术模式（模式2） …… 148
六、长江中下游油菜产区 …… 153
（一）长江中下游稻—油两熟区 …… 153
长江中下游稻—油区油菜直播机收技术模式（模式1） …… 153
长江中下游稻—油区油菜开沟撒播机收技术模式（模式2） …… 157
长江中下游稻—油区油菜育苗移栽机收技术模式（模式3） …… 160
（二）长江中下游旱—油两熟区 …… 163
长江中下游旱地油菜育苗套栽机收技术模式（模式1） …… 163
长江中下游旱地油菜撒播机收技术模式（模式2） …… 166
长江中下游旱地油菜翻耕直播机收技术模式（模式3） …… 169
（三）长江中下游稻—稻—油三熟区 …… 173
长江中下游稻—稻—油区油菜开沟直播分段机收技术模式 …… 173
七、西南西北玉米产区 …… 177
（一）西南丘陵玉米区 …… 177
西南丘陵区玉米宽窄行分带间套作技术模式（模式1） …… 177
西南丘陵区玉米趁墒机播垄作技术模式（模式2） …… 181
（二）西南高山高原玉米区 …… 184
西南高山高原区玉米抗旱早播全膜技术模式（模式1） …… 185
西南高山高原区玉米坐水种全膜技术模式（模式2） …… 188
（三）西北旱作玉米区 …… 191
西北旱作区玉米全膜双垄沟播技术模式（模式1） …… 192
西北旱作区玉米半膜覆盖技术模式（模式2） …… 195
（四）西北灌溉玉米区 …… 198
西北灌溉区玉米膜下滴灌技术模式（模式1） …… 199
西北灌溉区玉米节水灌溉技术模式（模式2） …… 202

八、西南西北马铃薯产区 …… 206
（一）西南一季作马铃薯区 …… 206
西南一季作区马铃薯机平播后起垄技术模式 …… 206
（二）西南二季作马铃薯区 …… 209
西南二季作区马铃薯高垄双行覆膜机播技术模式 …… 210
（三）西北马铃薯区 …… 213
西北马铃薯秋覆膜双行垄侧播种技术模式（模式1） …… 213
西北马铃薯双行机播膜下滴灌技术模式（模式2） …… 217
（四）南方冬种马铃薯区 …… 220
南方冬马铃薯双行机垄播覆盖技术模式 …… 220

（一）东北北部玉米区

东北北部是指黑龙江省第二积温带至第五积温带、内蒙古自治区东北部等区域，主要包括黑龙江省哈尔滨、绥化、大庆、齐齐哈尔部分区域及黑河、佳木斯、牡丹江、鸡西、双鸭山、七台河、鹤岗、伊春等全部区域和内蒙古自治区呼伦贝尔盟、兴安盟部分区域。该区域近年玉米种植面积 1 亿亩*，占全国玉米播种面积的 20%。年活动积温在 2 000～2 600℃，年降水量 400～600 毫米，无霜期 110～135 天，土壤主要为黑土、黑钙土、白浆土等，土质较肥沃，土地较平整，耕地平缓且集中连片，坡耕地比重小，有机质含量在 2% 以上。制约该区域高产的主要因素：一是热量资源不足，有效积温低，无霜期短；二是春旱，大部分地区春季干旱，影响玉米播种和出苗；三是播种密度偏低，普通型品种播种密度在每亩 3 500 株左右；四是品种熟期偏晚，造成后期籽粒含水量高，机收困难。目前除黑龙江省垦区外，机收主要收果穗，普及率在 50% 左右；五是病虫害、低温、早霜等发生频繁。

东北北部玉米等行密植技术模式（模式 1）

早熟耐密品种＋等行密植＋适时追肥＋赤眼蜂防治玉米螟＋适时机械收获＋深松整地

——预期目标产量　通过推广该技术模式，玉米平均亩产达到 650 千克。

——关键技术路线

* 亩为非法定计量单位，1 亩＝1/15 公顷。——编者注

选用早熟、耐密、高产、多抗品种：选择活动积温2 000～2 500℃、耐密、后期脱水快、多抗、产量潜力高、适合全程机械化收获的品种。

整地与施基肥：在上年深松的基础上，利用25马力*以上拖拉机旋耕起垄，垄宽65厘米或70厘米，垄高12厘米以上；起垄的同时施入基肥，亩施农家肥2 000千克以上，磷酸二铵15～20千克、长效尿素5～10千克、硫酸钾5～10千克、硫酸锌1千克（化肥也可做种肥施入）。

合理密植：待土壤温度稳定通过7℃时开始播种，一般年份播种时期在5月1～15日；利用25马力以上拖拉机配套的精量播种机播种，确保密度和质量，播种深度5厘米左右；耐密型品种播种密度每亩4 500～6 000株，行株距为0.65米×0.17～0.20米，保苗数4 200～5 000株；墒情不足应补水播种，每亩补水量6～9米^3。

化学除草：播种后出苗前，土壤墒情适宜时用40%乙阿合剂或48%丁草胺·莠去津、50%乙草胺等除草剂，对水后进行封闭除草。也可在玉米出苗后用48%丁草胺·莠去津或4%烟嘧磺隆等除草剂对水后进行苗后除草。

放寒增温：在玉米3～4叶期，利用25马力以上拖拉机进行中耕，中耕深度20厘米以上，达到放寒增温、蓄水提墒、促进土壤养分释放的目的，为玉米根系生长创造良好的环境条件。

适时追肥：在玉米拔节期（7～9叶）进行追肥，亩施尿素15～20千克；杜绝“一炮轰”等不科学施肥方式。

病虫害防治：种子全部采用种衣剂包衣，防治地下害虫和丝黑穗病的发生，利用赤眼蜂或Bt颗粒剂防治玉米螟。

机械收获：在玉米籽粒含水量降至25%以下时，利用4行玉米联合收获机直接收获玉米籽粒。若玉米已达完熟期，但籽粒水分难以降至25%以下时，用玉米收获机直接收获玉米果穗。

深松整地：有深松基础的地块，用80马力以上拖拉机，秋收后进行灭茬起垄；没有深松基础的地块，用210马力拖拉机，进行耙茬深松起垄，深度不小于30厘米，每2～3年进行1次。

——成本效益分析

目标产量收益：以亩产650千克、价格2.24元/千克计算，亩收入合计1 456元。

亩均成本投入：850元。

亩均纯收益：606元。

---

* 马力为非法定计量单位，1马力=735.499瓦特。——编者注

东北北部玉米等行密植技术模式图（模式1）

月份（旬）	5月			6月			7月			8月			9月			10月
	上旬	中旬	下旬	上旬	中旬	下旬	上旬	中旬	下旬	上旬	中旬	下旬	上旬	中旬	下旬	上旬
节气	立夏		小满	芒种		夏至	小暑		大暑	立秋		处暑	白露		秋分	寒露
生育期	播种		出苗	3叶期		拔节期			抽雄、吐丝期	灌浆期				成熟期		
主攻目标	保证播种密度		一播全苗	蹲苗促根，苗齐苗壮				植株健壮，穗大粒多		保叶护根，防倒防衰，保粒数、增粒重，正常成熟				丰产丰收		
播前准备	品种选择：选择活动积温2 000～2 500℃、耐密、后期脱水快、多抗、产量潜力高、适合全程机械化收获的品种 精选种子：选择发芽率高、活力强的优质种子，特别是要求种子发芽率≥92%，同时必须为包衣种子 整地施肥：在上年深松基础上，旋耕起垄，垄宽65厘米或70厘米，垄高12厘米以上；起垄同时施基肥，亩施农家肥2 000千克以上磷酸二铵15～20千克、长效尿素5～10千克、硫酸钾5～10千克、硫酸锌1千克（化肥可做种肥施入）															
精细播种	播种时期：在土壤温度稳定通过7℃时播种，一般年份在5月1～15日 播种方式：采用单粒精量播种机进行精量播种，65（或70）厘米等行距种植，适宜播深5厘米左右 种植密度：播种密度每亩4 500～6 000株，株距0.17～0.20米，保苗数4 200～5 000株 补墒播种：当土壤相对含水量不足60%时，应采取补水播种，每亩补水量6～9米^3 化学除草：播后苗前，土壤墒情适宜时用40%乙阿合剂或48%丁草胺·莠去津、50%乙草胺等除草剂，对水后进行封闭除草															
苗期管理	放寒增温：玉米3～4叶期，利用25马力以上拖拉机进行中耕（深度20厘米以上），达到放寒增温、蓄水提墒、促进土壤养分释放的目的 化学除草：未进行土壤封闭除草或封闭除草失败的田块，在玉米出苗后用48%丁草胺·莠去津或4%烟嘧磺隆等对水后进行苗后除草。不重喷、不漏喷，注意用药安全															

（续）

穗期管理	追施穗肥：在玉米拔节期（7～9叶）进行追肥，亩施尿素15～20千克；杜绝“一炮轰”等不科学施肥方式 玉米螟防治：利用赤眼蜂或Bt颗粒剂防治玉米螟
花粒期管理	及时浇水：开花和灌浆期如遇旱应及时浇水，保障正常授粉与结实
收获与整地	机械收获：在籽粒含水量降至25%以下时，用4行以上联合收获机直接收获籽粒。若已达完熟期，但籽粒水分难以降至25%以下时，用玉米收获机直接收获果穗 深松整地：有深松基础的地块，用80马力以上拖拉机秋收后灭茬起垄；没有深松基础的地块，用210马力拖拉机耙茬深松起垄，深度不小于30厘米，每2～3年一次
规模及收益	目标产量：亩产650千克。亩均纯收益：606元。农户适度经营规模122亩 100～200亩：推荐配置25马力拖拉机1台，播种机1台、中耕机1台及喷药机械等配套农机具2台（套） 200～500亩：推荐配置25马力拖拉机1台，播种机1台、中耕机1台及喷药机械等配套农机具3台（套），自走式玉米联合收割机1台 500～2 000亩：推荐配置100马力拖拉机1台、25马力拖拉机1台，灭茬起垄机1台、播种机1台、中耕机1台、喷药机（1台）等配套农机具4台（套）以上，100马力以上自走式玉米联合收割机1台 2 000～5 000亩：推荐配置120马力拖拉机1台、80马力拖拉机1台，深松机1台、灭茬起垄机2台、播种机2台、中耕机2台、喷药机械（2台）等配套农机具9台（套）以上，100马力以上自走式玉米联合收割机2台 5 000～10 000亩：推荐配置210马力拖拉机1台、120马力拖拉机2台、90马力拖拉机1台，自走式玉米联合收割机4台，3.5米深松机1台、3.5米灭茬起垄机1台、2.1米深松机1台、2.1米灭茬起垄机3台、9行播种机1台、7行播种机3台、8行中耕机3台及18米喷药机2台 10 000亩以上：推荐配置210马力拖拉机2台、120马力拖拉机2台、90马力拖拉机1台，自走式玉米联合收割机5台，3.5米深松机2台、3.5米灭茬起垄机2台、2.1米深松机2台、2.1米灭茬起垄机3台、9行播种机2台、7行播种机3台、8行中耕机4台及18米喷药机3台

适度经营规模面积：122 亩（按照使农民种粮收益达到城镇居民户均可支配收入标准的原则，测算出适度经营规模面积。在此规模下，农民可安心留乡务农。其中 2012 年全国城镇居民人均可支配收入 2 4565 元，户均 3 人，户均可支配收入 73 695 元。下同）。

——可供选择的常见经营规模推荐农机配置

100～200 亩：推荐配置 25 马力拖拉机 1 台，播种机 1 台、中耕机 1 台及喷药机械等配套农机具 2 台（套）。

200～500 亩：推荐配置 25 马力拖拉机 1 台，播种机 1 台、中耕机 1 台及喷药机械等配套农机具 3 台（套），自走式玉米联合收割机 1 台。

500～2 000 亩：推荐配置 100 马力拖拉机 1 台、25 马力拖拉机 1 台，灭茬起垄机 1 台、播种机 1 台、中耕机 1 台、喷药机械 1 台等配套农机具 4 台（套）以上，100 马力以上自走式玉米联合收割机 1 台。

2 000～5 000 亩：推荐配置 120 马力拖拉机 1 台、80 马力拖拉机 1 台，深松机 1 台、灭茬起垄机 2 台、播种机 2 台、中耕机 2 台、喷药机械 2 台等配套农机具 9 台（套）以上，100 马力以上自走式玉米联合收割机 2 台。

5 000～10 000 亩：推荐配置 210 马力拖拉机 1 台、120 马力拖拉机 2 台、90 马力拖拉机 1 台，自走式玉米联合收割机 4 台，3.5 米深松机 1 台、3.5 米灭茬起垄机 1 台、2.1 米深松机 1 台、2.1 米灭茬起垄机 3 台、9 行播种机 1 台、7 行播种机 3 台、8 行中耕机 3 台及 18 米喷药机 2 台。

10 000 亩以上：推荐配置 210 马力拖拉机 2 台、120 马力拖拉机 2 台、90 马力拖拉机 1 台，自走式玉米联合收割机 5 台，3.5 米深松机 2 台、3.5 米灭茬起垄机 2 台、2.1 米深松机 2 台、2.1 米灭茬起垄机 3 台、9 行播种机 2 台、7 行播种机 3 台、8 行中耕机 4 台及 18 米喷药机 3 台。

东北北部玉米大垄双行技术模式（模式 2）

早熟耐密品种＋大垄双行＋追施氮肥＋赤眼蜂防治玉米螟＋适时机械收获＋深松整地

——预期目标产量　通过推广该技术模式，玉米平均亩产达到 700 千克。

——关键技术路线

选用早熟、耐密、高产、多抗品种：选择活动积温 2 000～2 500℃、耐密、后期脱水快、多抗、产量潜力高、适合全程机械化收获的品种。

整地与施基肥：利用 120 马力以上拖拉机作业，起成垄距 110 厘米、垄高 12 厘米以上大垄；起垄时施足底肥，亩施农家肥 2 000 千克以上，磷酸二铵 20

千克、长效尿素 5～10 千克、硫酸钾 8～10 千克、硫酸锌 1 千克（化肥也可做种肥施入）。

大垄双行密植：待土壤温度稳定通过 7℃时开始播种，一般年份播种时期在 5 月 1～15 日；利用 80 马力以上配套的精量播种机，确保播种密度和质量，耐密型品种播种密度每亩 6 060～6 700 株，垄上行距 50 厘米，垄间行距 60 厘米，播种深度 5 厘米左右，株距 0.18～0.20 米，保苗数不低于 6 000 株。墒情不足时应补水播种，每亩补水量 6～9 $米^3$。

化学除草：播种后出苗前，土壤墒情适宜时用 40%乙阿合剂或 48%丁草胺・莠去津、50%乙草胺等除草剂对水后进行封闭除草。也可在玉米出苗后用 48%丁草胺・莠去津或 4%烟嘧磺隆等对水后进行苗后除草。

放寒增温：在玉米 3～4 叶期，利用 80 马力以上拖拉机进行中耕，中耕深度 25～30 厘米，达到放寒增温、蓄水提墒、促进土壤养分释放的目的，为根系生长创造良好环境条件。

适时追肥：在玉米拔节期（7～9 叶）追肥，亩施尿素 20 千克；杜绝“一炮轰”等不科学施肥方式。

病虫害防治：种子全部采用种衣剂包衣，防治地下害虫和丝黑穗病，利用赤眼蜂或 Bt 颗粒剂防治玉米螟。

机械收获：在玉米籽粒含水量降至 25%以下时，用 4 行玉米联合收获机直接收获籽粒。若已达完熟期，但籽粒水分难以降至 25%以下时，用玉米收获机直接收获果穗。

深松整地：有深松基础的地块，用 80 马力以上拖拉机，秋收后进行灭茬起垄；没有深松基础的地块，用 210 马力拖拉机，进行耙茬深松起垄，深度不小于 30 厘米，每 2～3 年进行一次。

——成本效益分析

目标产量收益：以亩产 700 千克、价格 2.24 元/千克计算，合计 1 568 元。

亩均成本投入：863 元。

亩均纯收益：705 元。

适度经营规模面积：105 亩。

——可供选择的常见经营规模推荐农机配置

100～200 亩：推荐配置 25 马力拖拉机 1 台，播种机 1 台、中耕机 1 台及喷药机械等配套农机具 2 台（套）。

200～500 亩：推荐配置 25 马力拖拉机 1 台，播种机 1 台、中耕机 1 台及喷药机械等配套农机具 3 台（套），100 马力以上 3～4 行自走式玉米联合收割机 1 台。

东北北部玉米大垄双行技术模式图（模式 2）

<table>
<tr><td rowspan="2">月份
（旬）</td><td colspan="3">5 月</td><td colspan="3">6 月</td><td colspan="3">7 月</td><td colspan="3">8 月</td><td colspan="3">9 月</td><td>10 月</td></tr>
<tr><td>上旬</td><td>中旬</td><td>下旬</td><td>上旬</td><td>中旬</td><td>下旬</td><td>上旬</td><td>中旬</td><td>下旬</td><td>上旬</td><td>中旬</td><td>下旬</td><td>上旬</td><td>中旬</td><td>下旬</td><td>上旬</td></tr>
<tr><td>节气</td><td>立夏</td><td></td><td>小满</td><td>芒种</td><td></td><td>夏至</td><td>小暑</td><td></td><td>大暑</td><td>立秋</td><td></td><td>处暑</td><td>白露</td><td></td><td>秋分</td><td>寒露</td></tr>
<tr><td>生育期</td><td colspan="2">播种</td><td>出苗</td><td>3 叶期</td><td></td><td>拔节期</td><td></td><td></td><td>抽雄、
吐丝期</td><td colspan="3">灌浆期</td><td colspan="2">成熟期</td><td colspan="2"></td></tr>
<tr><td>主攻
目标</td><td colspan="2">保证播种密度</td><td>一播
全苗</td><td colspan="3">蹲苗促根，苗齐苗壮</td><td colspan="3">植株健壮，
穗大粒多</td><td colspan="3">保叶护根，防倒防衰，
保粒数、增粒重，正常成熟</td><td>丰产
丰收</td><td colspan="2"></td></tr>
<tr><td>播前
准备</td><td colspan="16">品种选择：选择活动积温 2 000～2 500℃、耐密、后期脱水快、多抗、产量潜力高、适合全程机械化收获的品种
精选种子：选择发芽率高、活力强的优质种子，特别是要求种子发芽率≥92%，同时必须为包衣种子
整地施肥：利用 120 马力以上拖拉机作业，将土地制成宽 110 厘米大垄，垄高 12 厘米以上；起垄时施足底肥，亩施农家肥 2 000 千克以上、磷酸二铵 20 千克、长效尿素 5～10 千克、硫酸钾 8～10 千克、硫酸锌 1 千克（化肥也可做种肥施入）</td></tr>
<tr><td>精细
播种</td><td colspan="16">播种时期：在土壤温度稳定通过 7℃时播种，一般年份在 5 月 1～15 日
播种方式：采用单粒精量播种机进行精量播种，垄上行距 50 厘米，垄间行距 60 厘米，适宜播深 5 厘米左右
种植密度：播种密度每亩 6 060～6 700 株，株距 0.18～0.20 米，保苗数不低于 6 000 株
补墒播种：当土壤相对含水量不足 60%时，应采取补水播种，每亩补水量为 6～9 米^3
化学除草：播后苗前，土壤墒情适宜时用 40%乙阿合剂或 48%丁草胺·莠去津、50%乙草胺等除草剂，对水后进行封闭除草</td></tr>
<tr><td>苗期
管理</td><td colspan="16">放寒增温：在 3～4 叶期，利用 80 马力以上拖拉机进行中耕，深度 25 厘米以上，达到放寒增温、蓄水提墒、促进土壤养分释放的目的，为玉米根系生长创造良好的环境条件
化学除草：未进行土壤封闭除草或封闭除草失败的田块，可在出苗后用 48%丁草胺·莠去津或 4%烟嘧磺隆等除草剂对水后进行苗后除草。不重喷、不漏喷，注意用药安全</td></tr>
</table>

（续）

穗期管理	追施穗肥：在玉米拔节期（7～9 叶）进行追肥，亩施尿素 20 千克；杜绝“一炮轰”等不科学施肥方式 玉米螟防治：利用赤眼蜂或 Bt 颗粒剂防治玉米螟
花粒期管理	及时浇水：开花和灌浆期如遇旱应及时浇水，保障正常授粉与结实
收获与整地	机械收获：在籽粒含水量降至 25%以下时，用 4 行以上玉米联合收获机直接收获籽粒。若已达完熟期，但籽粒水分难以降至 25%以下时，用玉米收获机直接收获果穗 深松整地：有深松基础的地块，用 80 马力以上拖拉机秋收后灭茬起垄；没有深松基础的地块，用 210 马力拖拉机耙茬深松起垄，深度不小于 30 厘米，每 2～3 年进行一次
规模及收益	目标产量：亩产 700 千克。亩均纯收益：705 元。农户适度经营规模 105 亩 100～200 亩：推荐配置 25 马力拖拉机 1 台，播种机 1 台、中耕机 1 台及喷药机械等配套农机具 2 台（套） 200～500 亩：推荐配置 25 马力拖拉机 1 台，播种机 1 台、中耕机 1 台及喷药机械等配套农机具 3 台（套），100 马力以上 3～4 行自走式玉米联合收割机 1 台 500～2 000 亩：推荐配置 120 马力拖拉机 1 台、25 马力拖拉机 1 台，灭茬起垄机、播种机、中耕机、喷药机等配套农机具各 1 台（套），100 马力以上 3～4 行自走式玉米联合收割机 1 台 2 000～5 000 亩：推荐配置 120 马力拖拉机 1 台、80 马力拖拉机 1 台，深松机、灭茬起垄机、播种机、中耕机、喷药机械等配套农机具各 2 台（套），100 马力以上 3～4 行自走式玉米联合收割机 2 台 5 000～10 000 亩：推荐配置 210 马力拖拉机 1 台、120 马力拖拉机 3 台，4 行自走式玉米联合收割机 4 台，4 行灭茬起垄机 1 台、2.1 米深松机 3 台、2 行灭茬起垄机 3 台、8 行播种机 4 台、5 行中耕机 3 台及 18 米喷药机 2 台 10 000 亩以上：推荐配置 210 马力拖拉机 2 台、120 马力拖拉机 3 台，4 行自走式玉米联合收割机 5 台，4 行灭茬起垄机 2 台、2.1 米深松机 4 台、2 行灭茬起垄机 3 台、8 行播种机 5 台、5 行中耕机 4 台及 18 米喷药机 3 台

500～2 000 亩：推荐配置 120 马力拖拉机 1 台、25 马力拖拉机 1 台，灭茬起垄机、播种机、中耕机、喷药机等配套农机具各 1 台（套），100 马力以上 3～4 行自走式玉米联合收割机 1 台。

2 000～5 000 亩：推荐配置 120 马力拖拉机 1 台、80 马力拖拉机 1 台，深松机、灭茬起垄机、播种机、中耕机、喷药机械等配套农机具各 2 台（套），100 马力以上 3～4 行自走式玉米联合收割机 2 台。

5 000～10 000 亩：推荐配置 210 马力拖拉机 1 台、120 马力拖拉机 3 台，4 行自走式玉米联合收割机 4 台，4 行灭茬起垄机 1 台、2.1 米深松机 3 台、2 行灭茬起垄机 3 台、8 行播种机 4 台、5 行中耕机 3 台及 18 米喷药机 2 台。

10 000 亩以上：推荐配置 210 马力拖拉机 2 台、120 马力拖拉机 3 台，4 行自走式玉米联合收割机 5 台，4 行灭茬起垄机 2 台、2.1 米深松机 4 台、2 行灭茬起垄机 3 台、8 行播种机 5 台、5 行中耕机 4 台及 18 米喷药机 3 台。

（编制专家：曹靖生　赵明　孙士明　史桂荣　张建国）

（二）东北西部灌溉玉米区

东北西部灌溉区即西辽河流域，主要包括内蒙古自治区东北部赤峰市和通辽市及与辽宁西北部和吉林西南部接壤区域。年平均降水量 375 毫米左右，活动积温 3 000℃左右，无霜期 130 天左右。该区域温光条件好，雨热同季，玉米增产潜力大。玉米种植面积 1 000 万亩左右，总产量 40 多亿千克。影响西辽河流域玉米高产的因素：一是春旱发生概率大，影响玉米适期播种和保全苗；伏旱影响玉米果穗生长发育；秋吊影响玉米籽粒灌浆；二是土壤耕层浅，犁底层厚，保水保肥能力差，易早衰；三是生产上品种多，缺少适应性广、抗性强的耐密品种。四是农机农艺不配套，影响机械作业。

东北西部灌区玉米深松保护性耕作技术模式（模式 1）

耐密适熟品种＋深松保护性耕作＋精量播种＋合理保灌＋综合生物防治＋机械收获

——预期目标产量　通过推广该技术模式，玉米平均亩产达到 750 千克。

——关键技术路线

选用高产、耐密、适熟品种：根据当地自然生态条件，选择熟期适宜、耐密抗倒、高产稳产、适宜机械收获的优良玉米品种，禁止越区种植。根据品种特性、生态区域及栽培水平，进行合理密植，亩保苗4 000～4 500株。

实行土壤深松保护性耕作：采用120马力以上机械实行秋季土壤深翻（松）或春季深松，深度达到30厘米以上。没有秋、春深松的地块进行中耕深松，深度25厘米左右。

实行单粒精量点播：在选用优良品种的基础上，选购和使用发芽率高、活力强、适宜单粒精量播种的优质种子，进行种子包衣或药剂拌种。4月20日至5月5日，采用25马力播种机精量或半精量播种，保证下籽均匀、深浅一致（3～5厘米）、种肥隔离、覆土严密。

合理保灌：根据土壤墒情和降水，浇“底墒水”，抗春旱保苗情；浇“追肥水”，抗伏旱保穗粒；浇“灌浆水”，抗秋吊保粒重。

综合生物防治：推广植保机械化防治作业，实现专业化统防统治，提高病虫害防治效果。重点防治玉米螟，一、二代玉米螟统筹考虑，实行统防统治。采用白僵菌封垛和在玉米螟产卵初期至卵盛期分2次释放赤眼蜂防治（亩释放赤眼蜂1.5万～2万头，分2次释放）。也可采用飞机或高杆喷雾机喷洒苏云金杆菌（Bt）乳剂，或玉米心叶末期在喇叭筒内投撒辛硫磷颗粒剂等防治。

适时机械收获：10月1日前后，待玉米苞叶变白，上口松开，籽粒基部黑层出现，乳线消失，达到生理成熟时，用120马力以上机械收获。

——成本效益分析

目标产量收益：以亩产750千克、价格2.24元/千克计算，合计1 680元。

亩均成本投入：945元。

亩均纯收益：735元。

适度经营规模面积：100亩。

——可供选择的常见经营规模推荐农机配置

100～200亩：推荐配置25马力拖拉机1台，小型播种机1台、中耕机1台及喷药机械等配套农机具1台（套）。

200～500亩：推荐配置25马力拖拉机1台，小型播种机1台、中耕机1台及喷药机械等配套农机具1台（套），120马力收割机1台。

500～2 000亩：推荐配置120马力拖拉机1台，中型播种机1台、中耕机1台及喷药机械等配套农机具1台（套），120马力收割机1台。

2 000～5 000亩：推荐配置120马力拖拉机2台，中型播种机2台、中耕机2台及喷药机械等配套农机具1台（套），120马力收割机2台。

5 000～10 000亩：推荐配置210马力拖拉机1台、120马力拖拉机3台，4行自走式玉米联合收割机4台，3.5米深松机1台、3.5米灭茬起垄机1台、2.1米深松机3台、2.1米灭茬起垄机3台、9行播种机1台、7行播种机3台、

东北西部灌区玉米深松保护性耕作技术模式图（模式1）

月份（旬）	4月			5月			6月			7月			8月			9月			10月		
	上旬	中旬	下旬	上旬	中旬	下旬	上旬	中旬	下旬	上旬	中旬	下旬	上旬	中旬	下旬	上旬	中旬	下旬	上旬	中旬	下旬
节气	清明		谷雨	立夏		小满	芒种		夏至	小暑		大暑	立秋		处暑	白露		秋分	寒露		霜降
生育期	整地		播种	萌发	出苗	拔节			大喇叭口		抽雄吐丝	籽粒形成	乳熟		蜡熟		收获				
主攻目标	提高播种质量 保证种植密度				促进根系生长，培育壮苗达到苗早、苗全、苗齐、苗壮				促进叶片增大 培育壮秆，攻大穗			养根保叶防早衰，保粒数增粒重									
播前准备	品种选择：选择熟期适宜、耐密、抗倒、高产、稳产、适宜机械收获的优良玉米品种，禁止越区种植 种子准备：购买高质量单粒精播包衣种子 深松整地：采用120马力以上的拖拉机进行秋深松（翻地）或春深松，播前灭茬、旋耕、起垄，达到待播状态 施足底肥：全部氮肥的20%和全部的磷肥、钾肥作底肥																				
精细播种	适期播种：4月20日至5月5日（土壤5厘米处地温稳定通过8～10℃），视土壤墒情适时播种 精量播种：采用25马力以上播种机进行精量播种，播深5厘米，覆土均匀，适度镇压。随播种亩施7.5～10千克磷酸二铵，种肥隔离 栽培形式：采用大垄宽窄行或地膜覆盖栽培形式，大垄宽100厘米，垄上种两行，大行距60厘米，小行距40厘米 合理密植：根据品种特性和产量目标确定合理密度，一般亩保苗4 000～4 500株 封闭除草：播后苗前，土壤墒情适宜时用40%乙阿合剂或48%丁草胺·莠去津、50%乙草胺等除草剂，对水后进行封闭除草																				
苗期管理	化学除草：未进行土壤封闭除草或封闭除草失败的田块，可在出苗后用48%丁草胺·莠去津或4%烟嘧磺隆等对水后进行苗后除草。不重喷、不漏喷，并注意用药安全																				
穗期管理	追施氮肥：氮肥总量的60%作追肥。玉米长势好的地块在大喇叭口期一次性追施；长势差的地块在拔节期和大喇叭口后期分两次追施。追施深度8～10厘米，并及时覆土。追肥后及时浇水，亩灌水量40～50米^3																				

（续）

穗期管理	病害防治：叶斑病易发区可在发病前用50%百菌清、50%多菌灵等可湿性粉剂500～800倍液，或70%甲基硫菌灵可湿性粉剂喷雾防治 虫害防治：在玉米螟产卵初期放第1次赤眼蜂，5天后再放第2次，每亩放1.5万～2万头；或用白僵菌制剂、Bt制剂、3%辛硫磷等颗粒剂撒入喇叭口内 化控防倒：对于密度过大、生长过旺、品种抗倒性差的地块，可在6～8展叶期喷施化控药剂，控制株高，预防倒伏
花粒期管理	追施氮肥：氮肥总量的20%在抽雄吐丝期追施。追肥后及时浇水，亩灌水量40～50米^3 虫害防治：金龟子发生严重的地块可用糖醋液等诱杀 促进早熟：后期贪青晚熟的可叶面喷施0.2%磷酸二氢钾等促早熟。还可采取隔行去雄与人工辅助授粉、割除空秆和病株、打底叶、站秆扒皮晾晒等措施促进早熟
收获与整地	适时收获：待玉米苞叶变白，上口松开，籽粒基部黑层出现，乳线消失，达到生理成熟时，用120马力以上机械收获 秋季整地：收获后用120马力以上机械及时灭茬秋翻或深松，耕深30～35厘米，结合秋翻或深松亩施优质农家肥1 000～2 000千克
规模及收益	目标产量：750千克。亩均纯收益：735元。农户适度经营规模100亩 100～200亩：推荐配置25马力拖拉机1台，小型播种机1台、中耕机1台及喷药机械等配套农机具1台（套） 200～500亩：推荐配置25马力拖拉机1台，小型播种机1台、中耕机1台及喷药机械等配套农机具1台（套），120马力收割机1台 500～2 000亩：推荐配置120马力拖拉机1台，中型播种机1台、中耕机1台及喷药机械等配套农机具1台（套），120马力收割机1台 2 000～5 000亩：推荐配置120马力拖拉机2台，中型播种机2台、中耕机2台及喷药机械等配套农机具1台（套），120马力收割机2台 5 000～10 000亩：推荐配置210马力拖拉机1台、120马力拖拉机3台，4行自走式玉米联合收割机4台，3.5米深松机1台、3.5米灭茬起垄机1台、2.1米深松机3台、2.1米灭茬起垄机3台、9行播种机1台、7行播种机3台、8行中耕机3台及18米喷药机2台 10 000亩以上：推荐配置210马力拖拉机2台、120马力拖拉机3台，4行自走式玉米联合收割机5台，3.5米深松机2台、3.5米灭茬起垄机2台、2.1米深松机3台、2.1米灭茬起垄机3台、9行播种机2台、7行播种机3台、8行中耕机4台及18米喷药机3台

8行中耕机3台及18米喷药机2台。

10 000亩以上：推荐配置210马力拖拉机2台、120马力拖拉机3台，4行自走式玉米联合收割机5台，3.5米深松机2台、3.5米灭茬起垄机2台、2.1米深松机3台、2.1米灭茬起垄机3台、9行播种机2台、7行播种机3台、8行中耕机4台及18米喷药机3台。

东北西部灌区玉米旋耕保护性耕作技术模式（模式2）

耐密适熟品种＋旋耕保护性耕作＋精量播种＋膜下滴灌＋综合生物防治＋机械收获

——预期目标产量　通过推广该技术模式，玉米平均亩产达到800千克。

——关键技术路线

选用高产、耐密、适熟品种：根据当地自然生态条件，选择熟期适宜、耐密抗倒、高产稳产、适宜机械收获的优良玉米品种，禁止越区种植。根据品种特性和生态区域及栽培水平，进行合理密植，亩保苗4 300～4 800株。

进行土壤深松保护性耕作：用120马力以上机械进行秋季土壤深翻（松）或春季深松，深度30厘米以上。没有秋、春深松地块进行中耕深松，深度25厘米左右。

实行单粒精量点播：在选用优良品种的基础上，选购和使用发芽率高、活力强、适宜单粒精量播种的优质种子，进行种子包衣或药剂拌种。4月20日至5月5日，用精量播种机播种，保证下籽均匀、深浅一致（3～5厘米）、种肥隔离、覆土严密。

采用膜下滴灌技术：实行“一膜一带大垄双行”膜下滴灌栽培，用覆膜播种机一次性完成开沟、施肥、播种、起垄、喷洒除草剂、铺设滴灌带、覆膜等作业，大垄底宽100厘米（大行距60厘米、小行距40厘米），滴灌带铺设于小行距两行作物之间。根据玉米不同生育阶段需水需肥规律，结合灌溉实行肥水一体化施肥。

采取综合生物防治：推广植保机械化防治作业，实现专业化统防统治。重点防治玉米螟，一、二代玉米螟统筹考虑，实行统防统治。采用白僵菌封垛和在玉米螟产卵初期至卵盛期分2次释放赤眼蜂防治（亩释放赤眼蜂1.5万～2万头，分2次释放）。也可采用飞机或高杆喷雾机喷洒苏云金杆菌（Bt）乳剂，或玉米心叶末期在喇叭筒内投撒辛硫磷颗粒剂等防治。

适时机械收获：10月1日前后，待玉米苞叶变白，上口松开，籽粒基部黑层出现，乳线消失，达到生理成熟时，用120马力以上机械收获。

东北西部灌区玉米旋耕保护性耕作技术模式图（模式 2）

月份（旬）	4月			5月			6月			7月			8月			9月			10月		
	上旬	中旬	下旬	上旬	中旬	下旬	上旬	中旬	下旬	上旬	中旬	下旬	上旬	中旬	下旬	上旬	中旬	下旬	上旬	中旬	下旬
节气	清明		谷雨	立夏		小满	芒种		夏至	小暑		大暑	立秋		处暑	白露		秋分	寒露		霜降
生育期	整地	播种		萌发	出苗	拔节			大喇叭口	抽雄吐丝		籽粒形成		乳熟	蜡熟	收获					
主攻目标	提高播种质量，保证种植密度				促进根系生长，培育壮苗，达到苗早、苗全、苗齐、苗壮				促进叶片增大，培育壮秆，攻大穗			养根保叶防早衰，保粒数增粒重									
播前准备	品种选择：选择熟期适宜、耐密、抗倒、高产、稳产、适宜机械收获的优良玉米品种，生育期比当地直播品种所需活动积温多150～200℃或叶片数多1～2片的品种 种子准备：购买高质量、单粒精播、包衣种子 深松整地：用120马力以上的拖拉机进行秋深松（翻地）或春深松，播前灭茬、旋耕、起垄，达到待播状态 施足底肥：全部氮肥的20%和全部的磷肥、钾肥作底肥																				
精细播种	适期播种：4月20日至5月5日（土壤5厘米处地温稳定通过8～10℃），视土壤墒情适时播种 铺带覆膜：实行“一膜一带大垄双行”膜下滴灌栽培，采用25马力以上覆膜播种机一次性完成开沟、施肥、播种、起垄、喷晒除草剂、铺设滴灌带、覆膜等作业，大垄底宽100厘米（大行距60厘米、小行距40厘米），滴灌带铺设于小行距两行玉米之间 精量播种：采用25马力以上播种机进行精量播种，播深5厘米，覆土均匀，适度镇压。随播种亩施7.5～10千克磷酸二铵，种肥隔离 栽培形式：采用大垄宽窄行或地膜覆盖栽培形式，大垄宽100厘米，垄上种两行，大行距60厘米、小行距40厘米 合理密植：根据品种特性和产量目标确定合理的密度，一般亩保苗4 300～4 800株 封闭除草：播后苗前，土壤墒情适宜时用40%乙阿合剂或48%丁草胺·莠去津、50%乙草胺等除草剂，对水后进行封闭除草																				
苗期管理	化学除草：未进行土壤封闭除草或封闭除草失败的田块，可在出苗后用48%丁草胺·莠去津或4%烟嘧磺隆等除草剂对水后进行苗后除草。不重喷、不漏喷，注意用药安全 滴灌追肥：遇旱及时灌水，滴灌定额每亩20米^3，结合滴灌施用尿素8千克																				

（续）

穗期管理	滴灌追肥：根据玉米不同生育阶段需肥规律，结合灌溉实行肥水一体化施肥。水溶性氮肥总量的60%作追肥，在拔节期和大喇叭口后期分两次追施，滴灌定额每亩30米^3。不实行水肥一体化的地块每亩施磷酸二铵6千克、氯化钾6千克、尿素20千克 病害防治：叶斑病易发区可在发病前用50%百菌清、50%多菌灵等可湿性粉剂500～800倍液，或70%甲基硫菌灵可湿性粉剂喷雾防治 虫害防治：在玉米螟产卵初期放第一次赤眼蜂，5天后再放第二次，每亩放1.5万～2万头；或用白僵菌制剂、Bt制剂、3%辛硫磷颗粒剂等撒入喇叭口内 化控防倒：对于密度过大、生长过旺、品种抗倒性差的地块，可在6～8展叶期喷施化控药剂，控制株高，预防倒伏
花粒期管理	滴灌追肥：氮肥总量的20%在抽雄吐丝期追施。滴灌定额每亩30米^3，尿素用量每亩6千克 虫害防治：金龟子发生严重的地块可用糖醋液等诱杀 促进早熟：后期贪青晚熟的可叶面喷施0.2%施磷酸二氢钾等促早熟。还可采取隔行去雄与人工辅助授粉、割除空秆和病株、打底叶、站秆扒皮晾晒等措施促早熟
收获与整地	适时收获：待玉米苞叶变白，上口松开，籽粒基部黑层出现，乳线消失，达到生理成熟时，用120马力以上机械收获 秋季整地：收获后用120马力以上机械及时灭茬秋翻或深松，耕深30～35厘米，结合秋翻或深松亩施优质农家肥1 000～2 000千克
规模及收益	目标产量：亩产800千克。亩均纯收益：722元。农户适度经营规模102亩 100～200亩：推荐配置25马力拖拉机1台，精量播种机1台、中耕机1台及喷药机械等配套农机具1台（套） 200～500亩：推荐配置25马力拖拉机1台，精量播种机1台、中耕机1台及喷药机械等配套农机具1台（套），120马力收割机1台 500～2 000亩：推荐配置120马力拖拉机1台，大型精量播种机1台、中耕机1台及喷药机械等配套农机具1台（套），120马力收割机1台 2 000～5 000亩：推荐配置120马力拖拉机2台，大型精量播种机2台、中耕机1台及喷药机械等配套农机具1台（套），120马力以上收割机2台 5 000～10 000亩：推荐配置210马力拖拉机1台、120马力拖拉机3台，4行自走式玉米联合收割机4台，3.5米深松机1台、3.5米灭茬起垄机1台、2.1米深松机3台、2.1米灭茬起垄机3台、9行播种机1台、7行播种机3台、8行中耕机3台及18米喷药机2台 10 000亩以上：配置210马力拖拉机2台、120马力拖拉机3台，4行自走式玉米联合收割机5台，3.5米深松机2台、3.5米灭茬起垄机2台、2.1米深松机3台、2.1米灭茬起垄机3台、9行播种机2台、7行播种机3台、8行中耕机4台及18米喷药机3台

——成本效益分析

目标产量收益：以亩产 800 千克、价格 2.24 元/千克计算，合计 1 792元。

亩均成本投入：1 070 元。

亩均纯收益：722 元。

适度经营规模面积：102 亩。

——可供选择的常见经营规模推荐农机配置

100～200 亩：推荐配置 25 马力拖拉机 1 台，精量播种机 1 台、中耕机 1 台及喷药机械等配套农机具 1 台（套）。

200～500 亩：推荐配置 25 马力拖拉机 1 台，精量播种机 1 台、中耕机 1 台及喷药机械等配套农机具 1 台（套），120 马力收割机 1 台。

500～2 000 亩：推荐配置 120 马力拖拉机 1 台，大型精量播种机 1 台、中耕机 1 台及喷药机械等配套农机具 1 台（套），120 马力收割机 1 台。

2 000～5 000 亩：推荐配置 120 马力拖拉机 2 台，大型精量播种机 2 台、中耕机 1 台及喷药机械等配套农机具 1 台（套），120 马力以上收割机 2 台。

5 000～10 000 亩：推荐配置 210 马力拖拉机 1 台、120 马力拖拉机 3 台，4 行自走式玉米联合收割机 4 台，3.5 米深松机 1 台、3.5 米灭茬起垄机 1 台、2.1 米深松机 3 台、2.1 米灭茬起垄机 3 台、9 行播种机 1 台、7 行播种机 3 台、8 行中耕机 3 台及 18 米喷药机 2 台。

10 000 亩以上：配置 210 马力拖拉机 2 台、120 马力拖拉机 3 台，4 行自走式玉米联合收割机 5 台，3.5 米深松机 2 台、3.5 米灭茬起垄机 2 台、2.1 米深松机 3 台、2.1 米灭茬起垄机 3 台、9 行播种机 2 台、7 行播种机 3 台、8 行中耕机 4 台及 18 米喷药机 3 台。

（编制专家：高聚林　赵明　孙士明）

（三）东北西部旱作玉米区

东北西部旱作区是指内蒙古自治区东四盟（市）及东北三省西部等区域，主要包括内蒙古呼伦贝尔市、兴安盟、通辽市北部、赤峰市北部及相邻的黑龙江省西部、吉林省西部、辽宁省西部的丘陵区域，年活动积温 2 000～2 600℃，年降雨量 350～500 毫米，无霜期 110～135 天，土壤主要为黑土、黑钙土、白浆土等，土质较肥沃。该区域近年玉米种植面积 4 000 万亩，占全国玉米播种面积的 8%。影响该区域高产的主要制约因素：一是热量资源不足，有效积温低、无霜期短；二是春旱，大部分地区春季干旱，影响玉米播种和出苗；三是播种密度偏低，普通型品种播种密度每亩 3 500 株左右；四是品种熟期偏晚，造成后期籽粒含水量高，机收困难。

东北西部旱作区玉米全膜覆盖技术模式（模式 1）

早熟耐密品种＋全膜覆盖＋机械双垄沟播＋赤眼蜂防治玉米螟＋适时机械收获＋深松整地

——预期目标产量　通过推广该技术模式，玉米平均亩产达到 750 千克。

——关键技术路线

选用早熟、耐密、高产、多抗品种：选择活动积温 2 000～2 600℃，耐密、后期脱水快、多抗、产量潜力高、适合全程机械化收获的品种。

地膜选择：选用厚度 0.008～0.01 毫米、宽 120 厘米的地膜。

整地与施基肥：在上年深松基础上，用 80 马力以上机械旋耕整地，做到“上虚下实无根茬、地面平整无坷垃”，为覆膜、播种创造良好土壤条件。旋耕前施入基肥，亩施农家肥 2 000 千克以上，磷酸二铵 15～20 千克、长效尿素 5～10千克、硫酸钾 5～10 千克、硫酸锌 1 千克。

适时早播：4 月下旬至 5 月上旬，用 25 马力以上拖拉机配套全膜覆盖双垄沟播精量播种机，起垄、播种、喷药和覆膜一次完成，确保播种密度和质量，播种深度 5 厘米左右。

合理密植：耐密型品种播种密度每亩 4 500～6 000 株，大垄宽 70 厘米、高 10 厘米，小垄宽 40 厘米、高 15 厘米，每幅垄均有一大一小、一高一低两个垄面。要求垄和垄沟宽窄均匀，垄脊高低一致。株距 0.20～0.27 米，每亩保苗数不低于 4 000 株。

化学封闭除草：播种覆膜时用 40％乙阿合剂或 48％丁草胺・莠去津、50％乙草胺等除草剂，对水后进行封闭除草。

适时追肥：在玉米拔节期（7～9 叶）进行追肥，亩施尿素 15～20 千克，杜绝“一炮轰”等不科学施肥方式。

病虫害防治：种子全部采用种衣剂包衣或药剂拌种，防治地下害虫和丝黑穗病，用赤眼蜂或 Bt 颗粒剂防治玉米螟。

机械收获：10 月 1 日前后，待玉米苞叶变白，上口松开，籽粒基部黑层出现，乳线消失，达到生理成熟时，用 100 马力以上的 3 行以上玉米联合收获机收获玉米果穗。有条件的也可利用玉米收获机直接收获籽粒。

深松整地：用 100 马力以上拖拉机，在秋收后对耕地进行深松，深度不小于 30 厘米，2～3 年深松 1 次。

东北西部旱作区玉米全膜覆盖技术模式图（模式 1）

<table>
<tr><td rowspan="2">月份
（旬）</td><td colspan="3">4 月</td><td colspan="3">5 月</td><td colspan="3">6 月</td><td colspan="3">7 月</td><td colspan="3">8 月</td><td colspan="3">9 月</td><td colspan="3">10 月</td></tr>
<tr><td>上旬</td><td>中旬</td><td>下旬</td><td>上旬</td><td>中旬</td><td>下旬</td><td>上旬</td><td>中旬</td><td>下旬</td><td>上旬</td><td>中旬</td><td>下旬</td><td>上旬</td><td>中旬</td><td>下旬</td><td>上旬</td><td>中旬</td><td>下旬</td><td>上旬</td><td>中旬</td><td>下旬</td></tr>
<tr><td>节气</td><td>清明</td><td></td><td>谷雨</td><td>立夏</td><td></td><td>小满</td><td>芒种</td><td></td><td>夏至</td><td>小暑</td><td></td><td>大暑</td><td>立秋</td><td></td><td>处暑</td><td>白露</td><td></td><td>秋分</td><td>寒露</td><td></td><td>霜降</td></tr>
<tr><td>生育期</td><td colspan="2">整地</td><td colspan="2">播种</td><td>萌发</td><td>出苗</td><td>苗期</td><td colspan="2">拔节</td><td colspan="2">大喇叭口</td><td colspan="2">抽雄吐丝</td><td colspan="4">籽粒形成及灌浆</td><td colspan="2">蜡熟</td><td>收获</td><td></td></tr>
<tr><td>主攻
目标</td><td colspan="4">提高播种质量
保证种植密度</td><td colspan="5">促进根系生长，培育壮苗，
达到苗早、苗全、苗齐、苗壮</td><td colspan="4">促进叶片增大，
培育壮秆，攻大穗</td><td colspan="8">养根保叶防早衰，保粒数增粒重</td></tr>
<tr><td>播前
准备</td><td colspan="21">品种选择：选择熟期早、耐密、抗倒、高产、稳产、适宜机械收获的优良玉米品种，生育期比当地直播品种所需活动积温多 150～200℃或叶片数多 1～2 片
种子准备：购买高质量、单粒精播、包衣种子
地膜准备：购置厚度 0.008～0.01 毫米、宽 120 厘米的地膜
深松整地：用 120 马力以上的拖拉机进行秋深松（翻地）或春深松，播前灭茬、旋耕，达到地面平整无坷垃待播状态
施足底肥：全部氮肥的 20%和全部的磷肥、钾肥作底肥</td></tr>
<tr><td>精细
播种</td><td colspan="21">适期播种：4 月 20 日至 5 月 10 日（土壤 5 厘米处地温稳定通过 8～10℃），视土壤墒情适时播种
覆膜播种：采用 25 马力以上全膜覆盖双垄沟播播种机一次性完成施肥、播种、起垄、喷洒除草剂、覆膜等作业，大垄距 70 厘米，小垄距 40 厘米，播深 5 厘米，覆土均匀，适度镇压。随播种亩施 7.5～10 千克磷酸二铵，种肥隔离
合理密植：根据品种特性和产量目标确定合理的密度，一般亩播种密度 4 500～6 000 株
封闭除草：覆膜播种时用 40%乙阿合剂或 48%丁草胺·莠去津、50%乙草胺等除草剂，对水后进行封闭除草</td></tr>
<tr><td>苗期
管理</td><td colspan="21">化学除草：未进行土壤封闭除草或封闭除草失败的田块，在玉米出苗后用 48%丁草胺·莠去津或 4%烟嘧磺隆等除草剂对水后进行苗后除草</td></tr>
</table>

（续）

穗期管理	追肥：在玉米拔节期（7～9叶）追肥，亩施尿素15～20千克 病害防治：叶斑病易发区可在发病前用50%百菌清、50%多菌灵等可湿性粉剂500～800倍液，或70%甲基硫菌灵可湿性粉剂喷雾防治 虫害防治：在玉米螟产卵初期放第1次赤眼蜂，5天后再放第2次，每亩放1.5万～2万头；或用白僵菌制剂、Bt制剂、3%辛硫磷颗粒剂等撒入喇叭口内 化控防倒：对于密度过大、生长过旺、品种抗倒性差的地块，可在6～8展叶期喷施化控药剂，控制株高，预防倒伏
花粒期管理	虫害防治：金龟子发生严重的地块可用糖醋液等诱杀 促进早熟：后期贪青晚熟的可叶面喷施0.2%施磷酸二氢钾等促早熟。还可采取隔行去雄与人工辅助授粉、割除空秆和病株、打底叶、站秆扒皮晾晒等措施促进早熟
收获与整地	适时收获：待玉米苞叶变白，上口松开，籽粒基部黑层出现，乳线消失，达到生理成熟时，用120马力以上机械收获 秋季整地：收获后用100马力以上机械及时灭茬秋翻或深松，耕深30～35厘米，结合秋翻或深松亩施优质农家肥1 000～2 000千克
规模及收益	目标产量：亩产750千克。亩均纯收益：740元。农户适度经营规模100亩 100～200亩：推荐配置25马力以上拖拉机1台，全膜覆盖播种机1台、喷药机械等配套农机具1台（套） 200～500亩：推荐配置25马力以上拖拉机1台，全膜覆盖播种机1台、喷药机械等配套农机具1台（套），100马力收割机1台 500～2 000亩：推荐配置100马力拖拉机1台、30马力以上拖拉机4台，全膜覆盖播种机4台、喷药机械等配套农机具1台（套），100马力收割机1台 2 000～5 000亩：推荐配置120马力以上拖拉机2台、30马力以上拖拉机4～10台，全膜覆盖播种机4～10台、喷药机械等配套农机具1台（套），120马力以上收割机2台 5 000～10 000亩：推荐配置120马力拖拉机2台、90马力拖拉机2台、30马力以上拖拉机10～20台，全膜覆盖播种机10～20台、3.5米深松机1台、2.1米深松机1台、2.1米灭茬4台、18米喷药机2台、4行自走式玉米联合收割机4台 10 000亩以上：推荐配置210马力拖拉机2台、120马力拖拉机2台、90马力拖拉机1台、30马力以上拖拉机20台以上，全膜覆盖播种机20台以上、3.5米深松机2台、3.5米灭茬起垄机2台、2.1米深松机2台、2.1米灭茬起垄机3台、18米喷药机3台、4行自走式玉米联合收割机5台

——成本效益分析

目标产量收益：以亩产 750 千克、价格 2.24 元/千克计算，合计 1 680元。

亩均成本投入：940 元。

亩均纯收益：740 元。

适度经营规模面积：100 亩。

——可供选择的常见经营规模推荐农机配置

100～200 亩：推荐配置 25 马力以上拖拉机 1 台，全膜覆盖播种机 1 台、喷药机械等配套农机具 1 台（套）。

200～500 亩：推荐配置 25 马力以上拖拉机 1 台，全膜覆盖播种机 1 台、喷药机械等配套农机具 1 台（套），100 马力收割机 1 台。

500～2 000 亩：推荐配置 100 马力拖拉机 1 台、30 马力以上拖拉机 4 台，全膜覆盖播种机 4 台、喷药机械等配套农机具 1 台（套），100 马力收割机 1 台。

2 000～5 000 亩：推荐配置 120 马力以上拖拉机 2 台、30 马力以上拖拉机 4～10 台，全膜覆盖播种机 4～10 台、喷药机械等配套农机具 1 台（套），120 马力以上收割机 2 台。

5 000～10 000 亩：推荐配置 120 马力拖拉机 2 台、90 马力拖拉机 2 台、30 马力以上拖拉机 10～20 台，全膜覆盖播种机 10～20 台、3.5 米深松机 1 台、2.1 米深松机 1 台、2.1 米灭茬 4 台、18 米喷药机 2 台、4 行自走式玉米联合收割机 4 台。

10 000 亩以上：推荐配置 210 马力拖拉机 2 台、120 马力拖拉机 2 台、90 马力拖拉机 1 台、30 马力以上拖拉机 20 台以上，全膜覆盖播种机 20 台以上、3.5 米深松机 2 台、3.5 米灭茬起垄机 2 台、2.1 米深松机 2 台、2.1 米灭茬起垄机 3 台、18 米喷药机 3 台、4 行自走式玉米联合收割机 5 台。

东北西部旱作区玉米半膜覆盖技术模式（模式 2）

早熟耐密品种＋半膜覆盖＋机械覆膜播种＋赤眼蜂防治玉米螟＋适时机械收获＋深松整地

——预期目标产量　通过推广该技术模式，玉米平均亩产达到 650 千克。

——关键技术路线

选用早熟、耐密、高产、多抗品种：选择活动积温 2 000～2 600℃，耐密、后期脱水快、多抗、产量潜力高、适合全程机械化收获的品种。

地膜选择：选用厚度 0.008～0.01 毫米、宽 70～80 厘米的地膜。

整地与施基肥：在上年深松基础上，用 80 马力以上机械旋耕整地，做到“上虚下实无根茬、地面平整无坷垃”，为覆膜、播种创造良好土壤条件。旋耕前施入基肥，亩施农家肥 2 000 千克以上，磷酸二铵 15～20 千克、长效尿素 5～10千克、硫酸钾 5～10 千克、硫酸锌 1 千克。

适时早播：4 月下旬至 5 月上旬，用 25 马力以上拖拉机配套地膜覆盖精量播种机，一次完成起垄、播种、喷药和覆膜等作业，确保播种密度和质量，播种深度 5 厘米左右。

合理密植：耐密型品种播种密度每亩 4 500～5 500 株，大垄宽 80 厘米，小垄宽 40 厘米。株距 0.20～0.24 米，每亩保苗数不低于 4 000 株。

化学封闭除草：覆膜播种时用 40%乙阿合剂或 48%丁草胺·莠去津、50%乙草胺等除草剂，对水后进行封闭除草。

适时追肥：在玉米拔节期（7～9 叶）进行追肥，亩施尿素 15～20 千克。

病虫害防治：种子全部采用种衣剂包衣或药剂拌种，防治地下害虫和丝黑穗病，利用赤眼蜂或 Bt 颗粒剂防治玉米螟。

机械收获：在玉米籽粒含水量降至 25%以下时，用 100 马力以上的 3 行以上玉米联合收获机直接收获籽粒。若玉米已达完熟期，但籽粒水分难以降至 25%以下时，用玉米收获机直接收获果穗。

深松整地：用 100 马力以上机械，在秋收后对耕地进行深松，深度不小于 30 厘米，每 2～3 年深松 1 次。

——成本效益分析

目标产量收益：以亩产 650 千克、价格 2.24 元/千克计算，合计 1 456元。

成本投入：915 元。

亩均纯收益：541 元。

适度经营规模面积：136 亩。

——可供选择的常见经营规模推荐农机配置

100～200 亩：推荐配置 25 马力以上拖拉机 1 台，2 行覆膜播种机 1 台、中耕机 1 台及喷药机械等配套农机具 1 台（套）。

200～500 亩：推荐配置 25 马力以上拖拉机 1 台，2 行覆膜播种机 1 台、中耕机 1 台及喷药机械等配套农机具 1 台（套），100 马力收割机 1 台。

500～2 000 亩：推荐配置 100 马力拖拉机 1 台、25 马力以上拖拉机 2 台，2 行覆膜播种机 1～2 台、4 行覆膜播种机 1～2 台、中耕机 1 台及喷药机械等配套农机具 1 台（套），100 马力收割机 1 台。

2 000～5 000 亩：推荐配置 120 马力以上拖拉机 2 台、25 马力以上拖拉机 2 台，2 行覆膜播种机 1～2 台、4 行覆膜播种机 2 台、6 行覆膜播种机 1～2 台、

东北西部旱作区玉米半膜覆盖技术模式图（模式 2）

月份（旬）	4月			5月			6月			7月			8月			9月			10月		
	上旬	中旬	下旬	上旬	中旬	下旬	上旬	中旬	下旬	上旬	中旬	下旬	上旬	中旬	下旬	上旬	中旬	下旬	上旬	中旬	下旬
节气	清明		谷雨	立夏		小满	芒种		夏至	小暑		大暑	立秋		处暑	白露		秋分	寒露		霜降
生育期	整地		播种	萌发	出苗	苗期		拔节	大喇叭口	抽雄吐丝		籽粒形成及灌浆				蜡熟		收获			
主攻目标	提高播种质量，保证种植密度			促进根系生长，培育壮苗，达到苗早、苗全、苗齐、苗壮					促进叶片增大，培育壮秆，攻大穗			养根保叶防早衰，保粒数增粒重									
播前准备	品种选择：选择熟期早、耐密、抗倒、高产、稳产、适宜机械收获的优良玉米品种，生育期比当地直播品种所需活动积温多 150～200℃或叶片数多 1～2 片 种子准备：购买高质量、单粒精播、包衣种子 地膜准备：购置厚度 0.008～0.01 毫米、宽 70～80 厘米的地膜 深松整地：用 100 马力以上的拖拉机进行秋深松（翻地）或春深松，播前灭茬、旋耕、达到地面平整无坷垃待播状态 施足底肥：全部氮肥的 20%和全部的磷肥、钾肥作底肥																				
精细播种	适期播种：4 月 20 日至 5 月 10 日（土壤 5 厘米处地温稳定通过 8～10℃），视土壤墒情适时播种 覆膜播种：用 25 马力以上动力机械配套覆膜播种机，一次性完成施肥、播种、喷晒除草剂、覆膜等作业，大行距 80 厘米，小行距 40 厘米，播深 5 厘米，覆土均匀，适度镇压。随播种亩施 7.5～10 千克磷酸二铵，种肥隔离 合理密植：根据品种特性和产量目标确定合理密度，一般亩播种 4 500～6 000 株 封闭除草：覆膜播种时用 40%乙阿合剂或 48%丁草胺·莠去津、50%乙草胺等除草剂，对水后进行封闭除草																				
苗期管理	化学除草：未进行土壤封闭除草或封闭除草失败的田块，在玉米出苗后用 48%丁草胺·莠去津或 4%烟嘧磺隆等除草剂对水后进行苗后除草。不重喷、不漏喷，并注意用药安全																				

（续）

穗期管理	追肥：在玉米拔节期（7～9叶）进行追肥，亩施尿素15～20千克 病害防治：叶斑病易发区可在发病前用50%百菌清、50%多菌灵等可湿性粉剂500～800倍液，或70%甲基硫菌灵可湿性粉剂喷雾防治 虫害防治：在玉米螟产卵初期放第1次赤眼蜂，5天后再放第二次，每亩放1.5万～2万头；或用白僵菌制剂、Bt制剂、3%辛硫磷颗粒剂等撒入喇叭口内 化控防倒：对于密度过大、生长过旺、品种抗倒性差的地块，可在6～8展叶期喷施化控药剂，控制株高，预防倒伏
花粒期管理	虫害防治：金龟子发生严重的地块可用糖醋液等诱杀 促进早熟：后期贪青晚熟的可叶面喷施0.2%施磷酸二氢钾等促早熟。还可采取隔行去雄与人工辅助授粉、割除空秆和病株、打底叶、站秆扒皮晾晒等措施促进早熟
收获与整地	适时收获：待玉米苞叶变白，上口松开，籽粒基部黑层出现，乳线消失，达到生理成熟时，用100马力以上机械收获 秋季整地：收获后用100马力以上机械及时灭茬秋翻或深松，耕深30～35厘米，结合秋翻或深松亩施优质农家肥1 000～2 000千克
规模及收益	目标产量：亩产650千克。亩均纯收益：541元。农户适度经营规模136亩 100～200亩：推荐配置25马力以上拖拉机1台，2行覆膜播种机1台、中耕机1台及喷药机械等配套农机具1台（套） 200～500亩：推荐配置25马力以上拖拉机1台，2行覆膜播种机1台、中耕机1台及喷药机械等配套农机具1台（套），100马力收割机1台 500～2 000亩：推荐配置100马力拖拉机1台、25马力以上拖拉机2台，2行覆膜播种机1～2台、4行覆膜播种机1～2台、中耕机1台及喷药机械等配套农机具1台（套），100马力收割机1台 2 000～5 000亩：推荐配置120马力以上拖拉机2台、25马力以上拖拉机2台，2行覆膜播种机1～2台、4行覆膜播种机2台、6行覆膜播种机1～2台、喷药机械等配套农机具1台（套），120马力以上收割机2台 5 000～10 000亩：推荐配置210马力拖拉机1台、120马力拖拉机2台、90马力拖拉机1台、25马力以上拖拉机4台，2行覆膜播种机2台、4行覆膜播种机2～3台、6行覆膜播种机3台、3.5米深松机1台、3.5米灭茬起垄机1台、2.1米深松机1台、2.1米灭茬起垄机3台、18米喷药机2台，4行自走式玉米联合收割机4台 10 000亩以上：推荐配置210马力拖拉机2台、120马力拖拉机2台、90马力拖拉机1台、25马力以上拖拉机4台，2行覆膜播种机2台、4行覆膜播种机3台以上、6行覆膜播种机3台以上、3.5米深松机2台、3.5米灭茬起垄机2台、2.1米深松机2台、2.1米灭茬起垄机3台、18米喷药机3台，自走式玉米联合收割机5台

喷药机械等配套农机具 1 台（套），120 马力以上收割机 2 台。

5 000～10 000 亩：推荐配置 210 马力拖拉机 1 台、120 马力拖拉机 2 台、90 马力拖拉机 1 台、25 马力以上拖拉机 4 台，2 行覆膜播种机 2 台、4 行覆膜播种机 2～3 台、6 行覆膜播种机 3 台、3.5 米深松机 1 台、3.5 米灭茬起垄机 1 台、2.1 米深松机 1 台、2.1 米灭茬起垄机 3 台、18 米喷药机 2 台，4 行自走式玉米联合收割机 4 台。

10 000 亩以上：推荐配置 210 马力拖拉机 2 台、120 马力拖拉机 2 台、90 马力拖拉机 1 台、25 马力以上拖拉机 4 台，2 行覆膜播种机 2 台、4 行覆膜播种机 3 台以上、6 行覆膜播种机 3 台以上、3.5 米深松机 2 台、3.5 米灭茬起垄机 2 台、2.1 米深松机 2 台、2.1 米灭茬起垄机 3 台、18 米喷药机 3 台，4 行自走式玉米联合收割机 5 台。

（编制专家：马日亮　赵明　孙士明）

（四）东北中南部平原玉米区

东北中南部平原区是指吉林省松原市以东，吉林市、辽源市以西，辽宁省抚顺、本溪以西，朝阳市、阜新市以东的平原区域。主要包括：吉林省松原、长春、吉林、四平、辽源及通化市所辖平原县份；辽宁省的铁岭、沈阳、大连、辽阳、营口、锦州、葫芦岛及抚顺、丹东、本溪、鞍山等市所辖平原县份。该区域属一年一熟制春播区，自然条件适于玉米生长，产业基础好，栽培水平高，是全国单产水平最高的地区。种植面积近 5 000 余万亩，占全国玉米播种面积的 10%以上。该区常年活动积温 2 500～3 500℃，年降雨量 500～700 毫米，无霜期 125～155 天，一般在 4 月中下旬播种，9 月下旬收获。土壤主要为草甸土、棕壤土和黑土，耕地平缓连片，坡耕地比重小，土质较肥沃，有机质含量在 2%左右，保水保肥性好。制约该区域玉米高产的主要因素：一是为典型的雨养农区，少有农田设施，产量受自然因素控制程度大，常因早霜等灾害性气候减产；二是降雨季节分布不均，冬季降水少，春旱几率高，经常影响正常播种和出苗，秋吊、伏涝频发；三是封冻时间长，农事作业适期短，加之机械化程度不高、田间管理较为粗放，多年旋耕作业浅化耕层，肥水缓冲能力减弱；四是主栽品种抗病、抗倒、适合机械化作业能力差。

东北中南部平原玉米深松等行距种植技术模式（模式1）

耐密适熟品种＋深松整地＋等行距＋适时早播精播＋缓释复合肥侧深施

——预期产量目标　通过推广该技术模式，玉米平均亩产达到650千克。

——关键技术路线

选用熟期适宜、耐密品种：根据当地活动积温多少与无霜期长短，选择熟期适宜、耐密、多抗、易于全程机械化作业的高产品种。

深松整地、旋耕起垄：冬前选用80马力以上拖拉机配深松机3～4年深松1次，作业深度大于30厘米。春季土壤化冻20厘米左右时，采用80马力拖拉机配深松机旋耕起垄，垄宽55～60厘米，垄高12厘米以上。在玉米6～7叶期，进行中耕培土作业。

合理密植、适时早播：待4月下旬5厘米地温稳定通过8℃，耕层土壤相对含水量60%～70%时，利用25马力以上拖拉机配套精量播种机播种，播深5厘米左右，亩播种4 200～4 500株，保苗4 000株左右。墒情不足时要补水播种，每亩补水6～9米^3。

测土配方施肥，速效与缓释结合：播种时亩施种肥尿素5～10千克，并同步在垄侧、深10～15厘米处侧深施玉米专用缓释复合肥每亩50～60千克，种、肥隔离3～5厘米。

化学除草：在播后苗前，土壤墒情适宜时，使用30马力以上拖拉机配套喷雾机，用40%乙阿合剂或48%丁草胺·莠去津、50%乙草胺等除草剂，对水后进行封闭除草。也可在出苗后用48%丁草胺·莠去津或4%烟嘧磺隆等对水进行苗后除草。

综合防治病虫害：选用具有防治地下害虫和丝黑穗病功能的种衣剂包衣；在玉米螟产卵期，田间释放赤眼蜂或投放Bt颗粒剂防治。

机械收获：10月初，在玉米籽粒完熟，含水量降至25%以下时，用100马力以上3～6行玉米联合收割机收获籽粒；若果穗已达完熟期，但籽粒水分难以降至25%以下时，用100马力以上3～6行玉米联合收割机，或50马力以上2行联合收割机直接收获果穗。

——成本效益分析

目标产量收益：以亩产650千克、价格2.24元/千克计算，合计1 456元。

亩均成本投入：928元。

亩均纯收益：528元。

适度经营规模面积：140亩。

东北中南部平原玉米深松等行距种植技术模式图（模式1）

月份（旬）	4月	5月			6月			7月			8月			9月			10月
	下旬	上旬	中旬	下旬	上旬	中旬	下旬	上旬	中旬	下旬	上旬	中旬	下旬	上旬	中旬	下旬	上旬
节气	谷雨	立夏		小满	芒种		夏至	小暑		大暑	立秋		处暑	白露		秋分	寒露
生育时期	播种期			出苗期	3叶期		拔节期			抽雄、吐丝期	灌浆期			成熟期		收获期	
主攻目标	抢墒播种、密植全苗			一播全苗	蹲苗促根，苗齐苗壮			植株健壮，穗大粒多			保叶护根，防倒防衰			保粒数、增粒重，促成熟		适时晚收丰产丰收	
播前准备	品种选择：选择熟期适宜、耐密、多抗、后期脱水快、易于全程机械化作业的高产品种，生长发育需要活动积温2 500～3 500℃ 种子处理：选择发芽率高、活力强的优质种子，要求种子发芽率≥92%，同时，必须为包衣种子 联合整地：在上年深松的基础上，采用80马力以上拖拉机旋耕起垄，垄距55～60厘米，垄高12厘米																
精细播种	播种时期：在5厘米地温稳定通过8℃，土壤相对含水量60%～70%时播种，一般4月20日至5月5日为适播期 播种施肥：利用30马力以上拖拉机配套精量播种机播种、施肥。适宜播深5厘米左右，亩施用种肥尿素5～10千克、侧深施玉米专用复合肥50～60千克，确保种肥隔离3～5厘米、侧深施深度10～15厘米 补墒播种：当土壤相对含水量不足60%时，应采取补水播种，每亩补水6～9米^3 种植密度：亩播种密度4200～4 500株，亩保苗4 000株 化学除草：播后苗前，土壤墒情适宜时，使用30马力以上拖拉机配套喷雾机，用40%乙阿合剂或48%丁草胺·莠去津、50%乙草胺等除草剂，对水后进行封闭除草。或在玉米出苗后用48%丁草胺·莠去津、4%烟嘧磺隆等除草剂对水后进行苗后除。做到不重喷、不漏喷																
苗期管理	中耕培土：在6～7叶期，进行中耕培土																

（续）

穗期管理	追施穗肥：苗期表现缺肥症状时，要进行追肥，亩施尿素 15～20 千克 虫害防治：使用辛硫磷或呋喃丹颗粒剂心叶投施防治玉米螟和黏虫；或在玉米螟产卵期，人工释放赤眼蜂配合 Bt 颗粒剂进行防治
花粒期	及时浇水：开花和灌浆期如遇旱应及时浇水，保障正常授粉与结实
收获与整地	机械收获：籽粒含水量降到 25%以下时，用 100 马力以上 3～6 行联合收割机收获玉米籽粒。若果穗已达完熟期，但籽粒水分难以降至 25%以下时，可直接收获果穗 深松整地：冬前选用 80 马力以上拖拉机配深松机 3～4 年深松 1 次，作业深度大于 30 厘米
规模及收益	目标产量：亩产 650 千克。亩均纯收益：528 元。农户适度经营规模 140 亩 100～200 亩：推荐配置 80 马力拖拉机 1 台、30 马力拖拉机 1 台，联合耕整地作业机 1 台，深松、播种、中耕及喷药等配套农机具各 1 台（套） 200～500 亩：推荐配置 80 马力拖拉机 1 台、30 马力拖拉机 1 台，联合耕整地作业机 1 台，100 马力以上联合联合收割机 1 台，深松、播种、中耕及喷药等配套农机具各 1 台（套） 500～2 000 亩：推荐配置 80 马力拖拉机 2 台、30 马力拖拉机 4 台，精量播种机 4 台，100 马力以上联合收割机 2 台，深松、联合整地农机具 2 台（套），中耕及喷药机械等配套农机具 3 台（套） 2 000～5 000 亩：推荐配置 80 马力拖拉机 4 台、30 马力拖拉机 8 台，精量播种机 8 台，100 马力以上联合收割机 3 台，深松、联合整地农机具 4 台（套），中耕及喷药机械等配套农机具 6 台（套） 5 000～10 000 亩：推荐配置 210 马力拖拉机 1 台、120 马力拖拉机 2 台、90 马力拖拉机 1 台，4 行自走式玉米联合收割机 4 台，3.5 米深松机 1 台、3.5 米灭茬起垄机 1 台、2.1 米深松机 1 台、2.1 米灭茬起垄机 3 台、9 行播种机 1 台、7 行播种机 3 台、8 行中耕机 3 台及 18 米喷药机 2 台 10 000 亩以上：推荐配置 210 马力拖拉机 2 台、120 马力拖拉机 2 台、90 马力拖拉机 1 台，4 行自走式玉米联合收割机 5 台，3.5 米深松机 2 台、3.5 米灭茬起垄机 2 台、2.1 米深松机 2 台、2.1 米灭茬起垄机 3 台、9 行播种机 2 台、7 行播种机 3 台、8 行中耕机 4 台及 18 米喷药机 3 台

——可供选择的常见经营规模推荐农机配置

100～200亩：推荐配置80马力拖拉机1台、30马力拖拉机1台，深松、播种、中耕及喷药等配套机具各1台（套）。

200～500亩：推荐配置80马力拖拉机1台、30马力拖拉机1台，联合耕整地作业机1台，100马力以上联合联合收割机1台，深松、播种、中耕及喷药等配套机具各1台（套）。

500～2 000亩：推荐配置80马力拖拉机2台、30马力拖拉机4台，精量播种机4台，100马力以上联合收割机2台，深松、联合整地农机具2台（套），中耕及喷药机械等配套农机具3台（套）。

2 000～5 000亩：推荐配置80马力拖拉机4台、30马力拖拉机8台，精量播种机8台，100马力以上联合收割机3台，深松、联合整地农机具4台（套），中耕及喷药机械等配套农机具6台（套）。

5 000～10 000亩：推荐配置210马力拖拉机1台、120马力拖拉机2台、90马力拖拉机1台，4行自走式玉米联合收割机4台，3.5米深松机1台、3.5米灭茬起垄机1台、2.1米深松机1台、2.1米灭茬起垄机3台、9行播种机1台、7行播种机3台、8行中耕机3台及18米喷药机2台。

10 000亩以上：推荐配置210马力拖拉机2台、120马力拖拉机2台、90马力拖拉机1台，4行自走式玉米联合收割机5台，3.5米深松机2台、3.5米灭茬起垄机2台、2.1米深松机2台、2.1米灭茬起垄机3台、9行播种机2台、7行播种机3台、8行中耕机4台及18米喷药机3台。

东北中南部平原玉米深松大垄双行种植技术模式（模式2）

耐密适熟品种＋深松整地＋大垄双行＋适时早播＋缓释肥侧深施

——预期产量目标　通过推广该技术模式，玉米平均亩产达到700千克。

——关键技术路线

选用熟期适宜、耐密品种：根据当地活动积温多少与无霜期长短，选择熟期适宜、耐密、多抗、易于全程机械化作业的高产品种。

深松整地、旋耕起垄：冬前选用80马力以上拖拉机配深松机3～4年深松1次，作业深度大于30厘米。春季土壤化冻20厘米左右时，采用80马力拖拉机载负联合旋耕起垄机打垄，垄宽110～120厘米，垄高12厘米以上。

合理密植、适时早播：4月下旬，5厘米地温稳定通过8℃、耕层土壤相对含水量60%～70%时，利用30马力以上拖拉机配套精量播种机播种，垄上播种双行，小行距40～50厘米、大行距70～80厘米。播深5厘米左右，亩播种密度 4 500 株左右，亩保苗 4 200 株左右。在 6～7 叶期，利用 30 马力以上拖拉机进行中耕培土。

测土配方施肥，速效与缓释结合：播种时亩施种肥尿素 5～10 千克，并同步于大垄侧、深 10～15 厘米处施玉米专用缓释复合肥 50～60 千克，要确保种与肥隔离 3～5 厘米。

化学除草：在播后苗前，土壤墒情适宜时，使用 30 马力以上拖拉机配套喷雾机，用 40%乙阿合剂或 48%丁草胺·莠去津、50%乙草胺等除草剂，对水后进行封闭除草。或在玉米出苗后用 48%丁草胺·莠去津、4%烟嘧磺隆等除草剂对水后进行苗后除草。

综合防治病虫害：选用具有地下害虫和丝黑穗病防治功能的种衣剂包衣。在玉米螟产卵期，田间释放赤眼蜂或投放 Bt 颗粒剂防治玉米螟，喇叭口期田间黏虫啃食心叶时，投施辛硫磷或呋喃丹颗粒剂防治。

机械收获：10 月初，在玉米籽粒完熟，含水量降至 25%以下时，用 100 马力以上 3～6 行玉米联合收割机收获籽粒；若果穗已达完熟期，但籽粒水分难以降至 25%以下时，用 100 马力以上 3～6 行玉米联合收割机，或 50 马力以上 2 行联合收割机直接收获果穗。

——成本效益分析

目标产量收益：以亩产 700 千克、价格 2.24 元/千克计算，合计 1 568元。

亩均成本投入：928 元。

亩均纯收益：640 元。

适度经营规模面积：115 亩。

——可供选择的常见经营规模推荐农机配置

100～200 亩：推荐配置 80 马力拖拉机 1 台、30 马力拖拉机 1 台，深松、播种、中耕及喷药等配套机具各 1 台（套）。

200～500 亩：推荐配置 80 马力拖拉机 1 台、30 马力拖拉机 1 台，联合耕整地作业机 1 台，100 马力以上联合收割机 1 台，深松、播种、中耕及喷药等配套机具各 1 台（套）。

500～2 000 亩：推荐配置 80 马力拖拉机 2 台，30 马力拖拉机 4 台，精量播种机 4 台，100 马力以上联合收割机 2 台，深松、联合整地农机具 2 台（套），中耕及喷药机械等配套农机具 3 台（套）。

2 000～5 000 亩：推荐配置 80 马力拖拉机 4 台，30 马力拖拉机 8 台，精量播种机 8 台，100 马力以上联合收割机 3 台，深松、联合整地农机具 4 台（套），中耕及喷药机械等配套农机具 6 台（套）。

5 000～10 000 亩：推荐配置 210 马力拖拉机 1 台、120 马力拖拉机 3 台，4

东北中南部平原玉米深松大垄双行种植技术模式图（模式 2）

月份（旬）	4月	5月			6月			7月			8月			9月			10月
	下旬	上旬	中旬	下旬	上旬	中旬	下旬	上旬	中旬	下旬	上旬	中旬	下旬	上旬	中旬	下旬	上旬
节气	谷雨	立夏		小满	芒种		夏至	小暑		大暑	立秋		处暑	白露		秋分	寒露
生育时期	播种期		出苗期	3 叶期		拔节期		吐丝期			灌浆期			成熟期			收获期
主攻目标	抢墒播种，一播全苗			蹲苗促根，苗齐苗壮				植株健壮，穗匀粒多			保叶护根，防倒防衰			保粒数、增粒重，促成熟			适时晚收，丰产丰收
播前准备	联合整地：在上年深松的基础上，采用 80 马力以上拖拉机负载联合旋耕起垄机打垄，垄距 110～120 厘米，垄高 12 厘米 品种选择：选择熟期适宜、耐密、多抗、后期脱水快、易于全程机械化作业的高产品种，一般活动积温 2 500～3 500℃ 种子处理：选择发芽率高、活力强的优质种子，要求种子发芽率≥92%，同时，选用具有地下害虫、丝黑穗病防治功能种衣剂包衣																
精细播种	播种时期：在 5 厘米地温稳定通过 8℃，土壤相对含水量 60%～70%时播种，一般 4 月 20 日至 5 月 5 日为适播期 播种施肥：用 30 马力以上拖拉机配套精量播种机播种、施肥。亩播种密度 4 500 株以上，亩保苗 4200 株。垄上播种双行，小行距 40～50 厘米，大行距 70～80 厘米，播深 5 厘米。播种时亩施种肥尿素 5～10 千克，并同步在垄侧、深 10～15 厘米处侧深施玉米专用缓释复合肥每亩 50～60 千克，种肥隔离 3～5 厘米 化学除草：播后苗前，土壤墒情适宜时，使用 30 马力以上拖拉机配套喷雾机，40%乙阿合剂或 48%丁草胺・莠去津、50%乙草胺等除草剂，对水后进行封闭除草																
苗期管理	化学除草：在幼苗期，发现苗前除草效果不佳时，用 48%丁草胺・莠去津、4%烟嘧磺隆等除草剂对水后进行苗后除草，做到不重喷、不漏喷 中耕培土：在 6～7 叶期，用 30 马力以上拖拉机进行中耕培土。有缺肥症状时，随中耕追施穗肥尿素 15～20 千克																

（续）

穗期管理	虫害防治：使用辛硫磷或呋喃丹颗粒剂心叶投施防治玉米螟和黏虫；或在玉米螟产卵期，人工释放赤眼蜂配合 Bt 颗粒剂进行防治 抗旱浇水：如遇干旱应及时浇水，保障正常授粉与结实
收获与整地	机械收获：籽粒含水量降到25%以下时，用100马力以上3～6行玉米联合收割机收获籽粒。若已达完熟期，但籽粒水分难以降到25%以下时，可直接收获果穗 深松整地：冬前选用80马力以上拖拉机配深松机3～4年深松作业1次，作业深度大于30厘米
规模及收益	目标产量：亩产700千克。亩均纯收益：640元。农户适度经营规模115亩 100～200亩：推荐配置80马力拖拉机1台、30马力拖拉机1台，深松、播种、中耕及喷药等配套机具各1台（套） 200～500亩：推荐配置80马力拖拉机1台、30马力拖拉机1台，联合耕整地作业机1台，100马力以上联合收割机1台，深松、播种、中耕及喷药等配套机具各1台（套） 500～2 000亩：推荐配置80马力拖拉机2台、30马力拖拉机4台，精量播种机4台，100马力以上联合收割机2台，深松、联合整地农机具2台（套），中耕及喷药机械等配套农机具3台（套） 2 000～5 000亩：推荐配置80马力拖拉机4台、30马力拖拉机8台，精量播种机8台，100马力以上联合收割机3台，深松、联合整地农机具4台（套），中耕及喷药机械等配套农机具6台（套） 5 000～10 000亩：推荐配置210马力拖拉机1台、120马力拖拉机3台，4行自走式玉米联合收割机4台，4行灭茬起垄机1台、2.1米深松机3台、2行灭茬起垄机3台、8行播种机4台、5行中耕机3台及18米喷药机2台 10 000亩以上：推荐配置210马力拖拉机2台、120马力拖拉机3台，4行自走式玉米联合收割机5台，4行灭茬起垄机2台、2.1米深松机4台、2行灭茬起垄机3台、8行播种机5台、5行中耕机4台及18米喷药机3台

行自走式玉米联合收割机 4 台，4 行灭茬起垄机 1 台、2.1 米深松机 3 台、2 行灭茬起垄机 3 台、8 行播种机 4 台、5 行中耕机 3 台及 18 米喷药机 2 台。

10 000 亩以上：推荐配置 210 马力拖拉机 2 台、120 马力拖拉机 3 台，4 行自走式玉米联合收割机 5 台，4 行灭茬起垄机 2 台、2.1 米深松机 4 台、2 行灭茬起垄机 3 台、8 行播种机 5 台、5 行中耕机 4 台及 18 米喷药机 3 台。

（编制专家：齐华　赵明　才卓　孙士明）

（五）东北中南部山地丘陵玉米区

东北中南部山地丘陵区主要是指吉林省吉林市以东、延边、白山、通化，辽宁省的抚顺、丹东、本溪、鞍山、营口、大连、锦州和葫芦岛等市山地丘陵缓坡区域。该区域年活动积温 2 200～3 400℃，年降雨量 500～1 000 毫米左右，无霜期 115～145 天，土壤主要为棕壤。缓坡连片平洼地土质较肥沃，岗地土质较为瘠薄，有机质含量在 1.5%～2.0%之间，水土流失严重。全区常年春玉米种植面积 2 000 万亩，占全国玉米播种面积的 4%左右。该区域旱作农田绝大多数无灌溉条件，主要种植模式为春玉米单作、一年一熟。制约该区域高产的主要因素：一是春旱影响玉米播种与出苗；二是气候冷凉，水土流失问题突出；三是种植密度偏低，密植则倒伏严重；四是岗坡地起伏大，机械化作业困难，田间管理粗放，播种质量差。

东北中南部山地丘陵玉米秋旋起垄密植技术模式（模式 1）

高产耐密适熟品种＋小垄等行密植＋秋旋整地起垄＋适时早播＋缓释复合肥侧深施

——预期产量目标　通过推广该技术模式，玉米平均亩产达到 600 千克。

——关键技术路线

秋旋整地起垄、中耕培土：冬前选用 80 马力以上拖拉机牵引旋耕起垄，垄宽 50～60 厘米，垄高 12 厘米以上。在玉米 6～7 叶期，用 30 马力以上拖拉机牵引进行中耕培土。

选用耐密、熟期适宜、多抗高产品种：根据当地年活动积温与无霜期长短，选择熟期适宜、耐密、多抗、易于全程机械化作业的高产品种。

适时早播、合理密植、速效与缓释复合肥结合：耕层土壤相对含水量在 60%～70%、地温稳定通过 8℃时，利用 30 马力以上拖拉机配套的精量播种机播种、施肥。播种深度 5 厘米左右，亩播种密度 3 800～4 500 株，亩保苗 4 000 株左右。测土配方施肥，播种时亩施种肥尿素 5～10 千克，并同步在垄侧、深 10～15 厘米处施玉米专用缓释复合肥 50～60 千克，确保种肥隔离 3～5 厘米。

化学除草：在播后苗前，土壤墒情适宜时，使用 30 马力以上拖拉机配套喷雾机，用40%乙阿合剂或48%丁草胺·莠去津、50%乙草胺等除草剂，对水后进行封闭除草。也可在出苗后用 48%丁草胺·莠去津、4%烟嘧磺隆等除草剂对水进行苗后除草。

综合防治病虫害：选用具有地下害虫和丝黑穗病防治功能的种衣剂包衣；在玉米螟产卵期，田间释放赤眼蜂或投放 Bt 颗粒剂防治玉米螟。

机械收获：在玉米籽粒完熟，含水量降至 25%以下时，利用 80 马力以上 2 行玉米联合收割机配合 2 台 30 马力以上拖拉机收获籽粒。若果穗已达完熟期，但籽粒水分难以降至 25%以下时，直接收获果穗。

——成本效益分析

目标产量收益：以亩产 600 千克、价格 2.24 元/千克计算，合计 1 344元。

亩均成本投入：840 元。

亩均纯收益：504 元。

适度经营规模面积：146 亩。

——可供选择的常见经营规模推荐农机配置

100～200 亩：推荐配置 80 马力拖拉机 1 台、30 马力拖拉机 1 台，播种、中耕及喷药等配套机具各 1 台（套）。

200～500 亩：推荐配置 80 马力拖拉机 1 台、30 马力拖拉机 1 台，联合耕整地作业机 1 台，80 马力 2 行联合联合收割机 1 台，播种、中耕及喷药等配套机具各 1 台（套）。

500～2 000 亩：推荐配置 80 马力拖拉机 2 台、30 马力拖拉机 4 台，精量播种机 4 台，80 马力 2 行联合收割机 2 台，联合整地农机具 2 台（套），中耕及喷药机械等配套农机具 3 台（套）。

2 000～5 000 亩：推荐配置 80 马力拖拉机 4 台、30 马力拖拉机 8 台，精量播种机 8 台，80 马力 2 行联合收割机 3 台，联合整地农机具 4 台（套），中耕及喷药机械等配套农机具 6 台（套）。

5 000～10 000 亩：推荐配置 120 马力拖拉机 3 台、90 马力拖拉机 1 台，4 行自走式玉米联合收割机 4 台，2.1 米深松机 3 台、2.1 米灭茬起垄机 4 台、7 行播种机 4 台、8 行中耕机 3 台及 18 米喷药机 2 台。

10 000 亩以上：推荐配置 120 马力拖拉机 4 台、90 马力拖拉机 1 台，4 行

东北中南部山地丘陵玉米秋旋起垄密植技术模式图（模式 1）

月份（旬）	4月	5月			6月			7月			8月			9月			10月
	下旬	上旬	中旬	下旬	上旬	中旬	下旬	上旬	中旬	下旬	上旬	中旬	下旬	上旬	中旬	下旬	上旬
节气	谷雨	立夏		小满	芒种		夏至	小暑		大暑	立秋		处暑	白露		秋分	寒露
生育时期	播种期		出苗期	3叶期		拔节期		吐丝期		灌浆期				成熟期			收获期
主攻目标	适期播种，一播全苗				蹲苗促根，苗齐苗壮			植株健壮，穗大粒多			保叶护根，防倒防衰			保粒数、增粒重，促成熟		适时晚收，丰产丰收	
播前准备	品种选择：根据当地年活动积温与无霜期长短，选择熟期适宜、耐密、多抗、易于全程机械化作业的高产品种 种子处理：选择发芽率高、活力强的优质种子，要求种子发芽率≥92%，同时，选用具有地下害虫、丝黑穗病防治功能种衣剂包衣																
精细播种	播种时期：耕层土壤相对含水量在60%～70%、地温稳定通过8℃为适宜播种期，一般在4月底至5月上旬 播种施肥：利用30马力以上拖拉机配套的精量播种机播种、施肥。播种深度5厘米左右，亩播种密度3800～ 4 500株，亩保苗4 000株左右。亩施用种肥尿素5～10千克、侧深施玉米专用复合肥50～60千克，确保种肥隔离3～5厘米、侧深施深度10～15厘米 化学除草：播后苗前，土壤墒情适宜时用40%乙阿合剂或48%丁草胺·莠去津、50%乙草胺等除草剂，对水后进行封闭除草																
苗期管理	中耕培土：在玉米6～7叶期，利用30马力以上拖拉机进行中耕培土，为玉米中后期根系生长创造良好的土壤环境 化学除草：未进行土壤封闭除草或封闭除草失败的田块，在玉米出苗后用48%丁草胺·莠去津、4%烟嘧磺隆等除草剂对水后进行苗后除草																

（续）

穗期管理	虫害防治：使用辛硫磷或呋喃丹颗粒剂心叶投施防治玉米螟和黏虫；或在玉米螟产卵期，人工释放赤眼蜂配合 Bt 颗粒剂进行防治
收获与整地	机械收获：在玉米籽粒完熟，含水量降至 25%以下时，利用 80 马力以上 2 行玉米联合收割机配合 2 台 30 马力以上拖拉机收获籽粒。若果穗已达完熟期，但籽粒水分难以降至 25%以下时，直接收获果穗 整地：冬前选用 80 马力以上拖拉机旋耕起垄，垄宽 50～60 厘米，垄高 12 厘米以上
规模及收益	目标产量：亩产 600 千克。亩均纯收益：504 元。农户适度经营规模 146 亩 100～200 亩：推荐配置 80 马力拖拉机 1 台、30 马力拖拉机 1 台，播种、中耕及喷药等配套机具各 1 台（套） 200～500 亩：推荐配置 80 马力拖拉机 1 台、30 马力拖拉机 1 台，联合耕整地机 1 台，80 马力 2 行联合收割机 1 台，播种、中耕及喷药等配套机具各 1 台（套） 500～2 000 亩：推荐配置 80 马力拖拉机 2 台、30 马力拖拉机 4 台，精量播种机 4 台，80 马力 2 行联合收割机 2 台，联合整地农机具 2 台（套），中耕及喷药机械等配套农机具 3 台（套） 2 000～5 000 亩：推荐配置 80 马力拖拉机 4 台、30 马力拖拉机 8 台，精量播种机 8 台，80 马力 2 行联合收割机 3 台，联合整地农机具 4 台（套），中耕及喷药机械等配套农机具 6 台（套） 5 000～10 000 亩：推荐配置 120 马力拖拉机 3 台、90 马力拖拉机 1 台，4 行自走式玉米联合收割机 4 台，2.1 米深松机 3 台、2.1 米灭茬起垄机 4 台、7 行播种机 4 台、8 行中耕机 3 台及 18 米喷药机 2 台 10 000 亩以上：推荐配置 120 马力拖拉机 4 台、90 马力拖拉机 1 台，4 行自走式玉米联合收割机 5 台，2.1 米深松机 4 台、2.1 米灭茬起垄机 5 台、7 行播种机 5 台、8 行中耕机 4 台及 18 米喷药机 3 台

自走式玉米联合收割机 5 台，2.1 米深松机 4 台、2.1 米灭茬起垄机 5 台、7 行播种机 5 台、8 行中耕机 4 台及 18 米喷药机 3 台。

东北中南部山地丘陵玉米免耕早播密植技术模式（模式 2）

高产耐密适熟品种＋小垄等行密植＋免耕早播＋速效与缓释复合肥结合

——预期产量目标　通过推广该技术模式，玉米平均亩产达到 600 千克。

——关键技术路线

选用耐密、熟期适宜、多抗高产品种：根据当地年活动积温与无霜期长短，选择熟期适宜、耐密、多抗、易于全程机械化作业的高产品种。

免耕播种、适时早播、合理密植：耕层土壤相对含水量在 60%～70%、地温稳定通过 8℃时，利用 80 马力以上拖拉机配套免耕播种机播种，行距 50～60 厘米，播种深度 5 厘米左右，亩播种密度 3 800～4 500 株，亩保苗 4 000 株左右。

速效与缓释复合肥结合：测土配方施肥，播种时亩施种肥尿素 5～10 千克，并同步在垄侧、深 10～15 厘米处施玉米专用缓释复合肥每亩 50～60 千克，确保种肥隔离 3～5 厘米。

化学除草：在播后苗前，土壤墒情适宜时，使用 30 马力以上拖拉机配套喷雾机，用 40%乙阿合剂或 48%丁草胺·莠去津、50%乙草胺等除草剂，对水后进行封闭除草。也可在出苗后用 48%丁草胺·莠去津或 4%烟嘧磺隆等除草剂对水进行苗后除草。

中耕培土：在玉米 6～7 叶期，用 30 马力以上拖拉机进行中耕培土。

综合防治病虫害：选用具有地下害虫和丝黑穗病防治功能的种衣剂包衣；在玉米螟产卵期，田间释放赤眼蜂或投放 Bt 颗粒剂防治玉米螟。

机械收获：在玉米籽粒完熟，含水量降至 25%以下时，用 80 马力以上 2 行玉米联合收割机配合 2 台 30 马力以上拖拉机收获籽粒。若果穗已达完熟期，但籽粒水分难以降至 25%以下时，可直接收获果穗。

——成本效益分析

目标产量收益：以亩产 600 千克、价格 2.24 元/千克计算，合计 1 344元。

亩均成本投入：800 元。

亩均纯收益：544 元。

适度经营规模面积：135 亩。

——可供选择的常见经营规模推荐农机配置

东北中南部山地丘陵玉米免耕旱播密植技术模式图（模式2）

月份（旬）	4月	5月			6月			7月			8月			9月			10月
	下旬	上旬	中旬	下旬	上旬	中旬	下旬	上旬	中旬	下旬	上旬	中旬	下旬	上旬	中旬	下旬	上旬
节气	谷雨	立夏		小满	芒种		夏至	小暑		大暑	立秋		处暑	白露		秋分	寒露
生育时期	播种期		出苗期	3叶期		拔节期		吐丝期		灌浆期				成熟期			收获期
主攻目标	适时播种，一播全苗				蹲苗促根，苗齐苗壮			植株健壮，穗大粒多		保叶护根，防倒防衰				保粒数、增粒重，促早熟		适时晚收，丰产丰收	
播前准备	品种选择：根据当地年活动积温与无霜期长短，选择熟期适宜、耐密、多抗、易于全程机械化作业的高产品种 种子处理：选择发芽率高、活力强的优质种子，要求种子发芽率≥92%，同时，选用具有地下害虫、丝黑穗病防治功能种衣剂包衣																
精细播种	播种时期：耕层土壤相对含水量在60%～70%、地温稳定通过8℃为适宜播种期 播种施肥：利用80马力以上拖拉机配套免耕播种机播种、施肥。播种深度5厘米左右，亩播种密度3800～4 500株，亩保苗4 000株左右。亩施用种肥尿素5～10千克、侧深施玉米专用复合肥50～60千克，确保种肥隔离3～5厘米、侧深施深度10～15厘米 化学除草：播后苗前，土壤墒情适宜时用40%乙阿合剂或48%丁草胺·莠去津、50%乙草胺等除草剂，对水后进行封闭除草																
苗期管理	中耕培土：在玉米6～7叶期，用30马力以上拖拉机牵引进行中耕培土 化学除草：未进行土壤封闭除草或封闭除草失败的田块，出苗后用48%丁草胺·莠去津或4%烟嘧磺隆等除草剂对水后进行苗后除草																

（续）

穗期管理	虫害防治：使用辛硫磷或呋喃丹颗粒剂心叶投施防治玉米螟和黏虫；或在玉米螟产卵期，人工释放赤眼蜂配合 Bt 颗粒剂进行防治
收获	机械收获：在玉米籽粒完熟，含水量降至 25%以下时，用 80 马力以上 2 行玉米联合收割机配合 2 台 30 马力以上拖拉机收获籽粒。若果穗已达完熟期，但籽粒水分难以降至 25%以下时，可直接收获果穗
规模及收益	目标产量：亩产 600 千克。亩均纯收益：544 元。农户适度经营规模 135 亩 100～200 亩：推荐配置 80 马力拖拉机 1 台、30 马力拖拉机 1 台，免耕播种、中耕及喷药等配套机具各 1 台（套） 200～500 亩：推荐配置 80 马力拖拉机 1 台、30 马力拖拉机 1 台，80 马力以上 2 行以上联合联合收割机 1 台，免耕播种、中耕及喷药等配套机具各 1 台（套） 500～2 000 亩：推荐配置 80 马力拖拉机 2 台、30 马力拖拉机 4 台，免耕播种机 4 台，80 马力以上 2 行以上联合收割机 2 台，中耕及喷药机械等配套农机具 3 台（套） 2 000～5 000 亩：推荐配置 80 马力拖拉机 4 台、30 马力拖拉机 8 台，免耕播种机 8 台，100 马力以上 3～6 行联合收割机 3 台，中耕及喷药机械等配套农机具 6 台（套） 5 000～10 000 亩：推荐配置 120 马力拖拉机 3 台、90 马力拖拉机 1 台，4 行自走式玉米联合收割机 4 台，2.1 米深松机 3 台、2.1 米灭茬起垄机 4 台、7 行播种机 4 台、8 行中耕机 3 台及 18 米喷药机 2 台 10 000 亩以上：推荐配置 120 马力拖拉机 4 台、90 马力拖拉机 1 台，4 行自走式玉米联合收割机 5 台，2.1 米深松机 4 台、2.1 米灭茬起垄机 5 台、7 行播种机 5 台、8 行中耕机 4 台及 18 米喷药机 3 台

100～200 亩：推荐配置 80 马力拖拉机 1 台、30 马力拖拉机 1 台，免耕播种、中耕及喷药等配套机具各 1 台（套）。

200～500 亩：推荐配置 80 马力拖拉机 1 台、30 马力拖拉机 1 台，80 马力以上 2 行以上联合联合收割机 1 台，免耕播种、中耕及喷药等配套机具各 1 台（套）。

500～2 000 亩：推荐配置 80 马力拖拉机 2 台、30 马力拖拉机 4 台，免耕播种机 4 台，80 马力以上 2 行以上联合收割机 2 台，中耕及喷药机械等配套农机具 3 台（套）。

2 000～5 000 亩：推荐配置 80 马力拖拉机 4 台、30 马力拖拉机 8 台，免耕播种机 8 台，100 马力以上 3～6 行联合收割机 3 台，中耕及喷药机械等配套农机具 6 台（套）。

5 000～10 000 亩：推荐配置 120 马力拖拉机 3 台、90 马力拖拉机 1 台，4 行自走式玉米联合收割机 4 台，2.1 米深松机 3 台、2.1 米灭茬起垄机 4 台、7 行播种机 4 台、8 行中耕机 3 台及 18 米喷药机 2 台。

10 000 亩以上：推荐配置 120 马力拖拉机 4 台、90 马力拖拉机 1 台，4 行自走式玉米联合收割机 5 台，2.1 米深松机 4 台、2.1 米灭茬起垄机 5 台、7 行播种机 5 台、8 行中耕机 4 台及 18 米喷药机 3 台。

（编制专家：齐华　赵明　才卓　孙士明）

（一）东北南部稻区

该产区包括辽宁省除清原、新宾以外的全部市、县、区，为一季粳稻区。本区属暖温带，兼有大陆性和季风型气候特征，夏季短而温暖多雨，冬季漫长而寒冷少雪，冬夏之间季风交替。10℃以上活动积温在2 900～3 560℃之间，年降水量500～610毫米，无霜期150～180天。一般在4月中旬播种，9月下旬收获。土壤类型主要有棕壤土、草甸土和滨海盐碱土，土层深厚，土壤肥沃，富含有机质。区内大部分地区地表水和地下水丰富，宜于引灌。制约该区域水稻增产的主要因素：一是水稻生长季节经常出现低温冷害，引发延迟型冷害和障碍型冷害，造成水稻贪青晚熟，籽粒灌浆受阻，千粒重降低。二是夏季高温多雨、日照不足，容易引起稻瘟病、纹枯病和稻曲病。三是区内大中城市较为集中，特别是辽河平原稻区，水田用水紧张的趋势逐年加剧。四是水稻生产单项技术分散，集成程度低。五是地区间生产技术水平不均衡，高中低产田产量差距仍较大。

东北南部水稻硬盘旱育机插技术模式（模式1）

中、晚熟品种＋大棚机插硬盘旱育秧＋机械插秧＋配方施肥＋间歇灌溉＋病虫害统防统治＋机械收获

——预期目标产量　通过推广该技术模式，水稻平均亩产达到600千克。

——关键技术路线

品种选择：选择生育期155天以上、主茎叶数15～17、苗期耐低温、抗病性好、适合机械栽插的中、晚熟品种。

大棚机插硬盘集中旱育秧：每亩大田准备脱芒常规稻种子3千克，准备30厘米×60厘米规格的育苗硬盘20张，4月10～15日播种。浸种消毒按水温积温达到80～100℃为宜，用智能催芽箱或常规保温保湿法催芽至破胸露白。用流水线或播种机具播种装盘，每盘播芽种125克，播后盖土，移至标准化钢架大棚，表面覆盖地膜或无纺布。适时炼苗培育壮秧。

机械整地：用50马力以上四轮驱动拖拉机及配套机具旱整地，耕深15～20厘米左右，泡水后进行水耙整地，田面平整，同一田块内高低差不大于3厘米，达到"地平如镜"和沉降充分、上虚下实的机插条件。

机械移栽：秧龄30～35天或叶龄3.0～3.5叶、秧高13～15厘米时移栽，移栽前1～2天，每平方米秧田施磷酸二铵125克。用4行插秧机或6行高速插秧机进行插秧。插秧深度2～3厘米，漏插率2%以内，勾伤率1.5%以内，穴基本苗保证率（达到规定基本苗数的穴数占总穴数的比例）应在70%以上，插行笔直，行距精确，不空边不落头，不倒苗不漂秧。

配方施肥：每亩施纯氮15千克，氮（N）磷（P_2O_5）钾（K_2O）比例2∶1∶1，基、蘖、穗氮肥比例4∶2∶4，抽穗后看苗补施粒肥。

间歇灌溉：浅水移栽，缓苗后施用除草剂，保持3～5厘米浅水层5～7天，复水后间歇灌溉，分蘖中后期晒田控蘖，幼穗分化期保持3～5厘米水层，孕穗期保持3～8厘米水层，抽穗期保持浅水层，收获前一周断水。

统防统治：进行专业化防治，用自走式喷杆喷雾机、背负式机动喷雾机、高效宽幅远射程喷雾机等植保机械，重点防治二化螟、纹枯病、稻飞虱、稻瘟病等病虫害。

机械收获：在稻谷全部变硬、穗轴上干下黄、谷粒成熟度达到90%～95%时，用全喂入或半喂入联合收割机收获。

——成本效益分析

目标产量收益：以600千克、价格3元/千克计算，合计1 800元。

亩均成本投入：1 318元。

亩均纯收益：482元。

适度经营规模面积：153亩。

——可供选择的常见经营规模推荐农机配置

100～200亩：30马力四轮驱动拖拉机1台，中型旋耕机1台，15马力手扶机1台，育秧播种机1台，4行插秧机1台，喷雾机等配套农机具5台（套）。

200～500亩：50马力四轮驱动拖拉机1台，中型旋耕机1台，15马力手扶机1台，育秧播种机1台，4行插秧机2台，喷雾机2台，60马力半喂入或

东北南部水稻硬盘旱育机插技术模式图（模式1）

月份（旬）		4月			5月			6月			7月			8月			9月		
		上旬	中旬	下旬	上旬	中旬	下旬	上旬	中旬	下旬	上旬	中旬	下旬	上旬	中旬	下旬	上旬	中旬	下旬
节气		清明		谷雨	立夏		小满	芒种		夏至	小暑		大暑	立秋		处暑	寒露		秋分
生育时期		4月10～15日播种 秧田期30～35天 5月15～25日移栽 有效分蘖5月25日至6月20日 6月22～30日拔节 长穗期 8月5～10日抽穗 灌浆结实期 9月25～30日成熟																	
品种选择		选择生育期155天以上、主茎叶数15～17、苗期耐低温、抗病性好、适合机械栽插的中、晚熟品种																	
产量构成		亩有效穗数24万～25万，每穗100～120粒，结实率90%以上，千粒重25克																	
大棚旱育壮秧	浸种催芽	用芽率95%以上，含水量低于15%良种，选晴天晒2～3日。严格脱芒后在催芽箱15～20℃恒温水中加入咪鲜胺或浸种灵乳油浸种消毒4～5天，排除箱内药液，再注入清水，加温至30～32℃经20～30小时破胸，降温至25℃左右催芽，芽长1～2毫米时在室温下晾芽																	
	机械播种	用标准硬盘，机械化流水线播种，装土厚度2.0～2.5厘米，每盘播芽种125克，浇水量以盘底稍有渗水为度，覆土厚度0.5厘米。播好的秧盘铺在棚内作业道两侧，盘间靠紧，盘底与置床接触严实。要预先调好设备，运行中勤检查，保证作业质量																	
	秧苗管理	温度：出苗前温度在30～32℃之间；1.5叶之前以保温为主，最高不超过28℃；2叶以后开始通风炼苗，不超过25℃；2.5叶以后维持在20～25℃，气温稳定在10℃以上时，白天侧膜可完全揭开。接近插秧叶龄时，夜间可不封通风口。水分：出苗期盘土干裂时浇水润湿。出苗后早晚叶尖不吐水、午间新展叶片卷曲、床土表面发白时浇水；浇水只喷浇不漫灌。要浇到盘底稍有水渗出。喷头浇不到的区域，要人工补浇。灭草：2.0叶时，用10%氰氟草酯乳油按使用说明对水均匀喷雾。防病：1.5叶时，用恶霉灵或恶霉灵与甲霜灵混剂按使用说明对水喷雾，防立枯病。通过控温、控水、控徒长，防青枯病。追肥。3.0叶时即插秧前3～4天，每平方米施硫酸铵50克后用清水浇透，防止烧苗																	
整地插秧	整地	机械整地，作业深度15～20厘米。整地质量标准：旱整水整相结合，田面平整、干净，同一田块内高低差不大于3厘米，达到“地平如镜”、沉降充分、上虚下实的机插条件。有条件的地区，实行激光平地																	
	插秧	用机械插秧。按计划插秧密度（亩穴数、每穴基本苗数）调试好插秧机。机插质量要求：插秧深度2～3厘米，漏插率2%以内，勾伤率1.5%以内，穴基本苗保证率（达到规定基本苗数的穴数占总穴数的比例）应在70%以上，插行笔直，行距精确，不空边不落头，不倒苗不漂秧																	

（续）

本田管理	测土施肥	全年施肥总量（亩）：有机肥 1 000～2 000 千克，纯氮 15 千克；氮（N）磷（P_2O_5）钾（K_2O）比例 2∶1∶1，基、蘖、穗、粒氮肥比例 4∶2∶3∶1，抽穗后看苗补施粒肥。施用方法：基肥：全部有机肥，40％的氮肥，全部磷肥和 50％的钾肥，在插前整地时全层施入。蘖肥：20％的氮肥，于秧苗返青后尽早施用。穗肥：30％的氮肥和 50％的钾肥，于抽穗前 20 天左右施入。粒肥：余下 10％的氮肥，在始穗至齐穗期间施入。是否需要施用硅和其他微量元素肥料，以及各阶段的确切施用量和施用时间，可根据当地测土结果，综合分析水稻长势、叶色等因素确定
	科学管水	移栽期：浅水移栽；返青分蘖期：寸水返青，浅水分蘖，浅湿结合，以浅为主，够苗晾田。盐碱较重田块要注意晾田的时机和程度；拔节—抽穗：浅湿间歇、以浅为主；幼穗分化期保持 3～5 厘米水层，孕穗期保持 3～8 厘米水层；抽穗—开花：保持浅水。灌浆阶段：浅湿交替、以浅为主；蜡熟阶段：浅湿交替、以湿为主。收获前 7～10 天内逐渐落干水层
	统防病虫	药剂除草：常用除草剂有丁草胺、苄嘧磺隆、吡嘧磺隆等，于缓苗后尽早施用，注意保持 3～5 厘米水层 5～7 天 病虫害防治：遵照当地植物保护部门发布的病虫测报结果及防治指导措施进行，积极推行统防统治。主要防治病虫害种类有二化螟、稻飞虱、纹枯病、稻瘟病、稻曲病。不具备统防统治条件的，要在基层农技部门指导或科技示范户的带动下，选用符合无公害农产品生产条件的农药，并严格按使用说明规范使用
适时收获		在稻谷全部变硬、穗轴上干下黄、谷粒成熟度达到 90％～95％时，用全喂入或半喂入联合收割机收获
规模及收益		目标产量：亩产 600 千克。亩均纯收益：482 元。农户适度经营规模 153 亩 100～200 亩：推荐配置 30 马力四轮驱动拖拉机 1 台，中型旋耕机 1 台，15 马力手扶机 1 台，育秧播种机 1 台，4 行插秧机 1 台，喷雾机等配套农机具 5 台（套） 200～500 亩：推荐配置 50 马力四轮驱动拖拉机 1 台，中型 1.5 米宽旋耕机 1 台，15 马力手扶机 1 台，育秧播种机 1 台，4 行插秧机 2 台，喷雾机 2 台，60 马力半喂入或全喂入式收获机 1 台等配套农机具 9 台（套） 500～2 000 亩：推荐配置 50 马力以上四轮驱动拖拉机 2 台，大型宽旋耕机 2 台，30 马力手扶机 1 台，育秧播种机 21 台，6 行高速插秧机 1 台，4 行插秧机 2 台，喷雾机 4 台，60 马力半喂入或全喂入收获机 1 台等配套农机具 15 台（套） 2 000～5 000 亩：推荐配置 50 马力以上四轮驱动拖拉机 2 台，大型旋耕机 2 台，30 马力手扶机 2 台，播种机 2 台，6 行高速机插秧机 2 台，4 行插秧机 2 台，喷雾机 8 台，60 马力以上半喂入或全喂入式收获机 3 台等配套农机具 23 台（套） 5 000～10 000 亩：推荐配置 50 马力以上四轮驱动拖拉机 4 台，大型旋耕机 4 台，30 马力手扶机 4 台，播种机 4 台，6 行高速机插秧机 2 台，4 行插秧机 3 台，喷雾机 15 台，60 马力以上 4 行半喂入或全喂入式收获机 4 台等配套农机具 40 台（套） 10 000 亩以上：推荐配置 50 马力以上四轮驱动拖拉机 6 台，大型旋耕机 6 台，30 马力手扶机 4 台，播种机 6 台，6 行高速插秧机 2 台，4 行插秧机 4 台，喷雾机 20 台，60 马力以上 4 行半喂入或全喂入式收获机 6 台等配套农机具 54 台（套）

全喂入收获机 1 台等配套农机具 9 台（套）。

500～2 000 亩：50 马力以上四轮驱动拖拉机 2 台，大型宽旋耕机 2 台，30 马力手扶机 1 台，育秧播种机 1 台，6 行高速插秧机 1 台，4 行插秧机 2 台，喷雾机 4 台，60 马力半喂入或全喂入收获机 1 台等配套农机具 15 台（套）。

2 000～5 000 亩：50 马力以上四轮驱动拖拉机 2 台，大型旋耕机 2 台，30 马力手扶机 2 台，播种机 2 台，6 行高速机插秧机 2 台，4 行插秧机 2 台，喷雾机 8 台，60 马力以上半喂入或全喂入收获机 3 台等配套农机具 23 台（套）。

5 000～10 000 亩：50 马力以上四轮驱动拖拉机 4 台，大型旋耕机 4 台，30 马力手扶机 4 台，播种机 4 台，6 行高速机插秧机 2 台，4 行插秧机 3 台，喷雾机 15 台，60 马力以上 4 行半喂入或全喂入收获机 4 台等配套农机具 40 台（套）。

10 000 亩以上：50 马力以上四轮驱动拖拉机 6 台，大型旋耕机 6 台，30 马力手扶机 4 台，播种机 6 台，6 行高速插秧机 2 台，4 行插秧机 4 台，喷雾机 20 台，60 马力以上 4 行半喂入或全喂入收获机 6 台等配套农机具 54 台（套）。

东北南部水稻无纺布旱育秧抛摆技术模式（模式 2）

早、中熟品种＋无纺布抛秧盘旱育秧＋抛摆秧＋配方施肥＋间歇灌溉＋病虫害统防统治＋机械收获

——预期目标产量　通过推广该技术模式，水稻平均亩产 650 千克。

——关键技术路线

品种选择：选择生育期 150～155 天、主茎叶数 15～16、苗期耐低温、抗病性好、品质优、抗倒性强的早、中熟品种。

无纺布小拱棚抛秧盘旱育秧：每亩大田准备脱芒常规稻种子 2.0 千克，准备 345 孔的抛秧盘 35 张，4 月 10～15 日播种。浸种消毒按水温积温达到80～100℃为宜，用常规保温保湿法催芽至破胸露白。用人工播种，每孔播芽种 5～6 粒，播后盖土，表面覆盖地膜，然后用架条起拱，覆盖无纺布，并用绊绳加固，出苗后及时撤出地膜。

机械整地：用 50 马力以上四轮驱动拖拉机及配套机具进行旱整地，耕深 15～20 厘米左右，泡水后进行水耙整地，田面平整，同一田块内高低差不大于 3 厘米，达到“地平如镜”和沉降充分、上虚下实的移栽条件。

人工抛摆移栽：秧龄 35 天或叶龄 3.5～4.0 叶、秧高 15～17 厘米时移栽，移栽前 1～2 天，每平方米秧田施硫铵 50 克。抛摆时每 5 米幅宽间留 40 厘米的作业道，幅内抛摆要均匀。

东北南部水稻无纺布旱育秧抛摆技术模式图（模式 2）

<table>
<tr><td colspan="2" rowspan="2">月份
（旬）</td><td colspan="3">4月</td><td colspan="3">5月</td><td colspan="3">6月</td><td colspan="3">7月</td><td colspan="3">8月</td><td colspan="3">9月</td></tr>
<tr><td>上旬</td><td>中旬</td><td>下旬</td><td>上旬</td><td>中旬</td><td>下旬</td><td>上旬</td><td>中旬</td><td>下旬</td><td>上旬</td><td>中旬</td><td>下旬</td><td>上旬</td><td>中旬</td><td>下旬</td><td>上旬</td><td>中旬</td><td>下旬</td></tr>
<tr><td colspan="2">节气</td><td>清明</td><td></td><td>谷雨</td><td>立夏</td><td></td><td>小满</td><td>芒种</td><td></td><td>夏至</td><td>小暑</td><td></td><td>大暑</td><td>立秋</td><td></td><td>处暑</td><td>寒露</td><td></td><td>秋分</td></tr>
<tr><td colspan="2">生育
时期</td><td colspan="18">4月10～15日播种　秧田期35天　5月15～25日移栽　有效分蘖5月25日至6月20日　6月22～30日拔节　长穗期　8月5～10日抽穗　灌浆结实期
9月25～30日成熟</td></tr>
<tr><td colspan="2">品种
选择</td><td colspan="18">选择生育期150～155天、主茎叶数15～16、苗期耐低温、抗病性好、品质优、抗倒性强的早、中熟品种</td></tr>
<tr><td colspan="2">产量
构成</td><td colspan="18">产量构成：亩有效穗数24万～25万，每穗100～120粒，结实率90%以上，千粒重25克</td></tr>
<tr><td rowspan="3">拱棚
无纺
布抛
秧盘
旱育
壮秧</td><td>浸种
催芽</td><td colspan="18">用芽率95%以上，含水量低于15%良种，选晴天晒2～3日。严格脱芒后在催芽箱15～20℃恒温水中加入咪鲜胺或浸种灵乳油浸种消毒4～5天，排除箱内药液，再注入清水，加温至30～32℃经20～30小时破胸，降温至25℃左右催芽，芽长1～2毫米时在室温下晾芽</td></tr>
<tr><td>播种</td><td colspan="18">用人工播种，用345孔抛秧盘，每孔播芽种5～6粒，播后盖土，表面覆盖地膜，然后用架条起拱，覆盖无纺布，并用绊绳加固，出苗后及时撤出地膜</td></tr>
<tr><td>秧苗
管理</td><td colspan="18">温度：无纺布育苗一般不会出现极端温度，所以在秧苗生长期不用放风炼苗，当最低气温稳定在10℃以上时，可以撤布。水分：抛秧盘育苗很容易造成缺水，影响秧苗生长，出苗后早晚叶尖不吐水、午间新展叶片卷曲、床土表面发白时要及时浇水；浇水只喷浇不漫灌。要浇到盘底稍有水渗出。喷头浇不到的区域，要人工补浇。灭草：2.0叶时，用10%氰氟草酯乳油按使用说明对水均匀喷雾。防病：1.5叶时，用恶霉灵或恶霉灵与甲霜灵混剂按使用说明对水喷雾，防立枯病。通过控温、控水、控徒长，防青枯病。追肥。3.0叶时即插秧前3～4天，每平方米施硫酸铵50克，施后用清水浇透，防止烧苗</td></tr>
<tr><td>整地
插秧</td><td>整地</td><td colspan="18">用50马力四轮驱动拖拉机及配套机具进行旱整地，耕深15～20厘米左右，泡水后进行水耙整地，田面平整，同一田块内高低差不大于3厘米，达到“地平如镜”和沉降充分、上虚下实的移栽条件</td></tr>
</table>

（续）

整地插秧	抛摆移栽	秧龄35天或叶龄3.5～4.0叶、秧高15～17厘米时移栽，移栽前1～2天，每平方米秧田施磷酸二铵125克。抛摆时每5米幅宽间留40厘米的作业道，幅内抛摆要均匀
本田管理	测土施肥	全年施肥总量（亩）：有机肥1 000～2 000千克，纯氮13千克；氮（N）磷（P_2O_5）钾（K_2O）比例2∶1∶1，基、蘖、穗、粒氮肥比例4∶2∶3∶1，抽穗后看苗补施粒肥。施用方法：基肥：全部有机肥，40%的氮肥，全部磷肥和50%的钾肥，在插前整地时全层施入。蘖肥：20%的氮肥，于秧苗返青后尽早施用。穗肥：30%的氮肥和50%的钾肥，于抽穗前20天左右施入。粒肥：余下10%的氮肥，在始穗至齐穗期间施入。是否需要施用硅和其他微量元素肥料，以及各阶段的确切施用量和施用时间，可根据当地测土结果，综合分析水稻长势、叶色等因素确定
	科学管水	移栽期：浅水移栽；返青分蘖期：寸水返青，浅水分蘖，浅湿结合，以浅为主，够苗晾田。盐碱较重田块要注意晾田的时机和程度；拔节—抽穗：浅湿间歇、以浅为主；抽穗—开花：保持浅水。灌浆阶段：浅湿交替、以浅为主，幼穗分化期保持3～5厘米水层，孕穗期保持3～8厘米水层。蜡熟阶段：浅湿交替、以湿为主。收获前7～10天内逐渐落干水层
	统防病虫	药剂除草：常用除草剂有丁草胺、苄嘧磺隆、吡嘧磺隆等，于缓苗后尽早施用，注意保持3～5厘米水层5～7天 病虫害防治：遵照当地植物保护部门发布的病虫测报结果及防治指导措施进行，积极推行统防统治。主要防治病虫害种类有二化螟、稻飞虱、纹枯病、稻瘟病、稻曲病。不具备统防统治条件的，要在基层农技部门指导或科技示范户的带动下，选用符合无公害农产品生产条件的农药，并严格按使用说明规范使用
适时收获		积极用半喂入式联合收割机收割。预先做好与农机服务部门或专业化机收组织的沟通，确保机收作业人员职业化、机构作业过程规范化
规模及收益		目标产量：亩产650千克。亩均纯收益：630元。农户适度经营规模117亩 100～200亩：推荐配置30马力拖拉机1台，1.5米宽旋耕机1台，15马力手扶拖拉机1台，4冲程喷雾机1台 200～500亩：推荐配置45马力拖拉机1台，1.5米宽旋耕机1台，15马力手扶拖拉机1台，4冲程喷雾机1台，50马力半喂入式收获机1台 500～2 000亩：推荐配置50马力拖拉机2台，2.5米宽旋耕机2台，15马力手扶拖拉机1台，4冲程喷雾机2台，50～60马力全喂入收获机2台 2 000～5 000亩：推荐配套90马力拖拉机2台，2.8米旋耕机2台，15马力手扶拖拉机2台，4冲程喷雾机4台，90马力收获机2台 5 000～10 000亩：推荐配置90马力拖拉机3台，2.8米旋耕机2台，15马力手扶拖拉机4台，4冲程喷雾机4台，140马力收获机2台 10 000亩以上：推荐配置90马力拖拉机2台，2.8米旋耕机2台，15马力手扶拖拉机4台，4冲程喷雾机5台，140马力收获机3台

配方施肥：全年施肥总量（亩）：有机肥1 000～2 000千克，纯氮13千克；氮（N）磷（P_2O_5）钾（K_2O）比例2：1：1，基、蘖、穗、粒氮肥比例4：2：3：1，抽穗后看苗补施粒肥。施用方法：基肥：全部有机肥，40%的氮肥，全部磷肥和50%的钾肥，在插前整地时全层施入。蘖肥：20%的氮肥，于秧苗返青后尽早施用。穗肥：30%的氮肥和50%的钾肥，于抽穗前20天左右施入。粒肥：余下10%的氮肥，在始穗至齐穗期间施入。

间歇灌溉：浅水抛摆移栽，缓苗后施用除草剂，保持3～5厘米浅水层5～7天，复水后间歇灌溉，分蘖中后期晒田控蘖，抽穗期保持浅水层，收获前一周断水。

统防统治：组织专业化防治队伍，用自走式喷杆喷雾机、背负式机动喷雾机、高效宽幅远射程喷雾机等现代植保机械，重点防治二化螟、纹枯病、稻飞虱、稻曲病、稻瘟病等病虫害。

机械收获：在稻谷全部变硬、穗轴上干下黄、谷粒成熟度达到90%～95%时，用35马力以上的半喂入联合收割机或55马力以上的全喂入联合收割机。

——成本效益分析

目标产量收益：以650千克、价格3元/千克计算，合计1 950元。

亩均成本投入：1 320元。

亩均纯收益：630元。

适度经营规模面积：117亩。

——可供选择的常见经营规模推荐农机配置

100～200亩：推荐配置30马力拖拉机1台，1.5米宽旋耕机1台，15马力手扶拖拉机1台，4冲程喷雾机1台。

200～500亩：推荐配置45马力拖拉机1台，1.5米宽旋耕机1台，15马力手扶拖拉机1台，4冲程喷雾机1台，50马力半喂入式收获机1台。

500～2 000亩：推荐配置50马力拖拉机2台，2.5米宽旋耕机2台，15马力手扶拖拉机1台，4冲程喷雾机2台，50～60马力全喂入收获机2台。

2 000～5 000亩：推荐配置90马力拖拉机2台，2.8米旋耕机2台，15马力手扶拖拉机2台，4冲程喷雾机4台，90马力收获机2台。

5 000～10 000亩：推荐配置90马力拖拉机3台，2.8米旋耕机2台，15马力手扶拖拉机4台，4冲程喷雾机4台，140马力收获机2台。

10 000亩以上：推荐配置90马力拖拉机2台，2.8米旋耕机2台，15马力手扶拖拉机4台，4冲程喷雾机5台，140马力收获机3台。

（编制专家：张文忠）

（二）东北中部稻区

本区包括辽宁的清原、新宾，吉林省的全部以及黑龙江省的五常、肇源地区，均为一季粳稻区。本区属温带、暖温带范围，兼有大陆性和季风型气候特征，夏季短促而温暖多雨，冬季漫长而寒冷少雪，冬夏之间季风交替。10℃以上活动积温在2 550～3 000℃之间，年降水量300～700毫米，无霜期135～150天。本区土壤类型主要有黑土、黑钙土、草甸土和苏打盐碱土，土层深厚，土壤肥沃，富含有机质。区内大部分地区地表水和地下水均较丰富，宜于引灌。制约该区域水稻增产的主要因素：一是生长季节经常出现低温冷害天气，引发延迟型冷害和障碍型冷害，造成水稻贪青晚熟，籽粒灌浆受阻，千粒重降低而大幅度减产。近年来，因水稻育秧期低温湿冷而导致秧难育、苗不壮的情况多有发生。二是因夏季高温多雨，日照不足，容易引起稻瘟病、纹枯病、稻曲病的发生。三是区内大中城市较为集中，水田用水紧张的趋势逐年加剧。四是机械化程度低，地区间技术水平不均衡，单项技术分散，集成程度差。

东北中部水稻软盘育秧抛摆技术模式（模式1）

中熟品种＋大中棚抛秧盘育秧＋人工抛摆＋配方施肥＋间歇灌溉＋病虫害统防统治＋机械收获

——预期目标产量　通过推广该技术模式，水稻平均亩产600千克。

——关键技术路线

品种选择：选择生育期133～142天、主茎叶数13～14、高产、米质国标二级以上、抗倒抗病的中熟，中晚熟品种。

大中棚抛秧盘育秧：每亩大田准备脱芒常规稻种子1.7千克，准备450孔的抛秧盘35张。浸种消毒按水温积温达到100℃为宜，用常规保温保湿法催芽至破胸露白，有条件的用智能化浸种催芽设备催芽，当芽长1.5毫米时，低温晾芽6小时待播。4月10～20日播种。在塑料大中棚内育秧，棚高1.7～2.4米，跨度5～8米。人工播种，每孔播芽种3～4粒，播后盖土0.7厘米，覆盖地膜，出齐苗后及时撤出地膜，适时通风炼苗。

机械整地：用50马力四轮驱动拖拉机及配套机具进行旱整地，耕深15～20厘米左右，泡水后进行水耙整地，田面平整，同一田块内高低差不大于3厘米，达到“地平如镜”和沉降适当、上虚下实的移栽条件。

人工抛摆移栽：秧龄35天或叶龄4.0～4.5叶、秧高15～17厘米时移栽，移栽前1～2天，每平方米秧田施磷酸二铵125克。抛摆时每5米幅宽间留30厘米的作业道，幅内抛摆要均匀。

配方施肥：每亩施有机肥1 000～2 000千克作基肥，纯氮8～10千克，氮(N)、磷（P_2O_5）、钾（K_2O）比例3∶1∶1，黑龙江比例为2∶1∶1，氮肥基、蘖、穗、粒施用比例4∶2∶3∶1，磷肥全部基施，盐碱稻田底肥中需施锌肥2千克；钾肥50%作基肥，50%作穗肥。

间歇灌溉：浅水抛摆移栽，缓苗后施用除草剂，保持3～5厘米浅水层5～7天，复水后间歇灌溉，分蘖中后期晒田控蘖，抽穗期保持浅水层，收获前1周断水。

统防统治：组织专业化防治队伍，用自走式喷杆喷雾机、背负式机动喷雾机、高效宽幅远射程喷雾机等现代植保机械，重点防治二化螟、纹枯病、稻瘟病、稻曲病等病虫害。

机械收获：在稻谷全部变硬、穗轴上干下黄、谷粒成熟度达到90%～95%时，用35马力以上的半喂入联合收割机或55马力以上的全喂入联合收割机收获。

——成本效益分析

目标产量收益：以600千克、价格3元/千克计算，合计1 800元。

亩均成本投入：1 213元。

亩均纯收益：587元。

适度经营规模面积：126亩。

——可供选择的常见经营规模推荐农机配置

100～200亩：推荐配置30马力拖拉机1台，15马力手扶拖拉机1台，旋耕机1台，喷雾机1台。

200～500亩：推荐配置50马力拖拉机1台，15马力手扶拖拉机1台，旋耕机1台，喷雾机1台，35马力以上半喂入收获机1台。

500～2 000亩：推荐配置50马力以上拖拉机2台，30马力以上拖拉机1台，旋耕机2台，喷雾机2台，35马力以上半喂入收获机2台。

2 000～5 000亩：推荐配置50马力以上拖拉机4台，30马力以上拖拉机1台，旋耕机4台，喷雾机4台，55马力以上半喂入收获机4台。

5 000～10 000亩：推荐配置50马力以上拖拉机6台，30马力以上拖拉机2台，旋耕机2台，喷雾机6台，55马力以上半喂入收获机2台。

10 000亩以上：推荐配置55马力拖拉机8台，30马力以上拖拉机4台，旋耕机2台，喷雾机8台，55马力以上半喂入收获机8台。

东北中部水稻软盘育秧抛摆技术模式图（模式 1）

月份（旬）	4月			5月			6月			7月			8月			9月		
	上旬	中旬	下旬	上旬	中旬	下旬	上旬	中旬	下旬	上旬	中旬	下旬	上旬	中旬	下旬	上旬	中旬	下旬
节气	清明		谷雨	立夏		小满	芒种		夏至	小暑		大暑	立秋		处暑	寒露		秋分
生育时期	4 月 10～20 日播种　秧田期 35 天　5 月 15～30 日移栽　有效分蘖 5 月 25 日至 6 月 25 日　6 月 22～30 日拔节　长穗期　8 月 5～10 日抽穗　灌浆结实期　9 月 25～30 日成熟																	
品种选择	选择生育期 133～142 天、主茎叶数 13～14、高产、米质国标二级以上、抗倒抗病的中熟品种																	
产量构成	产量构成：亩有效穗数 24 万～25 万，每穗 100～122 粒，结实率 90%以上，千粒重 25 克																	
中棚抛秧盘育壮秧：浸种催芽	每亩大田准备脱芒常规稻种子 1.7 千克，准备 450 孔的抛秧盘 30 张。浸种消毒按水温积温达到 100℃为宜，用智能催芽设备或常规保温保湿法催芽至破胸露白。4 月 15～20 日播种																	
中棚抛秧盘育壮秧：机械播种	在塑料中棚内育秧，棚高 1.7～2.4 米，跨度 5～8 米。用人工或机械播种，每孔播芽种 3～4 粒，播后盖土，表面覆盖地膜，出齐苗后及时撤出地膜，适时通风炼苗																	
中棚抛秧盘育壮秧：秧苗管理	温度：1.5 叶之前以保温为主，最高 28℃左右；1.5 叶以后开始通风炼苗，不超过 25℃；2.5 叶以后维持在 20～25℃；气温稳定在 10℃以上时，白天侧膜可完全揭开。接近插秧叶龄时，夜间可不封通风口。水分：出苗期盘土干裂时浇水润湿。出苗后早晚叶尖不吐水、午间新展叶片卷曲、床土表面发白时浇水；浇水只喷浇不漫灌。要浇到盘底稍有水渗出。喷头浇不到的区域，要人工补浇。灭草：2.0 叶时，用 10%氰氟草酯乳油按使用说明对水均匀喷雾。防病：1.5 叶时，用恶霉灵或恶霉灵与甲霜灵混剂按使用说明对水喷雾，防立枯病。通过控温、控水、控徒长，防青枯病。追肥。3.0 叶时即插秧前 3～4 天，每平方米施硫酸铵 50 克，施后浇水洗苗																	

（续）

整地移栽	整地	机械整地，作业深度不超过 20 厘米。整地质量标准：旱整水整相结合，田面平整、干净，同一田块内高低差不大于 3 厘米，达到“地平如镜”、“寸水不露泥”和沉降充分、上虚下实的机插条件。有条件的地区，实行激光平地
	抛摆移栽	秧龄 35 天或叶龄 4.0～4.5 叶、秧高 15～17 厘米时移栽，移栽前 1～2 天，每平方米秧田施尿素 100 克，施后浇水洗苗。抛摆时每 5 米幅宽间留 30 厘米的作业道，幅内抛摆要均匀
本田管理	测土施肥	全年施肥总量（亩）：有机肥 1 000～2 000 千克，每亩施纯氮 8～10 千克，氮（N）、磷（P_2O_5）、钾（K_2O）比例 3∶1∶1，黑龙江比例为 2∶1∶1，氮肥基、蘖、穗、粒施用比例 4∶2∶3∶1，磷肥全部基施，钾肥 50%作基肥，50%作穗肥
	科学管水	浅水抛摆移栽，缓苗后施用除草剂，保持 3～5 厘米浅水层 5～7 天，复水后间歇灌溉，分蘖中后期晒田控蘖，抽穗期保持浅水层，收获前 1 周断水
	统防病虫	药剂除草：常用除草剂有丁草胺、苄嘧磺隆、吡嘧磺隆等，于缓苗后尽早施用，注意保持 3～5 厘米水层 5～7 天 病虫害防治：遵照当地植物保护部门发布的病虫测报结果及防治指导措施进行，积极推行统防统治。主要防治病虫害种类有二化螟、稻飞虱、纹枯病、稻瘟病、稻曲病。不具备统防统治条件的，要在基层农技部门指导或科技示范户的带动下，选用符合无公害农产品生产条件的农药，并严格按使用说明规范使用
适时收获		在稻谷全部变硬、穗轴上干下黄、谷粒成熟度达到 90%～95%时，用 60 马力以上带碎草装置的纵轴流履带式全喂入或半喂入联合收割机收获
规模及收益		目标产量：亩产 600 千克。亩均纯收益：587 元。农户适度经营规模 126 亩 100～200 亩：推荐配置 30 马力拖拉机 1 台，15 马力手扶拖拉机 1 台，旋耕机 1 台，喷雾机 1 台 200～500 亩：推荐配置 50 马力拖拉机 1 台，15 马力手扶拖拉机 1 台，旋耕机 1 台，喷雾机 1 台，35 马力以上半喂入收获机 1 台 500～2 000 亩：推荐配置 50 马力以上拖拉机 2 台，30 马力以上拖拉机 1 台，旋耕机 2 台，喷雾机 2 台，35 马力以上半喂入收获机 2 台 2 000～5 000 亩：推荐配置 50 马力以上拖拉机 4 台，30 马力以上拖拉机 1 台，旋耕机 4 台，喷雾机 4 台，55 马力以上半喂入收获机 4 台 5 000～10 000 亩：推荐配置 50 马力以上拖拉机 6 台，30 马力以上拖拉机 2 台，旋耕机 2 台，喷雾机 6 台，55 马力以上半喂入收获机 2 台 10 000 亩以上：推荐配置 55 马力拖拉机 8 台，30 马力以上拖拉机 4 台，旋耕机 2 台，喷雾机 8 台，55 马力以上半喂入收获机 8 台

东北中部水稻旱育稀植技术模式（模式2）

中熟品种＋旱育稀植超稀植人工插秧＋配方施肥＋间歇灌溉＋病虫害统防统治＋机械收获

——预期目标产量　通过推广该技术模式，水稻平均亩产650千克。

——关键技术路线

品种选择：选择生育期133～142天、主茎叶数13～14、高产、米质国标二级以上、抗倒、抗病的中熟，中晚熟品种。

小拱棚旱育秧：每亩大田准备脱芒常规稻种子1.7千克。浸种消毒按水温积温达到100℃为宜，用常规保温保湿法催芽至破胸露白。4月15～20日播种。用人工播种，每平方米播芽种150克，播后盖土，表面覆盖地膜，出苗后及时撤出地膜，适时通风炼苗。

机械整地：用50马力四轮驱动拖拉机及配套机具进行旱整地，耕深15～20厘米左右，泡水后进行水耙整地，田面平整，同一田块内高低差不大于3厘米，达到“地平如镜”和沉降充分、上虚下实的移栽条件。

人工手插秧：秧龄35天或叶龄4.5叶左右、秧高15～17厘米时移栽，移栽前1～2天，每平方米秧田施磷酸二铵125克。插秧密度为30厘米×20厘米或30厘米×23厘米，每穴2～3苗。

配方施肥：每亩施纯氮10千克，氮（N）磷（P_2O_5）钾（K_2O）比例3∶1∶1，氮肥基、蘖、穗、粒施用比例4∶2∶3∶1，磷肥全部基施，盐碱稻田底肥中需施锌肥2千克；钾肥50％作基肥，50％作穗肥。

间歇灌溉：浅水移栽，缓苗后施用除草剂，保持3～5厘米浅水层5～7天，复水后间歇灌溉，分蘖中后期晒田控蘖，抽穗期保持浅水层，收获前1周断水。

统防统治：组织专业化防治队伍，用自走式喷杆喷雾机、背负式机动喷雾机、高效宽幅远射程喷雾机等现代植保机械，重点防治二化螟、纹枯病、稻瘟病、稻曲病等病虫害。

机械收获：在稻谷全部变硬、穗轴上干下黄、谷粒成熟度达到90％～95％时，用35马力以上的半喂入联合收割机或55马力以上的全喂入联合收割机收获。

——成本效益分析

目标产量收益：以650千克、价格3元/千克计算，合计1 950元。

亩均成本投入：1 289元。

东北中部水稻旱育稀植技术模式图（模式 2）

<table>
<tr><td colspan="2" rowspan="2">月份
（旬）</td><td colspan="3">4 月</td><td colspan="3">5 月</td><td colspan="3">6 月</td><td colspan="3">7 月</td><td colspan="3">8 月</td><td colspan="3">9 月</td></tr>
<tr><td>上旬</td><td>中旬</td><td>下旬</td><td>上旬</td><td>中旬</td><td>下旬</td><td>上旬</td><td>中旬</td><td>下旬</td><td>上旬</td><td>中旬</td><td>下旬</td><td>上旬</td><td>中旬</td><td>下旬</td><td>上旬</td><td>中旬</td><td>下旬</td></tr>
<tr><td colspan="2">节气</td><td>清明</td><td></td><td>谷雨</td><td>立夏</td><td></td><td>小满</td><td>芒种</td><td></td><td>夏至</td><td>小暑</td><td></td><td>大暑</td><td>立秋</td><td></td><td>处暑</td><td>寒露</td><td></td><td>秋分</td></tr>
<tr><td colspan="2">生育
时期</td><td colspan="18">4 月 15～20 日播种 秧田期 35 天 5 月 20～30 日移栽 有效分蘖 5 月 25 日至 6 月 20 日 6 月 22～30 日拔节 长穗期 8 月 5～10 日抽穗 灌浆结实期
9 月 25～30 日成熟</td></tr>
<tr><td colspan="2">品种
选择</td><td colspan="18">选择生育期 133～142 天、主茎叶数 13～14、高产、米质国标二级以上、抗倒抗病的中熟品种</td></tr>
<tr><td colspan="2">产量
构成</td><td colspan="18">亩有效穗数 25 万，每穗 100～130 粒，结实率 90%以上，千粒重 26 克</td></tr>
<tr><td rowspan="3">小拱
棚塑
料布
覆盖
旱育
壮秧</td><td>浸种
催芽</td><td colspan="18">每亩大田准备脱芒常规稻种子 1.7 千克。浸种消毒按水温积温达到 100℃为宜，用常规保温保湿法催芽至破胸露白</td></tr>
<tr><td>播种</td><td colspan="18">4 月 15～20 日播种。用人工播种，每平方米播芽种 150 克，播后盖土，表面覆盖地膜</td></tr>
<tr><td>秧苗
管理</td><td colspan="18">温度：1.5 叶之前以保温为主，最高 28℃左右；1.5 叶以后开始通风炼苗，不超过 25℃；2.5 叶以后维持在 20～25℃；气温稳定在 10℃以上时，白天塑料膜可完全揭开。接近插秧叶龄时，夜间可不封通风口。水分：出苗期盘土干裂时浇水润湿。出苗后早晚叶尖不吐水、午间新展叶片卷曲、床土表面发白时浇水；浇水只喷浇不漫灌要。要浇到盘底稍有水渗出。喷头浇不到的区域，要人工补浇。灭草：2.0 叶时，用 10%氰氟草酯乳油按使用说明对水均匀喷雾。防病：1.5 叶时，用恶霉灵或恶霉灵与甲霜灵混剂按使用说明对水喷雾，防立枯病。通过控温、控水、控徒长，防青枯病。追肥。3.0 叶时即插秧前 3～4 天，每平方米施硫酸铵 50 克</td></tr>
</table>

（续）

整地插秧	整地	用50马力四轮驱动拖拉机及配套机具进行旱整地，耕深15～20厘米左右，泡水后进行水耙整地，田面平整，同一田块内高低差不大于3厘米，达到“地平如镜”和沉降充分、上虚下实的移栽条件
	插秧	秧龄35天或叶龄4.5叶左右、秧高15～17厘米时移栽，移栽前1～2天，每平方米秧田施磷酸二铵125克。插秧密度为30厘米×20厘米或30厘米×23厘米，每穴2～3苗
本田管理	测土施肥	全年施肥总量（亩）：有机肥1 000～2 000千克，每亩施纯氮10千克，氮（N）磷（P_2O_5）钾（K_2O）比例3∶1∶1，氮肥基、蘖、穗、粒施用比例4∶2∶3∶1，磷肥全部基施，钾肥50%作基肥，50%作穗肥
	科学管水	浅水移栽，缓苗后施用除草剂，保持3～5厘米浅水层5～7天，复水后间歇灌溉，分蘖中后期晒田控蘖，抽穗期保持浅水层，收获前1周断水
	统防病虫	药剂除草：常用除草剂有丁草胺、苄嘧磺隆、吡嘧磺隆等，于缓苗后尽早施用，注意保持3～5厘米水层5～7天 病虫害防治：遵照当地植物保护部门发布的病虫测报结果及防治指导措施进行，积极推行统防统治。主要防治病虫害种类有二化螟、稻飞虱、纹枯病、稻瘟病、稻曲病。不具备统防统治条件的，要在基层农技部门指导或科技示范户的带动下，选用符合无公害农产品生产条件的农药，并严格按使用说明规范使用
适时收获		在稻谷全部变硬、穗轴上干下黄、谷粒成熟度达到90%～95%时，用60马力以上带碎草装置的纵轴流履带式全喂入或半喂入联合收割机收获
规模及收益		目标产量：亩产650千克。亩均纯收益：661元。农户适度经营规模111亩 100～200亩：推荐配置30马力拖拉机1台，15马力手扶拖拉机1台，旋耕机1台，喷雾机1台 100～500亩：推荐配置50马力拖拉机1台，15马力手扶拖拉机1台，旋耕机1台，育秧设备1套，喷雾机1台，35马力以上半喂入收获机1台 500～2 000亩：推荐配置50马力以上拖拉机2台，30马力以上拖拉机1台，旋耕机2台，育秧设备1套，喷雾机2台，35马力以上半喂入收获机2台 2 000～5 000亩：推荐配置50马力以上拖拉机4台，30马力以上拖拉机1台，旋耕机4台，育秧设备2套，喷雾机4台，55马力以上半喂入收获机4台 5 000～10 000亩：推荐配置50马力以上拖拉机6台，30马力以上拖拉机2台，旋耕机2台，育秧设备3套，喷雾机6台，55马力以上半喂入收获机2台 10 000亩以上：推荐配置55马力拖拉机8台，30马力以上拖拉机4台，旋耕机2台，育秧设备4套，喷雾机8台，55马力以上半喂入收获机8台

亩均纯收益：661元。

适度经营规模面积：111亩。

——可供选择的常见经营规模推荐农机配置

100～200亩：推荐配置30马力拖拉机1台，15马力手扶拖拉机1台，旋耕机1台，喷雾机1台。

200～500亩：推荐配置50马力拖拉机1台，15马力手扶拖拉机1台，旋耕机1台，育秧设备1套，喷雾机1台，35马力以上半喂入收获机1台。

500～2 000亩：推荐配置50马力以上拖拉机2台，30马力以上拖拉机1台，旋耕机2台，育秧设备1套，喷雾机2台，35马力以上半喂入收获机2台。

2 000～5 000亩：推荐配置50马力以上拖拉机4台，30马力以上拖拉机1台，旋耕机4台，育秧设备2套，喷雾机4台，55马力以上半喂入收获机4台。

5 000～10 000亩：推荐配置50马力以上拖拉机6台，30马力以上拖拉机2台，旋耕机2台，育秧设备3套，喷雾机6台，55马力以上半喂入收获机2台。

10 000亩以上：推荐配置55马力拖拉机8台，30马力以上拖拉机4台，旋耕机2台，育秧设备4套，喷雾机8台，55马力以上半喂入收获机8台。

东北中部水稻硬盘旱育秧机插技术模式（模式3）

中熟品种＋大棚机插硬盘旱育秧＋机械插秧＋配方施肥＋间歇灌溉＋病虫害统防统治＋机械收获

——预期目标产量　通过推广该技术模式，水稻平均亩产600千克。

——关键技术路线

品种选择：选择生育期133～142天以上、主茎叶数13～14、苗期耐低温、抗病性好、米质达到国家二级以上，适合机械栽插的中、中晚熟品种。

大棚机插硬盘集中旱育秧：每亩大田准备脱芒常规稻种子3千克或杂交稻种子2.5千克，准备30厘米×60厘米规格的育苗硬盘20张，4月15日～20日播种。浸种消毒按水温积温达到100℃为宜，用智能催芽箱或常规保温保湿法催芽至破胸露白。用流水线或播种机具播种装盘，每盘播芽种100～125克，播后盖土，移至标准化钢架大棚，表面覆盖地膜。适时炼苗培育壮秧。

机械整地：用50马力四轮驱动拖拉机及配套机具进行旱整地，耕深15～20厘米左右，泡水后进行水耙整地，田面平整，同一田块内高低差不大于3厘米，达到“地平如镜”和沉降适当、上虚下实的机插条件。

机械移栽：秧龄30～35天或叶龄3.0～3.5叶、秧高13～15厘米时移栽，移栽前1～2天，每平方米秧田施磷酸二铵125克。用4行插秧机或6行高速插秧机进行插秧。插秧深度2～3厘米，漏插率2%以内，勾伤率1.5%以内，穴基本苗保证率（达到规定基本苗数的穴数占总穴数的比例）应在70%以上，插行笔直，行距精确，不空边不落头，不倒苗不漂秧。

配方施肥：每亩施纯氮8～10千克，氮（N）磷（P_2O_5）钾（K_2O）比例3∶1∶1，黑龙江比例2∶1∶1，基、蘖、穗、粒氮肥比例4∶2∶3∶1。磷（P_2O_5）肥全部底肥，盐碱稻田底肥中需施锌肥2千克；钾（K_2O）肥50%作底肥，另50%与穗肥一起追。抽穗后看苗补施粒肥。

间歇灌溉：浅水移栽，缓苗后施用除草剂，保持3～5厘米浅水层5～7天，复水后间歇灌溉，分蘖中后期晒田控蘖，抽穗期保持浅水层，收获前1周断水。

统防统治：组织专业化防治队伍，用自走式喷杆喷雾机、背负式机动喷雾机、高效宽幅远射程喷雾机等现代植保机械，重点防治二化螟、纹枯病、稻飞虱、稻瘟病等病虫害。

机械收获：在稻谷全部变硬、穗轴上干下黄、谷粒成熟度达到90%～95%时，用全喂入或半喂入联合收割机收获。

——成本效益分析

目标产量收益：以600千克、价格3元/千克计算，合计1 800元。

亩均成本投入：1 191元。

亩均纯收益：609元。

适度经营规模面积：121亩。

——可供选择的常见经营规模推荐农机配置

100～200亩：推荐配置30马力拖拉机1台，15马力手扶拖拉机1台，旋耕机1台，手扶式插秧机2台，喷雾机1台。

200～500亩：推荐配置50马力拖拉机1台，15马力手扶拖拉机1台，旋耕机1台，育秧设备1套，手扶式插秧机2台，喷雾机1台，35马力以上半喂入收获机1台。

500～2 000亩：推荐配置50马力以上拖拉机2台，30马力以上拖拉机1台，旋耕机2台，育秧设备1套，高速插秧机3台，喷雾机2台，35马力以上半喂入收获机2台。

2 000～5 000亩：推荐配置50马力以上拖拉机4台，30马力以上拖拉机1台，旋耕机4台，育秧设备2套，高速插秧机6台，喷雾机4台，55马力以上

东北中部水稻硬盘旱育秧机插技术模式图（模式 3）

<table>
<tr><td colspan="2" rowspan="2">月份（旬）</td><td colspan="3">4月</td><td colspan="3">5月</td><td colspan="3">6月</td><td colspan="3">7月</td><td colspan="3">8月</td><td colspan="3">9月</td></tr>
<tr><td>上旬</td><td>中旬</td><td>下旬</td><td>上旬</td><td>中旬</td><td>下旬</td><td>上旬</td><td>中旬</td><td>下旬</td><td>上旬</td><td>中旬</td><td>下旬</td><td>上旬</td><td>中旬</td><td>下旬</td><td>上旬</td><td>中旬</td><td>下旬</td></tr>
<tr><td colspan="2">节气</td><td>清明</td><td></td><td>谷雨</td><td>立夏</td><td></td><td>小满</td><td>芒种</td><td></td><td>夏至</td><td>小暑</td><td></td><td>大暑</td><td>立秋</td><td></td><td>处暑</td><td>寒露</td><td></td><td>秋分</td></tr>
<tr><td colspan="2">生育时期</td><td colspan="18">4月15～20日播种 秧田期35天 5月20～30日移栽 有效分蘖5月25日至6月20日 6月22～30日拔节 长穗期 8月5～10日抽穗 灌浆结实期 9月25～30日成熟</td></tr>
<tr><td colspan="2">品种选择</td><td colspan="18">选择生育期133～142天、主茎叶数13～14、苗期耐低温、抗病性好、抗倒，适合机械栽插的中熟优质品种</td></tr>
<tr><td colspan="2">产量构成</td><td colspan="18">亩有效穗数25万，每穗100～110粒，结实率90%以上，千粒重25克</td></tr>
<tr><td rowspan="3">大棚旱育壮秧</td><td>浸种催芽</td><td colspan="18">每亩大田准备脱芒常规稻种子2.5～3千克。浸种消毒按水温积温达到100℃为宜，用智能催芽箱或常规保温保湿法催芽至破胸露白</td></tr>
<tr><td>机械播种</td><td colspan="18">4月15～20日播种。用标准硬盘，机械化流水线播种，装土厚度2.0～2.5厘米，每盘播芽种125克，浇水量以盘底稍有渗水为度，覆土厚度0.5厘米。播好的秧盘铺在棚内作业道两侧，盘间靠紧，盘底与置床接触严实。要预先调好设备，运行中勤检查，保证作业质量</td></tr>
<tr><td>秧苗管理</td><td colspan="18">温度：出苗前温度在30～32℃之间；1.5叶之前以保温为主，最高不超过28℃；2叶以后开始通风炼苗，不超过25℃；2.5叶以后维持在20～25℃，气温稳定在10℃以上时，白天侧膜可完全揭开。接近插秧叶龄时，夜间可不封通风口。水分：出苗期盘土干裂时浇水润湿。出苗后早晚叶尖不吐水、午间新展叶片卷曲、床土表面发白时浇水；浇水只喷浇不漫灌。要浇到盘底稍有水渗出。喷头浇不到的区域，要人工补浇。灭草：2.0叶时，用10%氰氟草酯乳油按使用说明对水均匀喷雾。防病：1.5叶时，用恶霉灵或恶霉灵与甲霜灵混剂按使用说明对水喷雾，防立枯病。通过控温、控水、控徒长，防青枯病。追肥。3.0叶时即插秧前3～4天，每平方米施硫酸铵50克，施后用清水浇透，防止烧苗</td></tr>
<tr><td rowspan="2">整地插秧</td><td>整地</td><td colspan="18">用50马力四轮驱动拖拉机及配套机具进行旱整地，作业深度15～20厘米。泡田后进行水耙地，田面平整、干净，同一田块内高低差不大于3厘米，达到“地平如镜”、沉降适当、上虚下实的机插条件。有条件的地区，实行激光平地</td></tr>
<tr><td>插秧</td><td colspan="18">秧龄30～35天或叶龄3.0～3.5叶、秧高13～15厘米时移栽，移栽前1～2天，每平方米秧田施磷酸二铵125克。用4行插秧机或6行高速插秧机进行插秧。插秧深度2～3厘米，漏插率2%以内，勾伤率1.5%以内，穴基本苗保证率（达到规定基本苗数的穴数占总穴数的比例）应在70%以上，插行笔直，行距精确，不空边、不落头、不倒苗、不漂秧</td></tr>
</table>

（续）

本田管理	测土施肥	全年施肥总量（亩）：有机肥1 000～2 000千克，纯氮8～10千克，氮（N）磷（P_2O_5）钾（K_2O）比例3∶1∶1，黑龙江比例2∶1∶1，基、蘖、穗、粒氮肥比例4∶2∶3∶1。施用方法：基肥：全部有机肥，40%的氮肥，全部磷肥和50%的钾肥，在插前整地时全层施入。蘖肥：20%的氮肥，于秧苗返青后尽早施用。穗肥：30%的氮肥和50%的钾肥，于抽穗前20天左右施入。粒肥：余下10%的氮肥，始穗至齐穗期间施入。是否需要施用硅和其他微量元素肥料，以及各阶段的确切施用量和施用时间，可根据当地测土结果，综合分析水稻长势、叶色等因素确定
	科学管水	移栽期：浅水移栽；返青分蘖期：寸水返青，浅水分蘖，浅湿结合，以浅为主，够苗晾田。盐碱较重田块要注意晾田的时机和程度；拔节—抽穗：浅湿间歇、以浅为主；抽穗—开花：保持浅水。灌浆阶段：浅湿交替、以浅为主；蜡熟阶段：浅湿交替、以湿为主。收获前7～10天内逐渐落干水层
	统防病虫	药剂除草：常用除草剂有丁草胺、苄嘧磺隆、吡嘧磺隆等，于缓苗后尽早施用，注意保持3～5厘米水层5～7天 病虫害防治：遵照当地植物保护部门发布的病虫测报结果及防治指导措施进行，积极推行统防统治。主要防治病虫害种类有二化螟、稻飞虱、纹枯病、稻瘟病、稻曲病。不具备统防统治条件的，要在基层农技部门指导或科技示范户的带动下，选用符合无公害农产品生产条件的农药，并严格按使用说明规范使用
适时收获		在稻谷全部变硬、穗轴上干下黄、谷粒成熟度达到90%～95%时，用60马力以上带碎草装置的纵轴流履带式全喂入或半喂入联合收割机收获
规模及效益		目标产量：亩产600千克。亩均纯收益：609元。农户适度经营规模121亩 100～200亩：推荐配置30马力拖拉机1台，15马力手扶拖拉机1台，旋耕机1台，手扶式插秧机2台，喷雾机1台 200～500亩：推荐配置50马力拖拉机1台，15马力手扶拖拉机1台，旋耕机1台，育秧设备1套，手扶式插秧机2台，喷雾机1台，35马力以上半喂入收获机1台 500～2 000亩：推荐配置50马力以上拖拉机2台，30马力以上拖拉机1台，旋耕机2台，育秧设备1套，高速插秧机3台，喷雾机2台，35马力以上半喂入收获机2台 2 000～5 000亩：推荐配置50马力以上拖拉机4台，30马力以上拖拉机1台，旋耕机4台，育秧设备2套，高速插秧机6台，喷雾机4台，55马力以上半喂入收获机4台 5 000～10 000亩：推荐配置50马力以上拖拉机6台，30马力以上拖拉机2台，旋耕机2台，育秧设备3套，高速插秧机8台，喷雾机6台，55马力以上半喂入收获机6台以上 10 000亩以上：推荐配置55马力拖拉机8台，30马力以上拖拉机4台，旋耕机2台，育秧设备4套，高速插秧机10台，喷雾机8台，55马力以上半喂入收获机10台以上

半喂入收获机 4 台。

5 000～10 000 亩：推荐配置 50 马力以上拖拉机 6 台，30 马力以上拖拉机 2 台，旋耕机 2 台，育秧设备 3 套，高速插秧机 8 台，喷雾机 6 台，55 马力以上半喂入收获机 6 台以上。

10 000 亩以上：推荐配置 55 马力拖拉机 8 台，30 马力以上拖拉机 4 台，旋耕机 2 台，育秧设备 4 套，高速插秧机 10 台，喷雾机 8 台，55 马力以上半喂入收获机 10 台以上。

（编制专家：严光斌）

（三）东北北部稻区

该区包括黑龙江省除五常和肇源以外的其他地区，主要分布在黑龙江省哈尔滨以东地区，位于松嫩平原和三江平原。近年水稻种植面积达 5 700 多万亩，平均亩产 460 多千克。该区属寒温带湿润半湿润季风气候，冬季长而寒冷，夏季短而凉爽，南北温差大。年降水量 400～600 毫米，无霜期在 110～135 天。土壤主要有黑土、黑钙土、白浆土、水稻土等，土质较肥沃，土地较平整，耕地平缓且集中连片，有机质含量在 2%以上。水稻种植区包括五个积温带，主要以 11、12 片叶为主，10 片、13 片为辅。制约该区域水稻增产的主要因素：一是热量资源不足，有效积温少、无霜期短；二是水田基础设施薄弱；三是低温冷害、稻瘟病、倒伏、干旱频发；四是水稻机械化水平发展不平衡；五是种植户生产水平有待提高；六是中低产田多等。

东北北部水稻智能化旱育壮秧机插技术模式（模式 1）

稻谷品质安全化＋旱育壮秧智能化＋全程生产机械化＋叶龄指标计划管理

——预期目标产量　通过推广该技术模式，水稻平均亩产 600 千克。

——关键技术路线

优选品种：选择经省或国家审定推广的优质高产抗逆性强的 11～14 叶品种。种子标准要达到纯度 99%以上、净度 98%以上、芽率 90%（国标 85%）以上、水分 14.5%以下；种子加工标准达到烘干温度 40℃以下、糙米率 1%以下、青粒率 0.5%以下、除芒率 98%以上，机械选种后盐水选出率 2%以下。

建立育秧基地：依据地形地貌和寒地特点，选择在平坦高燥、背风向阳、排水及时、土壤肥沃、无药残留、运距适中、交通便利、管理方便、适当集中的旱田地建立集中育秧基地。育秧基地要布局合理、道路硬化、沟沟相通，智能监控、卷帘通风、微喷浇水综合配套。全部选用钢骨架大棚，建设标准：棚高2.2～2.4米，长60米、宽6～8米；置床宽为5.5～7.5米，置床高度30厘米，棚内步道宽为25～30厘米；两棚边距6米，其中大棚两侧置床预留宽各0.5米、两边马道宽各1.5米，棚间沟上口宽度2米，下口宽度1米，沟深0.8米，距地面50厘米和100厘米处设两道燕尾槽。

芽种生产：应用智能浸种催芽设备进行生产，种子消毒可选用25%咪鲜胺（施保克等）乳油或种子包衣剂。浸种时用沙网袋装2/3种子，整齐码放在浸种箱内（距箱边10～15厘米），加入清水没过种子15～20厘米。通过智能设备的温度预设，使浸种温度均匀稳定在11～12℃，浸种7～8天即可，实现稻谷浸透率达95%以上。种子浸好后，排除浸种液进行催芽。催芽时，根据催芽不同时期的温度要求，通过智能设备的温度预设，实现不同时期温度自动调控和温度的稳定均匀性，通过20～24小时催芽，使种子芽长达到1.5毫米，低温晾芽待播，芽谷率达92%以上。

秧田准备：以机械整地为主，做到旱整地旱做床。秋季粗做床，使置床平整细碎、土质疏松；春季细做床标准达到：置床化冻深度20～30厘米。床面平整，每10米^{2}内高低差不超过0.5厘米。置床边缘整齐一致、步道砖摆放在一条直线上，每10延长米误差不超过0.5厘米。置床内无草根、石块等杂物。床面土壤细碎，无直径大于1.0厘米土块。床体上实下松，紧实度一致。床土土壤田间持水量60%～80%。

摆盘装土：在做好置床和床土调酸消毒施肥基础上，进行摆盘装土，标准为：秧盘摆放横平竖直，盘与盘间衔接紧密，边盘用细土挤紧。普通秧盘盘内装土厚度2厘米；高性能机插盘和钵形毯式秧盘盘内装土厚度2.5厘米；钵育苗摆盘，将钵盘钵体的2/3压入泥土中，钵盘内装土深度为钵体高度3/4。摆盘后用微喷浇水，要一次浇透底水，使置床15～20厘米土层内无干土。

机械播种：应用智能精播机播种，实现程控恒速、状态提示、故障报警等，确保播种质量，实现精量播种。当棚外气温达到5℃，置床温度12℃时即可播种。用三膜覆盖或具备增温措施的大棚4月8日播种，钵育苗4月5日开始播种，4月20日结束，最佳播期为4月10～20日。机插中苗播芽种4 400粒/盘（种子芽率90%，机插中苗田间成苗率90%，下同），即每100厘米^{2}播芽种275粒；八行插秧机机插中苗，播芽种3 600粒/盘；钵育大苗播芽种4～5粒/穴；钵形毯式苗播芽种3 800～4 000粒/盘，每钵播芽种5～6粒。播种后覆土0.5～0.7厘米，覆土不能加入肥料、壮秧剂等。

秧田管理：以旱育为基础，以同伸理论为指导，以壮苗模式为标准，通过温度、湿度的智能控制，实现大棚的自动调温、自动测墒、自动补水等物联网远程传输控制，确保秧田管理的“四个关键时期”（即种子根发育期、第一完全叶伸长期、离乳期、移栽前准备期）的各项技术措施到位，培育出标准壮苗，即：旱育中苗叶龄3.1～3.5叶，百株地上部干重3克以上；地上部3、3、1、1、8，即中茎长3毫米以内，第一叶鞘高3厘米以内，第一叶叶耳与第二叶叶耳间距1厘米、第二叶叶耳与第三叶叶耳间距1厘米左右，第1叶叶长2厘米左右、第二叶叶长5厘米左右、第三叶叶长8厘米左右，株高13厘米左右；地下部1、5、8、9，即种子根1条，鞘叶节根5条，不完全叶节根8条，第一叶节根9条突破待发。

机械耕整：以翻地为主，旋耕为辅。翻地深度18～22厘米，旋耕深度14～16厘米；翻地要求做到扣垡严密、深浅一致、不重不露、不留生格。整地时要先旱整后水整，放水泡田3～5天垡片泡透后进行水整地。整地标准是同一田块内高低差不大于3厘米，达到“寸水不露泥，灌水棵棵到”，要在插秧前15～20天完成整地任务，确保沉降时间。

机械插秧：当气温稳定通过12～13℃、地温稳定通过10℃以上时即可插秧。5月20日前插秧规格为30厘米×13.3厘米，5月21～25日插秧度规格为30厘米×10厘米，25～33穴/米^2，4～5株/穴。钵育摆栽密度为30厘米×13.3厘米，25穴/米^2。

配方施肥：施用化肥商品量25～30千克/亩，生物有机肥4千克/亩，硅肥5～10千克/亩，N：P：K为2：1：1.2。基肥：结合最后一次水整地全层施入，氮肥40%，钾肥50%～60%，磷酸二铵和有机肥全部施入，秸秆还田的地块增施尿素2～3千克/亩，促进秸秆腐烂。蘖肥：蘖肥用量为全生育期氮肥用量的30%。分蘖肥要求早施，可分两次进行，第一次施分蘖肥总量的70%～80%，于返青后4叶龄施用；第二次施分蘖肥总量的20%～30%，11叶品种于5.5叶龄，12叶品种于6.0叶龄施于色淡、生长差、分蘖少处。调节肥：施肥量不超过全生育期施氮量的10%。11叶品种7.1～8.0叶龄（12片叶品种为8.1～9.0叶龄）根据功能叶片颜色酌施调节肥，防止中期脱氮。穗肥：施肥量为全生育期施氮量的20%和全生育期施钾量的40%～50%，在抽穗前20天，倒2叶露尖到长出一半（11叶品种9.1～9.5叶，12叶品种10.1～10.5叶）时追施穗肥。粒肥：剑叶明显褪淡，脱肥严重处，抽穗期补施粒肥，用量不超过全生育期施氮量的10%。

间歇灌溉：花达水插秧，插后深水扶苗返青，发出新根后，撤浅水层保持3厘米左右浅水，直到分蘖临界叶位（11叶品种8叶、12叶品种9叶）撤水晒田3～5天，控制无效分蘖。以后转入以壮根为主的间歇灌溉，即每次灌3～5

厘米水层停灌，自然渗干，再灌3～5厘米水层停灌，到剑叶露尖时灌10厘米深水，做防御冷害的准备，如遇17℃以下低温时，增加水层17厘米以上（水温要达18℃以上），防御障碍型冷害。冷害过后恢复间歇灌溉，蜡熟末期停灌（出穗后30天以上），黄熟期排干（抽穗后40天）。

统防统治：组织专业化防治队伍，选用当地推广的防治药剂，用飞机与地面相结合方式进行立体防控。地面防治可用自走式喷杆喷雾机、背负式机动喷雾机、高效宽幅远射程喷雾机等现代植保机械，重点防治稻瘟病、纹枯病、褐变穗、鞘腐病等病害。

机械收获：水稻抽穗后40天以上，多数穗颖壳变黄，水稻黄化完熟率95%以上为收获适期。机械割晒：水稻蜡熟期，割茬高度12～15厘米。放铺角度与插秧方向垂直，要横插竖割、放铺整齐；防止干湿交替，增加水稻惊纹粒，降低稻谷品质；机械机拾，水稻割后晾晒3～5天，稻谷水分降至15%～16%时及时拾禾，脱谷综合损失小于2%，谷外糙1%以下；人工收获，人工收割捆小捆，直径20厘米左右，码人字码，翻晒干燥，稻谷水分降至16%时及时上小垛码在池埂上，防止因雨雪使稻谷反复干湿交替，增加惊纹粒，降低稻谷品质；半喂入式收获，水稻完熟期开始收获，割茬高度为5～8厘米，收获损失小于1%，谷外糙小于0.1%；机械直收，水稻黄化完熟率达到90%以上开始收获。割茬高度15～30厘米。要求不掉穗、脱谷干净、谷草分离彻底、不裹粮。籽粒含水量16%以下。收获综合损失3%以下，小于2%。

——成本效益分析

目标产量收益：以亩产600千克、价格3元/千克计算，合计1 800元。

成本投入：1 350元。

亩均纯收益：450元。

适度经营规模面积：164亩。

——可供选择的常见经营规模推荐农机配置

100～200亩：推荐配置30马力拖拉机1台，旋耕机1台，高速插秧机1台，喷雾机1台。

200～500亩：推荐配置标准钢骨架大棚2～4个，55马力拖拉机1台，旋耕机1台，育秧设备1套，高速插秧机1台，喷雾机1台，55马力以上收获机1台。

500～2 000亩：推荐配置标准钢骨架大棚4～8个，55马力拖拉机2台，旋耕机2台，育秧设备1套，高速插秧机3台，喷雾机2台，55马力以上收获机2台。

2 000～5 000亩：推荐配置标准钢骨架大棚10～20个，55马力和80马力

东北北部水稻智能化旱育壮秧机插技术模式图（模式 1）

月份（旬）	4月			5月			6月			7月			8月			9月		
	上旬	中旬	下旬	上旬	中旬	下旬	上旬	中旬	下旬	上旬	中旬	下旬	上旬	中旬	下旬	上旬	中旬	下旬
节气	清明		谷雨	立夏		小满	芒种		夏至	小暑		大暑	立秋		处暑	寒露		秋分
生育时期	4月5～20日播种 秧田期35天 5月10～20日移栽 有效分蘖5月25日至6月20日 7月2～16日拔节 长穗期 7月25日至8月1日抽穗 灌浆结实期 9月15～20日成熟																	
品种选择	选择省审定推广，适宜本地区生态环境条件，耐肥、抗病、抗倒伏、高产、稳产、米质优良、能够安全成熟的11～14叶品种																	
产量构成	亩有效穗数34万～37万，每穗75～80粒，结实率90%以上，千粒重25克																	
大棚旱育壮秧 浸种催芽	用芽率95%以上，含水量低于15%良种，选晴天晒2～3日。严格脱芒后，应用智能化浸种催芽设备，选用25%咪鲜胺（施保克等）或种子包衣剂消毒。浸种时用沙网袋装2/3种子，码放在浸种箱内（距箱边10～15厘米），加水没过种子15～20厘米。浸种温度11～12℃，时间7～8天，种子浸透率92%以上。种子浸好后排除浸种液，先加入35～38℃的温水没过种子5～6厘米，待种子表面温度不再升高时，将水抽出，重新加入35～38℃温水，至种子表面温度达到30～32℃时，抽净催芽箱内所有的水分，将催芽箱上部盖好，当温度超过32℃时，立即用25～26℃的温水进行降温，保证种子在25～28℃适温条件下进行催芽，时间20～24小时左右；当种子芽长达到1.5～1.6毫米时，再注入18～20℃温水1次，以降低种子表面温度，减缓芽种生长速度，并使其接近外界温度；当种子芽长达到1.8毫米时即可出箱																	
大棚旱育壮秧 机械播种	播种前5～7天开始摆盘，盘内装土厚度2厘米，钵形毯式秧盘盘内装土厚度2.5厘米。应用智能精播机播种，实现程控恒速、状态提示、故障报警等，确保精量播种。机插中苗播芽种4400粒/盘（种子芽率90%，机插中苗田间成苗率90%，下同），即每100厘米^{2}播芽种275粒；八行插秧机机插中苗，播芽种3600粒/盘；钵育大苗播芽种4～5粒/穴；钵形毯式苗播芽种3 800～4 000粒/盘，每钵播芽种5～6粒																	
大棚旱育壮秧 秧苗管理	温度：播种后棚内温度不超过32℃，当秧田出苗80%时，在早晨8时前揭去地膜。第1完全叶生长期棚温控制在22～25℃，最高温度不超过28℃，最低温度不低于10℃，要打开棚头和通风口，炼苗控长。第2叶露尖到第3叶展开，棚温控制在2叶期22～25℃，最高不超过25℃；3叶期20～22℃之间，最高温度不超过25℃。移栽前白天揭开炼苗，夜间覆盖。水分：保证旱育，"三看"浇水：床土发白、早晚心叶叶尖不吐水或水珠变小，午间心叶卷曲，要在早晨8																	

（续）

大棚旱育壮秧	秧苗管理	时左右微喷浇透水，水温要在 22～25℃，严禁用水温低于 18℃的水浇苗。灭草：在秧苗 1.5 叶期，稗草 2～3 叶期喷施除草剂灭草，要杜绝秧田播后封闭灭草，严防除草剂药害发生。追肥：秧苗 1.5 叶期、2.5 叶期各追肥 1 次，每次追硫酸铵 5 克/盘（尿素 2 克/盘），施肥后要立即喷一遍清水洗苗，以防化肥烧苗。调酸：在秧苗 1.5 叶期，与追肥结合，普浇一次 pH4 的酸水。防病：秧苗 2.5 叶期应注意防治水稻立枯病（青枯病），发现中心病株时要及时防治，如遇低温冷害秧苗叶片受冻害，应在早晨 8 时前通风，缓解叶片冻害，防治立枯病的发生。插秧前“三带”下地，即带肥、带药、带生物肥
整地插秧	整地	机械整地，以翻地为主，旋耕为辅。翻地深度 18～22 厘米，旋耕深度 14～16 厘米；翻地要求做到扣垡严密、深浅一致、不重不露、不留生格。整地时要先旱整后水整，放水泡田 3～5 天垡片泡透后进行水整地，达到同一田块内高低差不大于 3 厘米，达到“地平如镜”、“寸水不露泥”和沉降充分、上虚下实的机插条件。要提早整地，保证 15～20 天的沉降时间
	插秧	用机械插秧。按计划插秧密度调试好插秧机。插秧深度 2～3 厘米，漏插率 2%以内，勾伤率 1.5%以内，穴基本苗保证率（达到规定基本苗数的穴数占总穴数的比例）应在 70%以上，插行笔直，行距精确，到边到头，不倒苗、不漂秧
本田管理	测土施肥	施用化肥商品量 25～30 千克/亩，增加钾肥用量，平安福生物有机肥 4 千克/亩，硅肥 5～10 千克/亩。N∶P∶K 比为 2∶1∶1.8～2。基肥：结合最后一次水整地全层施入，氮肥 40%，钾肥 50%～60%，全部磷酸二铵和有机肥。秸秆还田的地号要增施尿素 2～3 千克/亩，促进秸秆腐烂。蘖肥：30%的氮肥，于秧苗返青后尽早施用。可分两次施入，第二次作为对前次的调补找匀。调节肥：10%氮肥，根据功能叶片颜色酌施调节肥，防止中期脱氮。穗肥：20%的氮肥和 40%～50%的钾肥，于倒 2 叶期施入。具体地块的氮、磷、钾配比，是否加施其他微量元素肥料，以及各阶段的确切施用量和施用时间，要根据当地测土结果，综合分析水稻长势、叶色等因素确定
	科学管水	花达水插秧，插后深水扶苗返青（不淹没心叶），发出新根后，撤水保持 3 厘米左右浅水，直到分蘖临界叶位撤水晒田 3～5 天，控制无效分蘖。以后转入以壮根为主的间歇灌溉，即每次灌 3～5 厘米水层停灌，自然渗干，再灌 3～5 厘米水层停灌，到剑叶露尖时灌 10 厘米深水，做防御冷害的准备，如遇 17℃以下低温时，增加水层 17 厘米以上（水温要达 18℃以上），防御障碍型冷害。冷害过后恢复间歇灌溉，蜡熟末期停灌（出穗后 30 天以上），黄熟期排干（抽穗后 40 天）
	统防病虫	药剂除草：选当地推广的除草剂，用两次灾草技术，插秧前 5～7 天，插秧后 15～20 天进行第二次灭草，提高除草效果 病虫害防治：遵照当地植保部门发布的病虫测报结果及防治指导措施进行，积极推行统防统治。不具备统防统治条件的，要在基层农技部门指导或科技示范户的带动下，选用符合无公害农产品生产条件的农药，并严格按使用说明规范使用

（续）

适时收获	积极用半喂入或全喂入联合收割机收割。水稻抽穗后40天以上，多数穗颖壳变黄，小穗轴及护颖变黄，水稻黄化完熟率95%以上为收获适期 机械割晒：水稻蜡熟期。割茬高度12～15厘米。放铺角度与插秧方向垂直。要横插竖割，放铺整齐、不塌铺、不散铺、不顺綹，穗头不着地，防止干湿交替。增加水稻惊纹粒，降低稻谷品质 机械机拾。水稻割后晾晒3～5天，稻谷水分降至15%～16%左右时及时拾禾。要求做到不压铺、不丢穗，捡拾干净。脱谷综合损失小于2%。谷外糙1%以下 人工收获。人工收割要捆小捆，直径20厘米左右，码人字码，翻晒干燥，稻谷水分降至16%时及时上小垛码在池埂上，防止因雨雪使稻谷反复干湿交替，增加惊纹粒，降低稻谷品质 半喂入式收获。水稻完熟期开始收获，割茬高度为5～8厘米，收获损失小于1%，谷外糙小于0.1% 机械直收。水稻黄化完熟率达到90%以上开始收获。割茬高度15～30厘米。要求不掉穗、脱谷干净、谷草分离彻底、不裹粮。籽粒含水量16%以下。收获综合损失3%以下，小于2% 预选做好与农机服务部门或专业化机收组织的沟通，确保机收作业人员职业化、机构作业过程规范化
规模及收益	目标产量：亩产600千克。亩均纯收益：450元。农户适度经营规模164亩 100～200亩：推荐配置30马力拖拉机1台，旋耕机1台，高速插秧机1台，喷雾机1台 200～500亩：推荐配置标准钢骨架大棚2～4个，55马力拖拉机1台，旋耕机1台，育秧设备1套，高速插秧机1台，喷雾机1台，55马力以上收获机1台 500～2 000亩：推荐配置标准钢骨架大棚4～8个，55马力拖拉机2台，旋耕机2台，育秧设备1套，高速插秧机3台，喷雾机2台，55马力以上收获机2台 2 000～5 000亩：推荐配置标准钢骨架大棚10～20个，55马力和80马力以上拖拉机各2台，旋耕机4台，育秧设备2套，高速插秧机4台，喷雾机4台，55马力以上收获机4台 5 000～10 000亩：推荐配置标准钢骨架大棚20～30个，55马力和80马力以上拖拉机各3台，旋耕机6台，育秧设备4套，高速插秧机8台，喷雾机6台，55马力以上收获机8台 10 000亩以上：推荐配置标准钢骨架大棚30个以上，55马力和80马力以上拖拉机各5台，旋耕机10台，育秧设备6套，高速插秧机10台，喷雾机8台，55马力以上收获机10台以上

以上拖拉机各 2 台，旋耕机 4 台，育秧设备 2 套，高速插秧机 4 台，喷雾机 4 台，55 马力以上收获机 4 台。

5 000～10 000 亩：推荐配置标准钢骨架大棚 20～30 个，55 马力和 80 马力以上拖拉机各 3 台，旋耕机 6 台，育秧设备 4 套，高速插秧机 8 台，喷雾机 6 台，55 马力以上收获机 8 台。

10 000 亩以上：推荐配置标准钢骨架大棚 30 个以上，55 马力和 80 马力以上拖拉机各 5 台，2 旋耕机 10 台，育秧设备 6 套，高速插秧机 10 台，喷雾机 8 台，55 马力以上收获机 10 台以上。

（编制专家：霍立君）

东北北部水稻钵盘育秧全程机械化技术模式（模式 2）

集中浸种催芽＋钵盘育秧＋全自动化播种育壮秧＋机械栽植＋机械收获＋病虫害统防统治

——预期目标产量　通过推广该技术模式，水稻平均亩产 700 千克。

——关键技术路线

优选品种：选择经省或国家审定推广的优质、高产、抗逆性强的 11～14 叶品种。种子标准要达到纯度 99%以上、净度 98%以上、发芽率 90%（国标 85%）以上、水分 14.5%以下；种子加工标准达到烘干温度 40℃以下、糙米率 1%以下、青粒率 0.5%以下、除芒率 98%以上，机械选种后盐水选出率 2%以下。

建立育秧基地：依据地形地貌和寒地特点，选择在平坦高燥、背风向阳、排水及时、土壤肥沃、无药残留、运距适中、交通便利、管理方便、适当集中的旱田地建立集中育秧基地。育秧基地要布局合理、道路硬化、沟沟相通，智能监控、卷帘通风、微喷浇水综合配套。全部选用钢骨架大棚，建设标准：棚高 2.2～2.4 米，长 60 米、宽 6～8 米；置床宽为 5.5～7.5 米，置床高度 30 厘米，棚内步道宽为 25～30 厘米；两棚边距 6 米，其中大棚两侧置床预留宽各 0.5 米、两边马道宽各 1.5 米，棚间沟上口宽度 2 米，下口宽度 1 米，沟深 0.8 米，距地面 50 厘米和 100 厘米处设两道燕尾槽。

芽种生产：应用智能浸种催芽设备进行生产，种子消毒可选用 25%咪鲜胺（施保克等）乳油或种子包衣剂。浸种时用沙网袋装 2/3 种子，整齐码放在浸种箱内（距箱边 10～15 厘米），加入清水没过种子 15～20 厘米。通过智能设备的温度预设，使浸种温度均匀稳定在 11～12℃，浸种 7～8 天即可，实现稻谷浸透率达95%以上。种子浸好后，排除浸种液进行催芽。催芽时，根据催芽不同时期的温度要求，通过智能设备的温度预设，实现不同时期温度自动调控和温度的稳定均匀性，通过20～24小时催芽，使种子芽长达到1.8～2毫米，芽谷率达92%以上。

秧田准备。以机械整地为主，做到旱整地旱做床。秋季粗做床，使置床平整细碎、土质疏松；春季细做床标准达到：置床化冻深度20～30厘米。床面平整，每10米^{2}内高低差不超过0.5厘米。置床边缘整齐一致、步道砖摆放在一条直线上，每10延长米误差不超过0.5厘米。置床内无草根、石块等杂物。床面土壤细碎，无直径大于1.0厘米土块。床体上实下松，紧实度一致。床土土壤田间持水量60%～80%。

摆盘装土：将钵盘钵体的2/3压入泥土中，钵盘内装土深度为钵体高度3/4。摆盘后用微喷浇水，要一次浇透底水，使置床15～20厘米土层内无干土。

机械播种：应用智能精播机播种，实现程控恒速、状态提示、故障报警等，确保播种质量，实现精量播种。当棚外气温达到5℃，置床温度12℃时即可播种。用三膜覆盖或具备增温措施的大棚4月8日播种，钵育苗4月5日开始播种，4月20日结束，最佳播期为4月10～20日。机插中苗播芽种4 400粒/盘（种子芽率90%，机插中苗田间成苗率90%，下同），即每100厘米^{2}播芽种275粒；8行插秧机机插中苗，播芽种3 600粒/盘；钵育大苗播芽种4～5粒/穴；钵形毯式苗播芽种3 800～4 000粒/盘，每钵播芽种5～6粒。播种后覆土0.5～0.7厘米，覆土不能加入肥料、壮秧剂等。

秧田管理：以旱育为基础，以同伸理论为指导，以壮苗模式为标准，通过温度、湿度的智能控制，实现大棚的自动调温、自动测墒、自动补水等物联网远程传输控制，确保秧田管理的"四个关键时期"（即种子根发育期、第一完全叶伸长期、离乳期、移栽前准备期）的各项技术措施到位，培育出标准壮苗，即：旱育中苗叶龄3.1～3.5叶，百株地上部干重3克以上；地上部"3、3、1、1、8"，即中茎长3毫米以内，第一叶鞘高3厘米以内，第一叶叶耳与第二叶叶耳间距1厘米、第二叶叶耳与第三叶叶耳间距1厘米左右，第一叶叶长2厘米左右、第二叶叶长5厘米左右、第三叶叶长8厘米左右，株高13厘米左右；地下部"1、5、8、9"，即种子根1条，鞘叶节根5条，不完全叶节根8条，第一叶节根9条突破待发。

机械耕整：以翻地为主，旋耕为辅。翻地深度18～22厘米，旋耕深度14～16厘米；翻地要求做到扣垡严密、深浅一致、不重不露、不留生格。整地时要先旱整后水整，放水泡田3～5天垡片泡透后进行水整地。整地标准是同一田块内高低差不大于3厘米，达到"寸水不露泥，灌水棵棵到"，要在插秧前 15～20 天完成整地任务，确保沉降时间。

机械插秧：当地温稳定通过 12～13 时即可插秧。5 月 20 日前插秧规格为 30 厘米×12 厘米，5 月 21～25 日插秧度规格为 30 厘米×10 厘米，25～30 穴/米^2，4～5 株/穴。钵育机械摆栽密度为 30 厘米×14 厘米，人工摆栽为 29.7 厘米×13.2 厘米，25 穴/米^2。

配方施肥：施用化肥商品量 25～30 千克/亩，平安福生物有机肥 4 千克/亩，硅肥 5～10 千克/亩，N、P、K 比例为 2∶1∶1.2。基肥：结合最后一次水整地全层施入，氮肥 40%，钾肥 50%～60%，磷酸二铵和有机肥全部施入，秸秆还田的地号增施尿素 2～3 千克/亩，促进秸秆腐烂。蘖肥：蘖肥用量为全生育期氮肥用量的 30%。分蘖肥要求早施，可分两次进行，第一次施分蘖肥总量的 70%～80%，于返青后 4 叶龄施用；第二次施分蘖肥总量的 20%～30%，11 叶品种于 5.5 叶龄，12 叶品种于 6.0 叶龄施于色淡、生长差、分蘖少处。调节肥：施肥量不超过全生育期施氮量的 10%。11 叶品种 7.1～8.0 叶龄（12 片叶品种为 8.1～9.0 叶龄）根据功能叶片颜色酌施调节肥，防止中期脱氮。穗肥：施肥量为全生育期施氮量的 20%和全生育期施钾量的 40%～50%，在抽穗前 20 天，倒 2 叶露尖到长出一半（11 叶品种 9.1～9.5 叶，12 叶品种 10.1～10.5 叶）时追施穗肥。粒肥：剑叶明显褪淡，脱肥严重处，抽穗期补施粒肥，用量不超过全生育期施氮量的 10%。

间歇灌溉：花达水插秧，插后深水扶苗返青，发出新根后，撤浅水层保持 3 厘米左右浅水，直到分蘖临界叶位（11 叶品种 8 叶、12 叶品种 9 叶）撤水晒田 3～5 天，控制无效分蘖。以后转入以壮根为主的间歇灌溉，即每次灌 3～5 厘米水层停灌，自然渗干，再灌 3～5 厘米水层停灌，到剑叶露尖时灌 10 厘米深水，做防御冷害的准备，如遇 17℃以下低温时，增加水层 17 厘米以上（水温要达 18℃以上），防御障碍型冷害。冷害过后恢复间歇灌溉，蜡熟末期停灌（出穗后 30 天以上），黄熟期排干（抽穗后 40 天）。

统防统治：组织专业化防治队伍，选用当地推广的防治药剂，用飞机与地面相结合方式进行立体防控。地面防治可用自走式喷杆喷雾机、背负式机动喷雾机、高效宽幅远射程喷雾机等现代植保机械，重点防治稻瘟病、纹枯病、褐变穗、鞘腐病、二化螟等病虫害等病害。

机械收获：水稻抽穗后 40 天以上，多数穗颖壳变黄，水稻黄化完熟率 95%以上为收获适期。机械割晒：水稻蜡熟期，割茬高度 12～15 厘米。放铺角度与插秧方向垂直，要横插竖割、放铺整齐，防止干湿交替，增加水稻惊纹粒，降低稻谷品质；机械机拾，水稻割后晾晒 3～5 天，稻谷水分降至 15%～16%时及时拾禾，脱谷综合损失小于 2%，谷外糙 1%以下；人工收获，人工收

东北北部水稻钵盘育秧全程机械化技术模式（模式 2）

月份（旬）	4月		5月			6月			7月			8月			9月		
	中旬	下旬	上旬	中旬	下旬	上旬	中旬	下旬	上旬	中旬	下旬	上旬	中旬	下旬	上旬	中旬	下旬
节气	清明		立夏		小满	芒种		夏至	小暑		大暑	立秋		处暑	白露		秋分
生育期	播种				机械栽苗												
主攻目标	植质钵育，提早育秧 精量少播，钵育壮苗			机械浅栽， 合理密植			蹲苗促根， 苗齐苗壮			植株健壮， 穗大粒多			保叶护根，防倒防衰， 保粒数增粒重，正常成熟			丰产 丰收	
播前准备	品种选择：选择经省或国家审定推广的优质、高产、抗逆性强的品种 11～14 叶品种 精选种子：选择发芽率高、活力强的优质种子，种子标准要达到纯度 99%以上、净度 98%以上、发芽率 90%（国标 85%）以上、水分 14.5%以下；种子加工标准达到烘干温度 40℃以下、糙米率 1%以下、青粒率 0.5%以下、除芒率 98%以上，机械选种后盐水选出率 2%以下。同时必须为包衣种子 置床要求：深：置床化冻深度 20～30 厘米。平：床面平整，每 10 米^2 内高低差不超过 0.5 厘米。直：置床边缘整齐一致、步道砖摆放在一条直线上，每 10 延长米误差不超过 0.5 厘米。净：置床内无草根、石块等杂物。碎：床面土壤细碎，无直径大于 1.0 厘米土块。实：床体上实下松，紧实度一致。干：床土土壤田间持水量 60%～80%。调酸消毒做好置床和床土的调酸消毒，使置床和床土的 pH 值 4.5～5.5 之间 整地施肥：以翻地为主，旋耕为辅。翻地深度 18～22 厘米，旋耕深度 14～16 厘米；翻地要求做到扣垡严密、深浅一致、不重不露、不留生格。整地时要先旱整后水整，放水泡田 3～5 天垡片泡透后进行水整地，水整地要求达到早、平、透、净、大、齐、深、匀																	
精量播种	播种时期：大棚钵育苗 4 月 5 日开始播种，4 月 10 日结束，最佳播期为 4 月 5～10 日 播种方式：应用智能精播机，实现程控恒速、状态提示、故障报警等，确保播种质量，实现精量播种 播种密度：钵育大苗播芽种 4～5 粒/穴，植质钵盘 2100～2600 粒/盘 苗床管理：以壮苗模式为标准，通过智能化育秧，实现大棚的自动调温、自动测墒、自动补水、数据存储、物联网远程传输控制等，确保秧田管理的“四个关键时期”（即种子根发育期、第一完全叶伸长期、离乳期、移栽前准备期）的各项技术措施到位																	

（续）

机械栽苗	移栽时期：5 月 15～25 日。移栽方式：机械浅栽，合理密植。栽植密度：钵育机械栽植密度为 30 厘米×10 厘米，基本苗数 100～125 株/米^2
本田管理	配方施肥：亩施化肥（商品量）30 千克，N、P、K 比例为 2∶1∶1.2，增施硅肥 10 千克。氮肥施用基蘖穗比为 4∶3∶2∶1，磷肥一次性全量基施，钾肥基穗肥比为 6∶4 间歇灌溉：以后转入以壮根为主的间歇灌溉，即每次灌 3～5 厘米水层停灌，自然渗干，再灌 3～5 厘米水层停灌，到剑叶露尖时灌 10 厘米深水，做防御冷害的准备 统防统治：组织专业化防治队伍，用飞机与地面相结合方式进行立体防控
机械收获	机械割晒、机械机拾；半喂入式收获
规模及收益	目标产量：亩产 700 千克。亩均纯收益：698 元。农户适度经营规模 106 亩 100～200 亩：推荐配置 30 马力拖拉机 1 台，旋耕机 1 台，高速插秧机 1 台，喷雾机 1 台 200～500 亩：推荐配置标准钢骨架大棚 2～4 个，55 马力拖拉机 1 台，旋耕机 1 台，育秧设备 1 套，高速插秧机 1 台，喷雾机 1 台，55 马力以上收获机 1 台 500～2 000 亩：推荐配置标准钢骨架大棚 4～8 个，55 马力拖拉机 2 台，旋耕机 1 台，育秧设备 1 套，高速插秧机 3 台，喷雾机 2 台，55 马力以上收获机 2 台 2 000～5 000 亩：推荐配置标准钢骨架大棚 10～20 个，55 马力和 80 马力以上拖拉机各 2 台，旋耕机 4 台，育秧设备 2 套,，高速插秧机 6 台，喷雾机 6 台，55 马力以上收获机 3 台 5 000～10 000 亩：推荐配置标准钢骨架大棚 20～30 个，55 马力和 80 马力以上拖拉机各 3 台，旋耕机 6 台，育秧设备 3 套，高速插秧机 8 台，喷雾机 8 台，55 马力以上收获机 8 台 10 000 亩以上：推荐配置标准钢骨架大棚 30 个以上，55 马力和 80 马力以上拖拉机各 4 台，旋耕机 8 台，育秧设备 4 套，高速插秧机 10 台，喷雾机 10 台，55 马力以上收获机 10 台以上

割捆小捆，直径 20 厘米左右，码人字码，翻晒干燥，稻谷水分降至 16%时及时上小垛码在池埂上，防止因雨雪使稻谷反复干湿交替，增加惊纹粒，降低稻谷品质；半喂入式收获，水稻完熟期开始收获，割茬高度为 5～8 厘米，收获损失小于 1%，谷外糙小于 0.1%；机械直收，水稻黄化完熟率达到 90%以上开始收获。割茬高度 15～30 厘米。要求不掉穗、脱谷干净、谷草分离彻底、不裹粮。籽粒含水量 16%以下。收获综合损失 3%以下，小于 2%。

——成本效益分析

目标产量收益：以亩产 700 千克、价格 3 元/千克计算，合计 2 100 元。

亩均成本投入：1 402 元。

亩均纯收益：698 元。

适度经营规模面积：106 亩。

——可供选择的常见经营规模推荐农机配置

100～200 亩：推荐配置 30 马力拖拉机 1 台，旋耕机 1 台，高速插秧机 1 台，喷雾机 1 台。

200～500 亩：推荐配置标准钢骨架大棚 2～4 个，55 马力拖拉机 1 台，旋耕机 1 台，育秧设备 1 套，高速插秧机 1 台，喷雾机 1 台，55 马力以上收获机 1 台。

500～2 000 亩：推荐配置标准钢骨架大棚 4～8 个，55 马力拖拉机 2 台，旋耕机 1 台，育秧设备 1 套，高速插秧机 3 台，喷雾机 2 台，55 马力以上收获机 2 台。

2 000～5 000 亩：推荐配置标准钢骨架大棚 10～20 个，55 马力和 80 马力以上拖拉机各 2 台，旋耕机 4 台，育秧设备 2 套，高速插秧机 6 台，喷雾机 6 台，55 马力以上收获机 3 台。

5 000～10 000 亩：推荐配置标准钢骨架大棚 20～30 个，55 马力和 80 马力以上拖拉机各 3 台，旋耕机 6 台，育秧设备 3 套，高速插秧机 8 台，喷雾机 8 台，55 马力以上收获机 8 台。

10 000 亩以上：推荐配置标准钢骨架大棚 30 个以上，55 马力和 80 马力以上拖拉机各 4 台，旋耕机 8 台，育秧设备 4 套，高速插秧机 10 台，喷雾机 10 台，55 马力以上收获机 10 台以上。

（编制专家：汪春）

（一）黄淮海南部水浇地麦区

该区指种植区划中的黄淮冬麦区，主要包括河北中南部、山东全省、河南大部、江苏和安徽淮河以北以及山西南部、陕西中部等地。耕作模式主要为一年两熟，常年小麦种植面积1.8亿亩左右，占全国小麦面积的50%左右，年降水520～980毫米，季节分布不均，多集中在6、7、8月3个月，占全年降水量的60%左右。小麦生育期降水150～300毫米。播种至成熟期大于0℃积温2 000～2 200℃，无霜期180～230天。一般10月上中旬播种，翌年6月上中旬收获。土壤类型有潮土、褐土、棕壤、砂姜黑土、盐渍土、水稻土等。制约该区域小麦生产的主要因素：一是降水不能满足小麦生长需要；二是常遇春季干旱，影响春季正常生长；三是病虫害较多，年年偏重发生；四是倒春寒发生频率高；五是后期干热风为害。

黄淮海南部水浇地小麦深松深耕机条播技术模式（模式1）

半冬性品种＋秸秆还田＋深松深耕＋旋耕整地＋机械条播＋机械镇压＋灌越冬水＋重施拔节肥水＋机械喷防＋机械收获

——预期目标产量　通过推广该技术模式，小麦平均亩产达到550千克。

——关键技术路线

品种选择：选择高产、稳产、多抗、广适半冬性品种。

秸秆还田：前茬作物收获后，将秸秆粉碎还田，长度≤10厘米，均匀抛撒地表。

深松深耕：3年深松（深耕）1次，深松机深松30厘米以上或深耕犁深耕

25 厘米以上，深松或深耕后及时合墒，机械整平。

旋耕整地：旋耕前施底肥，依据产量目标、土壤肥力等测土配方施肥，亩施纯氮 7～8 千克、五氧化二磷 6～8 千克、氧化钾 5～7 千克，并增施有机肥。旋耕整地，深度 12 厘米以上。并用机械镇压。

机械条播：最适播期内机械适墒条播，播种时日均温 15～17℃。按亩基本苗 15 万～20 万确定播量，适宜播期后播种，每推迟 1 天，亩增播量 0.5 千克。

机械镇压：采用不同镇压器机型播种后和春季镇压 2 次，踏实土壤，弥实裂缝，保墒防冻。

灌越冬水：气温下降至 0～3℃，夜冻昼消时灌水，保苗安全越冬。

重施拔节肥水：拔节期结合浇水亩追纯氮 7～8 千克。

机械喷防：适时机械化学除草，重点防治纹枯病、条锈病、白粉病、赤霉病、吸浆虫、蚜虫等病虫草害。

一喷三防：生育后期选用适宜杀虫剂、杀菌剂和磷酸二氢钾，各计各量，现配现用，机械喷防，防病、防虫、防早衰（干热风）。

机械收获：籽粒蜡熟末期采用联合收割机及时收获。

——成本效益分析

预计目标产量：以亩产 550 千克、价格 2.24 元/千克计算，合计 1 232 元。

亩均成本投入：960 元。

亩均纯收益：272 元。

适度经营规模面积：181 亩。

——可供选择的常见经营规模推荐农机配置

100～200 亩：推荐配置农机具 9 台（套）。其中，80 马力拖拉机 1 台，配套深松（深耕）机、播种机、秸秆还田机、旋耕机、圆盘耙、镇压器、收割机及喷药机械各 1 台。

200～500 亩：推荐配置农机具 9 台（套）。其中，80 马力以上拖拉机 1 台，配套深松（深耕）机、播种机、秸秆还田机、旋耕机、圆盘耙、镇压器、收割机及喷药机械各 1 台。

500～2 000 亩：推荐配置农机具 15 台（套）。其中，80～100 马力拖拉机 2 台，35 马力拖拉机 1 台；与 80～100 马力拖拉机配套的深松（深耕）机 1 台、旋耕机 2 台、秸秆还田机 2 台、播种机 2 台；配套 35 马力拖拉机的播种机、圆盘耙、镇压器及喷药机械各 1 台，90 马力以上联合收割机 1 台。

2 000～5 000 亩：推荐配置农机具 27 台（套）。其中，80～100 马力拖拉机 3 台，35 马力拖拉机 2 台；与 80～100 马力拖拉机配套的深松（深耕）机 2 台、秸秆还田机 3 台、旋耕机 3 台、播种机 3 台；与 35 马力拖拉机配套的播种机、

黄淮海南部水浇地小麦深松深耕机条播技术模式图（模式 1）

月份（旬）	10月			11月			12月			1月			2月			3月			4月			5月			6月
	上旬	中旬	下旬	上旬	中旬	下旬	上旬	中旬	下旬	上旬	中旬	下旬	上旬	中旬	下旬	上旬	中旬	下旬	上旬	中旬	下旬	上旬	中旬	下旬	上旬
节气	寒露		霜降	立冬		小雪	大雪		冬至	小寒		大寒	立春		雨水	惊蛰		春分	清明		谷雨	立夏		小满	芒种
生育期	播种期	出苗至3叶期		冬前分蘖期					越冬期					返青至起身期			拔节期			抽穗至开花期		灌浆期		成熟期	
主攻目标	苗全、苗匀 苗齐、苗壮			促根增蘖 培育壮苗					保苗安全越冬					促弱控旺转壮， 促苗早发稳长			促大蘖成穗， 构建合理群体			保花 增粒		养根护叶延衰，增粒增重		丰产 丰收	
播前准备	品种选择：选用高产、抗逆、稳产、广适半冬性品种，药剂拌种或种子包衣 深松深耕：3 年深松或深耕 1 次，深松 30 厘米以上或深耕犁深耕 25 厘米以上。深松或深耕后及时合墒，机械整平 秸秆还田：前茬作物收获后，秸秆机械粉碎还田，秸秆长度≤10 厘米，均匀抛撒地表 施足底肥：一般亩施纯氮 7～8 千克、五氧化二磷 6～8 千克、氧化钾 5～7 千克，并增施有机肥 旋耕整地：旋耕机旋耕两遍，深度 12 厘米以上																								
精细播种	播种期：10 月上中旬播种，日均温 15～17℃ 播种量：按亩基本苗 15 万～20 万确定播量，适播期下限之后播种，每推迟 1 天，亩增播量 0.5 千克 机械条播：适墒条播，播深 3～5 厘米，播后机械镇压，踏实土壤，防止跑墒，以利出苗																								
冬前管理	培育壮苗：冬前单株分蘖 3～5 个，次生根 5～8 条，亩总茎蘖数 60 万～80 万，叶色正常，无病虫 化学除草：针对麦田杂草种类，11 月上中旬，选用适宜农药，机械化学除草 冬前镇压：旋耕播种或秸秆还田麦田，冬前机械镇压，保苗安全越冬 灌越冬水：气温下降至 0～3℃，夜冻昼消时灌水，保苗安全越冬																								

（续）

春季管理	早春镇压：旺长麦田采用机械镇压，保墒蹲苗。旺长麦田于起身期喷施植物生长延缓剂，控旺转壮 肥水运筹：返青期土壤相对含水量低于60%时，日均温3～5℃时及时浇返青水。拔节期结合浇水亩追纯氮7～8千克 机械喷防：适时机械化学除草，重点防治纹枯病、条锈病、白粉病、赤霉病、吸浆虫、蚜虫等病虫害 防倒春寒：寒流来临之前及时浇水预防“倒春寒”。发生幼穗冻害的麦田及时结合浇水，亩追施尿素5～10千克，促其尽快恢复生长
后期管理	防旱浇水：孕穗期至灌浆中期，当土壤相对含水量低于60%时，及时浇水，注意小水浇灌，防止倒伏 一喷三防：选用适宜杀虫剂、杀菌剂和磷酸二氢钾，各计各量，现配现用，机械喷防，防病、防虫、防早衰（防干热风） 适时收获：籽粒蜡熟末期采用联合收割机及时收获，特别注意躲避“烂场雨”，防止穗发芽，确保丰产丰收
规模及效益	目标产量：亩产550千克，亩均纯收益：272元。农户适度经营规模181亩 100～200亩：推荐配置80马力拖拉机1台，深松（深耕）机、播种机、秸秆还田机、旋耕机、圆盘耙、镇压器、收割机各1台及喷药机械等，共9台（套） 200～500亩：推荐配置80马力以上拖拉机1台，深松（深耕）机、播种机、秸秆还田机、旋耕机、圆盘耙、镇压器、收割机各1台及喷药机械，共9台（套） 500～2 000亩：推荐配置80～100马力拖拉机2台，35马力拖拉机1台；与80～100马力拖拉机配套的深松（深耕）机1台、旋耕机2台、秸秆还田机2台、播种机2台；配套35马力拖拉机的播种机、圆盘耙、镇压器及喷药机械各1台，90马力以上联合收割机1台，共15台（套） 2 000～5 000亩：推荐配置80～100马力拖拉机3台，35马力拖拉机2台；与80～100马力拖拉机配套的深松（深耕）机2台、秸秆还田机3台、旋耕机3台、播种机3台；与35马力拖拉机配套的播种机、圆盘耙、镇压器及喷药机械各2台；90马力以上联合收割机2台，共27台（套） 5 000亩以上：推荐配置100马力拖拉机3台以上，与100马力以上拖拉机配套的深松（深耕）机4台、秸秆还田机3台以上、旋耕机3台以上、播种机3台以上；配置35马力拖拉机及其配套的播种机、圆盘耙、镇压器及喷药机械各2台以上；100马力以上收割机3台，共29台（套）以上

圆盘耙、镇压器及喷药机械各 2 台；90 马力以上联合收割机 2 台。

5 000 亩以上：推荐配置农机具 29 台（套）以上。其中，100 马力拖拉机 3 台以上，与之配套的深松（深耕）机 4 台、秸秆还田机 3 台以上、旋耕机 3 台以上、播种机 3 台以上；配置 35 马力拖拉机及其配套的播种机、圆盘耙、镇压器及喷药机械各 2 台以上；100 马力以上收割机 3 台。

黄淮海南部水浇地小麦少免耕沟播技术模式（模式 2）

半冬性品种＋秸秆还田＋少免耕沟播＋灌越冬水＋重施拔节肥水＋机械喷防＋机械收获

——预期目标产量　通过推广该技术模式，小麦平均亩产达到 530 千克。

——关键技术路线

品种选择：选用高产、稳产、多抗、广适半冬性品种。

秸秆还田：前茬作物收获后，将秸秆粉碎还田，秸秆长度≤10 厘米，均匀抛撒地表。

少免耕沟播：日均温 15～17℃适墒播种。按亩基本苗 15 万～20 万确定播量，适宜播期后播种，每推迟 1 天，亩增播量 0.5 千克。采用少免耕机械沟播，肥料与种子分开施用，一般亩施纯氮 7～8 千克、五氧化二磷 6～8 千克、氧化钾 5～7 千克。

灌越冬水：气温下降至 0～3℃，夜冻昼消时灌水，保苗安全越冬。

重施拔节肥水：拔节期结合浇水亩追纯氮 7～8 千克。

机械喷防：适时机械化学除草，重点防治纹枯病、条锈病、白粉病、赤霉病、吸浆虫、蚜虫等病虫害。

一喷三防：生育后期选用适宜杀虫剂、杀菌剂和磷酸二氢钾，各计各量，现配现用，机械喷防，防病、防虫、防早衰（干热风）。

机械收获：籽粒蜡熟末期用联合收割机及时收获。

——成本效益分析

预计目标产量：以亩产 530 千克、价格 2.24 元/千克计算，合计 1 187 元以上。

亩均成本投入：925 元。

亩均纯收益：262 元。

适度经营规模面积：187 亩。

——可供选择的常见经营规模推荐农机配置

100～200 亩：推荐配置农机具 5 台（套）。其中，80 马力以上拖拉机 1 台，

黄淮海南部水浇地小麦少免耕沟播技术模式图（模式 2）

月份（旬）	10月			11月			12月			1月			2月			3月			4月			5月			6月
	上旬	中旬	下旬	上旬	中旬	下旬	上旬	中旬	下旬	上旬	中旬	下旬	上旬	中旬	下旬	上旬	中旬	下旬	上旬	中旬	下旬	上旬	中旬	下旬	上旬
节气	寒露		霜降	立冬		小雪	大雪		冬至	小寒		大寒	立春		雨水	惊蛰		春分	清明		谷雨	立夏		小满	芒种
生育期	播种期		出苗至3叶期		冬前分蘖期				越冬期					返青起身期				拔节期			抽穗开花期		灌浆期		成熟期
主攻目标	苗全、苗匀 苗齐、苗壮				促根增蘖 培育壮苗				保苗安全越冬					促弱控旺转壮 促苗早发稳长				促大蘖成穗 构建合理群体			保花 增粒		养根护叶 增粒增重		适时收获
播前准备	品种选择：选用高产、抗逆、稳产、广适半冬性品种，药剂拌种或种子包衣 秸秆还田：前茬作物收获后，秸秆机械粉碎还田，秸秆长度≤10 厘米，均匀抛撒地表 施足底肥：一般亩施纯氮 7～8 千克、五氧化二磷 6～8 千克、氧化钾 5～7 千克，并增施有机肥																								
精细播种	播种期：10 月上中旬播种，日均温 15～17℃ 播种量：按亩基本苗 15 万～20 万确定播量，适播期下限之后播种，每推迟 1 天，亩增播量 0.5 千克。亩播量最多不能超过 15 千克 免耕沟播：少免耕机械沟播，播深 3～5 厘米																								
冬前管理	培育壮苗：冬前单株分蘖 3～5 个，次生根 5～8 条，亩总茎蘖数 60 万～80 万，叶色正常，无病虫 化学除草：针对麦田杂草种类，11 月上中旬，选用适宜农药，机械化学除草 冬前镇压：旋耕播种或秸秆还田麦田，冬前机械镇压，保苗安全越冬 灌越冬水：气温下降至 0～3℃，夜冻昼消时灌水，保苗安全越冬																								

（续）

春季管理	控旺防倒：旺长麦田于起身期喷施植物生长延缓剂，控旺转壮 肥水运筹：返青期土壤相对含水量低于60%时，日均温3～5℃时及时浇返青水。拔节期结合浇水亩追纯氮7～8千克 机械喷防：适时机械化学除草，重点防治纹枯病、条锈病、白粉病、赤霉病、吸浆虫、蚜虫等病虫害 防倒春寒：寒流来临之前及时浇水预防“倒春寒”。发生幼穗冻害的麦田及时结合浇水，亩追施尿素5～7千克，促其尽快恢复生长
后期管理	防旱浇水：孕穗期至籽粒形成灌浆期，当土壤相对含水量低于60%时，及时浇水，注意小水浇灌，防止倒伏 一喷三防：选用适宜杀虫剂、杀菌剂和磷酸二氢钾，各计各量，现配现用，机械喷防，防病、防虫、防早衰（干热风） 适时收获：籽粒蜡熟末期采用联合收割机及时收获，特别注意躲避“烂场雨”，防止穗发芽，确保丰产丰收
规模及效益	目标产量：亩产530千克。亩均纯收益：262元。农户适度经营规模187亩 100～200亩：推荐配置80马力拖拉机1台，小麦免耕播种机1台、秸秆还田机1台、喷药机械1台、收割机1台，共5台（套） 200～500亩：推荐配置80马力拖拉机1台，小麦免耕播种机1台、秸秆还田机1台、喷药机械1台、收割机1台，共5台（套） 500～2 000亩：推荐配置80～90马力拖拉机2台，秸秆还田机2台，免耕播种机2台；喷药机械各1台，90马力以上联合收割机1台，共9台（套） 2 000～5 000亩：推荐配置80～90马力拖拉机4台，秸秆还田机4台，免耕播种机4台，喷药机械1台；90马力以上联合收割机2台，共18台（套） 5 000亩以上：推荐配置100马力拖拉机4台以上，秸秆还田机4台以上，免耕播种机4台以上；喷药机械2台以上；100马力以上收割机3台以上。共21台（套）以上

配套的免耕播种机、秸秆还田机、喷药机械、收割机各1台。

200～500亩：推荐配置农机具5台（套）。其中，80马力拖拉机1台，配套小麦免耕播种机、秸秆还田机、喷药机械、收割机各1台。

500～2 000亩：推荐配置农机具9台（套）。其中，80～100马力拖拉机2台，秸秆还田机2台，免耕播种机2台；喷药机械2台，90马力以上联合收割机1台。

2 000～5 000亩：推荐配置农机具18台（套）。其中，80～100马力拖拉机4台，秸秆还田机4台，小麦免耕播种机4台，喷药机械4台；90马力以上联合收割机2台。

5 000亩以上：推荐配置农机具21台（套）。其中，100马力拖拉机4台以上，秸秆还田机4台以上，小麦免耕播种机4台以上；喷药机械6台以上；100马力以上收割机3台以上。

（二）黄淮海南部稻茬麦区

稻茬麦是指在黄淮海南部稻田收获后种植的小麦，主要分布在江苏、安徽、河南等省的淮河沿线地区，常年种植面积1 700万～2 000万亩，占全国小麦种植面积的5%左右，小麦生育期降水量为300～400毫米。小麦播种至成熟>0℃的积温2 000～2 200℃，无霜期220～230天。土壤类型主要有黄棕壤、黄褐土、水稻土、潮土、砂姜黑土等。一般在10月中下旬播种，翌年6月上旬收获，亩产400千克左右。影响黄淮海南部稻茬麦高产的因素：一是前茬粳稻熟期偏晚，腾茬迟，影响小麦适期播种；二是稻茬土壤湿度大、土质黏重、耕整困难，翻耕后垡块大，难以细碎；三是春季易干旱，影响农艺措施采用；四是倒春寒发生频率高；五是抽穗开花期时有高温多湿发生，易发生赤霉病和白粉病，常遇渍害威胁，后期易发生倒伏和早衰。

黄淮海南部稻茬麦少免耕机条播技术模式

高产、多抗品种＋稻秆全量还田＋少免耕机条播＋三沟配套＋重施拔节孕穗肥＋机械喷防＋机械收获

——预期目标产量　通过推广该技术模式，小麦平均亩产达到480千克。

——关键技术路线

品种选择：选用高产、稳产、多抗、广适半冬性或弱春性品种。

稻秆全量还田：水稻成熟后及时收获，并配套还田机械，将水稻秸秆粉碎

后均匀抛撒田面，秸秆粉碎长度≤10 厘米。

适期适量机条播：先用机械旋耕灭茬一遍，确保 90%稻茬埋于 10 厘米土层下。少免耕条播，一次作业完成灭茬、浅旋、开槽、播种、覆土、镇压 6 道工序。掌握日均温 13～15℃下适墒适期播种，一般在 10 月中下旬；按亩基本苗 15 万～18 万确定播量，适播期后播种，每推迟 1 天，亩增播量 0.5 千克。

三沟配套：包括外三沟和内三沟。采用机械开沟器，其中“外三沟”包括隔水沟、导渗沟、排水沟。“内三沟”包括竖沟、腰沟和田头沟，内三沟的深度逐级加深，分别为 15 厘米、20 厘米、25 厘米左右，沟沟相通，排灌方便。生育过程中注意清沟理墒。

科学施肥：小麦一生亩施纯氮 14～16 千克，五氧化二磷和氧化钾各 8～9 千克。氮肥基肥施用占一生施用量的 60%左右，拔节肥占 40%左右。磷、钾肥的 50%作基肥，剩余 50%于返青拔节期追施。拔节孕穗肥施用需结合降雨或灌溉进行。

机械喷防：采用自走式或机动喷雾机喷施药剂，防治病虫草害，控制旺长防倒伏。如果冬前除草效果不好，在春季气温回升后及时补除。群体较大的麦田，抗寒、抗倒伏能力差，要在冬前叶面喷施生长调节剂防冻，或拔节前叶面喷施生长调节剂防倒。适时防治“四病两虫”，即赤霉病、条锈病、白粉病、纹枯病和蚜虫、麦圆蜘蛛。

一喷三防：在小麦生长后期，选用适宜杀虫剂、杀菌剂和磷酸二氢钾，各计各量，现配现用，机械喷防，防病、防虫、防早衰（干热风）。

机械收获：籽粒蜡熟末期采用联合收割机及时收获。

——成本效益分析

预计目标产量：以亩产 480 千克、价格 2.24 元/千克计算，合计 1 075 元。

亩均成本投入：935 元。

亩均纯收益：140 元。

适度经营规模面积：350 亩。

——可供选择的常见经营规模推荐农机配置

100～200 亩：推荐配置农机具 5 台（套）。其中，55 马力拖拉机 1 台，配套的播种机、秸秆还田机、喷药机械、收割机各 1 台。

200～500 亩：推荐配置农机具 5 台（套）。其中，55 马力拖拉机 1 台，配套的播种机、秸秆还田机、喷药机械、收割机各 1 台。

500～2 000 亩：推荐配置农机具 9 台（套）。其中，60 马力拖拉机 2 台，秸秆还田机 2 台，小麦播种机 2 台，喷药机械 2 台；90 马力以上联合收割机 1 台。

黄淮海南部稻茬麦少免耕机条播技术模式图

月份（旬）	10月		11月			12月			1月			2月			3月			4月			5月			6月	
	中旬	下旬	上旬	中旬	下旬	上旬	中旬	下旬	上旬	中旬	下旬	上旬	中旬	下旬	上旬	中旬	下旬	上旬	中旬	下旬	上旬	中旬	下旬	上旬	中旬
节气		霜降	立冬		小雪	大雪		冬至	小寒		大寒	立春		雨水	惊蛰		春分	清明		谷雨	立夏		小满	芒种	
生育期	播种期		出苗至3叶期		冬前分蘖期			越冬期					返青起身期			拔节孕穗期				抽穗开花期		灌浆期		成熟期	
主攻目标	苗全、苗匀 苗齐、苗壮				促根增蘖 培育壮苗			保苗安全越冬					控苗稳长壮蘖			促弱控旺 保蘖成穗壮秆防倒				保花增粒		养根护叶 增粒增重		丰产丰收	
播前准备	品种选择：高产、稳产、多抗、广适半冬性或弱春性小麦品种，种子包衣或药剂拌种 稻秆还田：水稻成熟后及时机械收获，并配套秸秆还田机械，将水稻秸秆粉碎后均匀抛撒田面，秸秆粉碎长度≤10厘米 三沟配套：播前机械挖好“外三沟”，即隔水沟、导渗沟、排水沟；及时机械开好“内三沟”，即竖沟、腰沟和田头沟，深度分别为15、20、25厘米左右，做到三沟配套，沟沟相通，排灌方便																								
精细播种	播种期：日均温13～15℃下适墒适期播种，一般在10月中下旬 播种量：按亩基本苗15万～18万确定播量，超出适播期，每推迟1天，亩增播量0.5千克 机械条播：采用机械旋耕灭茬，确保90%稻茬埋在10厘米土层以下，少免耕机条播，播后镇压 施足底肥：每亩施纯氮8～9千克、五氧化二磷5～6千克、氧化钾4～5千克，并增施有机肥																								
冬前管理	壮苗培育：单株分蘖3～5个，单株次生根4～6条 化学除草：根据麦田杂草种类及发生程度，及时选用对应药剂，采用机械喷施除草剂，灭除杂草																								

（续）

冬前管理	促根增蘖：亩施纯氮 2～3 千克，促低位分蘖发生和全田平衡生长，亩总茎蘖数 60 万～80 万 旺苗镇压：根据种植规模和镇压器机型，采用机械镇压，踏实土壤，抑制旺长，抗寒防倒 灌水防冻：气温下降至 0～3℃，夜冻昼消时灌水，保苗安全越冬
春季管理	控旺防倒：旺长田块适时采用机械镇压，保墒、蹲苗或喷施生长调节剂控旺促壮防倒 拔节肥水：结合灌溉，亩追纯氮 3～4 千克、五氧化二磷和氧化钾各 4 千克左右。倒 1 叶露尖亩追纯氮 3～4 千克 化学防除：重点防治纹枯病和补防杂草。日均温升至 8℃时，机械喷施灭除杂草；纹枯病病株率达 20%时，喷施井冈霉素或烯唑醇等 清沟理墒：雨后及时清沟，保持沟系排降畅通
后期管理	排水降渍：后期遇雨，注意排水降渍 一喷三防：在小麦生长后期，选用适宜杀虫剂、杀菌剂和磷酸二氢钾，各计各量，现配现用，机械喷防，防病、防虫、防早衰（干热风） 适时收获：在籽粒蜡熟末期联合收割机收获，躲避“烂场雨”，防止穗发芽
规模及效益	目标产量：亩产 480 千克。亩均纯收益：140 元。农户适度经营规模 350 亩 100～200 亩：推荐配置 55 马力拖拉机 1 台，小麦播种机 1 台、秸秆还田机 1 台、喷药机械 1 台、收割机 1 台，共 5 台（套） 200～500 亩：推荐配置 55 马力拖拉机 1 台，配套小麦播种机 1 台、秸秆还田机 1 台、喷药机械 1 台、收割机 1 台，共 5 台（套） 500～2 000 亩：推荐配置 60 马力拖拉机 2 台，秸秆还田机 2 台，小麦播种机 2 台，喷药机械 2 台；90 马力以上联合收割机 1 台，共 9 台（套） 2 000～5 000 亩：推荐配置 60～80 马力拖拉机 4 台，秸秆还田机 4 台，小麦播种机 4 台，喷药机械 4 台；90 马力以上联合收割机 2 台，共 18 台（套） 5 000 亩以上：推荐配置 80～100 马力拖拉机 4 台以上，秸秆还田机 4 台以上，小麦播种机 4 台以上，喷药机械 6 台；100 马力以上收割机 3 台，共 21 台（套）以上

2 000～5 000 亩：推荐配置农机具 18 台（套）。其中，60～80 马力拖拉机 4 台，秸秆还田机 4 台，小麦播种机 4 台，喷药机械 4 台；90 马力以上联合收割机 2 台。

5 000 亩以上：推荐配置农机具 21 台（套）以上。其中，80～100 马力拖拉机 4 台以上，秸秆还田机 4 台以上，小麦播种机 4 台以上，喷药机械 6 台；100 马力以上收割机 3 台。

（三）黄淮海北部水浇地麦区

该区指种植区划中的北部冬麦区，主要包括北京、天津、河北省中北部、山西省中部和东南部、陕西北部。耕作模式为两年三熟或一年两熟，主要种植作物为小麦、玉米。常年小麦种植面积 2 000 万亩左右，占全国小麦种植面积的 5.5%左右，一般 9 月底至 10 月上旬播种，6 月上中旬收获，小麦播种至成熟>0℃积温为 2 200℃左右。全年无霜期 135～210 天。全年降水量 440～710 毫米，小麦生育期降水 100～210 毫米。本区土壤类型主要有褐土、潮土、黄绵土和盐渍土等。制约该区域小麦生产的主要因素：一是小麦生育期降水严重不足；二是常遇春季干旱，影响小麦返青及正常生长；三是病虫害较多，历年均有不同程度发生；四是倒春寒发生频率高；五是后期干热风为害。

黄淮海北部水浇地小麦深松深耕机条播技术模式（模式 1）

冬性品种＋秸秆还田＋深松深耕＋旋耕整地＋机械条播＋机械镇压＋灌越冬水＋重施拔节肥水＋机械喷防＋机械收获

——预期目标产量　通过推广该技术模式，小麦平均亩产达到 530 千克。

——关键技术路线

品种选择：选用高产、稳产、多抗、广适冬性品种。

秸秆还田：前茬作物收获后，将秸秆粉碎还田，秸秆长度≤10 厘米，均匀抛撒地表。

深松深耕：3 年深松（深耕）一次，深松机深松 30 厘米以上或深耕犁深耕 25 厘米以上，深松或深耕后及时合墒，机械整平。

旋耕整地：旋耕前施底肥，依据产量目标、土壤肥力等进行测土配方施肥，一般亩施纯氮 7～8 千克、五氧化二磷 6～8 千克、氧化钾 5～7 千克，并增施有机肥。旋耕整地，耕深 12 厘米以上，并用机械镇压。

机械条播：最适播期内用 25 马力以上动力机械适墒条播，播种时日均温

16～18℃。按亩基本苗18万～25万确定播量，适宜播期后播种，每推迟1天，亩增播量0.5千克。

机械镇压：播种后和春季镇压2次，踏实土壤，弥实裂缝，保墒防冻。

灌越冬水：气温下降至0～3℃，夜冻昼消时灌水，保苗安全越冬。

重施拔节肥水：返青期亩总茎数低于70万或土壤相对含水量低于60%时，日均温3～5℃时浇返青水；拔节期结合浇水亩追纯氮7～8千克。

机械喷防：适时机械化学除草，重点防治纹枯病、条锈病、白粉病、赤霉病、吸浆虫、蚜虫等病虫害。

一喷三防：生育后期选用适宜杀虫剂、杀菌剂和磷酸二氢钾，各计各量，现配现用，机械喷防，防病、防虫、防早衰（干热风）。

机械收获：籽粒蜡熟末期采用联合收割机及时收获。

——成本效益分析

预计目标产量：以亩产530千克、价格2.24元/千克计算，合计1 187元。

亩均成本投入：965元。

亩均纯收益：222元。

适度经营规模面积：221亩。

——可供选择的常见经营规模推荐农机配置

100～200亩：推荐配置农机具9台（套）。其中，60马力拖拉机1台，配套的深松（深耕）机、播种机、秸秆还田机、旋耕机、圆盘耙、镇压器、收割机及喷药机械各1台。

200～500亩：推荐配置农机具9台（套）。其中，60马力拖拉机1台，配套的深松（深耕）机、播种机、秸秆还田机、旋耕机、圆盘耙、镇压器、喷药机械、收割机各1台。

500～2 000亩：推荐配置农机具15台（套）。其中，80～100马力拖拉机2台，与之配套的深松（深耕）机1台、旋耕机2台、秸秆还田机2台、播种机2台；35马力以上拖拉机1台，与之配套的播种机、圆盘耙、镇压器及喷药机械各1台，90马力以上联合收割机1台。

2 000～5 000亩：推荐配置农机具26台（套）。其中，80～100马力拖拉机3台，与之配套的深松（深耕）机2台、秸秆还田机3台、旋耕机3台、播种机3台；35马力拖拉机2台，与之配套的播种机、圆盘耙、镇压器及喷药机械各2台；90马力以上联合收割机2台。

5 000亩以上：推荐配置农机具27台（套）以上。其中，100马力拖拉机3台以上，与之配套的深松（深耕）机2台，秸秆还田机3台以上，旋耕机3台以上，播种机3台以上；配套35马力拖拉机2台以上，与之配套的播种机、圆

黄淮海北部水浇地小麦深松深耕机条播技术模式图（模式 1）

<table>
<tr><td rowspan="2">月份
（旬）</td><td>9月</td><td colspan="3">10月</td><td colspan="3">11月</td><td colspan="3">12月</td><td colspan="3">1月</td><td colspan="3">2月</td><td colspan="3">3月</td><td colspan="3">4月</td><td colspan="3">5月</td><td colspan="2">6月</td></tr>
<tr><td>下旬</td><td>上旬</td><td>中旬</td><td>下旬</td><td>上旬</td><td>中旬</td><td>下旬</td><td>上旬</td><td>中旬</td><td>下旬</td><td>上旬</td><td>中旬</td><td>下旬</td><td>上旬</td><td>中旬</td><td>下旬</td><td>上旬</td><td>中旬</td><td>下旬</td><td>上旬</td><td>中旬</td><td>下旬</td><td>上旬</td><td>中旬</td><td>下旬</td><td>上旬</td><td>中旬</td></tr>
<tr><td>节气</td><td>秋分</td><td>寒露</td><td></td><td>霜降</td><td>立冬</td><td></td><td>小雪</td><td>大雪</td><td></td><td>冬至</td><td>小寒</td><td></td><td>大寒</td><td>立春</td><td></td><td>雨水</td><td>惊蛰</td><td></td><td>春分</td><td>清明</td><td></td><td>谷雨</td><td>立夏</td><td></td><td>小满</td><td>芒种</td><td></td></tr>
<tr><td>生育期</td><td colspan="2">播种期</td><td colspan="2">出苗至
3 叶期</td><td colspan="4">冬前分蘖期</td><td colspan="8">越冬期</td><td>返青期</td><td colspan="2">起身期</td><td colspan="2">拔节期</td><td colspan="2">抽穗
开花期</td><td colspan="2">灌浆期</td><td colspan="2">成熟期</td></tr>
<tr><td>主攻
目标</td><td colspan="4">苗全、苗匀
苗齐、苗壮</td><td colspan="4">促根增蘖
培育壮苗</td><td colspan="8">保苗
安全越冬</td><td>促苗早
发稳长</td><td colspan="2">蹲苗
壮蘖</td><td colspan="2">促大蘖
成穗</td><td colspan="2">保花
增粒</td><td colspan="2">养根护叶
增粒增重</td><td colspan="2">丰产
丰收</td></tr>
<tr><td>播前
准备</td><td colspan="27">品种选择：选用高产、抗逆、稳产、广适、冬性品种，药剂拌种或种子包衣
深松深耕：3 年深松或深耕一次，采用深松机深松 30 厘米以上或深耕犁深耕 25 厘米以上。深松或深耕后及时合墒，机械整平
秸秆还田：前茬作物收获后，进行秸秆粉碎还田，秸秆长度≤10 厘米，均匀抛撒地表
施足底肥：一般亩施纯氮 7～8 千克、五氧化二磷 6～8 千克、氧化钾 5～7 千克，并增施有机肥
旋耕整地：采用旋耕机旋耕两遍，深度 12 厘米以上</td></tr>
<tr><td>精细
播种</td><td colspan="27">播种期：9 月下旬至 10 月上旬，日均温 16～18℃
播种量：按亩基本苗 18 万～25 万确定播量，适播期下限之后播种，每推迟 1 天，亩增播量 0.5 千克
机械条播：采用机械条播，播深 3～5 厘米
播后镇压：采用机械镇压，踏实土壤，防止跑墒，以利出苗</td></tr>
<tr><td>冬前
管理</td><td colspan="27">培育壮苗：冬前单株分蘖 3～5 个，次生根 5～8 条，亩总茎蘖数 70 万～80 万，叶色正常，无病虫
化学除草：针对麦田杂草种类，于 10 月中下旬至 11 月上中旬，选用适宜农药，机械化学除草
冬前镇压：旋耕播种或秸秆还田，冬前机械镇压，保苗安全越冬
灌越冬水：气温下降至 0～3℃，夜冻昼消时灌水，保苗安全越冬</td></tr>
</table>

（续）

春季管理	早春镇压：采用机械镇压，保墒，蹲苗控旺长。旺长麦田于起身期喷施植物生长抑制剂，控旺转壮 肥水运筹：返青期亩总茎数低于70万或土壤相对含水量低于60%时，日均温3～5℃时及时浇返青水。拔节期结合浇水亩追纯氮7～8千克 机械喷防：适时机械化学除草，重点防治纹枯病、条锈病、白粉病、赤霉病、吸浆虫、蚜虫等病虫害 防倒春寒：寒流来临之前及时浇水预防“倒春寒”。发生冻害的麦田及时结合浇水，亩追施尿素5～10千克，促其尽快恢复生长
后期管理	防旱浇水：孕穗期至灌浆中期以前，当土壤相对含水量低于60%时，及时浇水，注意小水浇灌，防止倒伏 一喷三防：选用适宜杀虫剂、杀菌剂和磷酸二氢钾，各计各量，现配现用，机械喷防，防病、防虫、防早衰（防干热风） 适时收获：籽粒蜡熟末期采用联合收割机及时收获，特别注意躲避“烂场雨”，防止穗发芽
规模及效益	目标产量：亩产530千克。亩均纯收益：222元。农户适度经营规模221亩 100～200亩：推荐配置60马力拖拉机1台，深松（深耕）机、播种机、秸秆还田机、旋耕机、圆盘耙、镇压器、收割机各1台及喷药机械，共9台（套） 200～500亩：推荐配置60马力以上拖拉机1台，深松（深耕）机、播种机、秸秆还田机、旋耕机、圆盘耙、镇压器、收割机各1台及喷药机械，共9台（套） 500～2 000亩：推荐配置80～100马力拖拉机2台，35马力拖拉机1台；与80～100马力拖拉机配套的深松（深耕）机1台、旋耕机2台、秸秆还田机2台、播种机2台；配套35马力拖拉机的播种机、圆盘耙、镇压器及喷药机械各1台，90马力以上联合收割机1台，共15台（套） 2 000～5 000亩：推荐配置80～100马力拖拉机3台，35马力拖拉机2台；与80～100马力拖拉机配套的深松（深耕）机1台、秸秆还田机3台、旋耕机3台、播种机3台；与35马力拖拉机配套的播种机、圆盘耙、镇压器及喷药机械各2台；90马力以上联合收割机2台，共26台（套） 5 000亩以上：推荐配置100马力拖拉机3台以上，与100马力以上拖拉机配套的深松（深耕）机1台、秸秆还田机3台以上、旋耕机3台以上、播种机3台以上；配置35马力拖拉机及其配套的播种机、圆盘耙、镇压器及喷药机械各2台以上；100马力以上收割机3台，共27台（套）以上

盘耙、镇压器及喷药机械各 2 台；100 马力以上收割机 3 台以上。

黄淮海北部水浇地小麦少免耕机沟播技术模式（模式 2）

冬性品种＋秸秆还田＋少免耕沟播＋灌越冬水＋重施拔节肥水＋机械喷防＋机械收获

——预期目标产量 通过推广该技术模式，小麦平均亩产达到 510 千克。

——关键技术路线

品种选择：选用高产、稳产、多抗、广适半冬性品种。

秸秆还田：前茬作物收获后，将秸秆粉碎还田，长度≤10 厘米，均匀抛撒地表。

少免耕沟播：日均温 16～18℃适墒播种。按亩基本苗 18 万～25 万确定播量，适宜播期后播种，每推迟 1 天，亩增播量 0.5 千克。采用少免耕机械沟播，肥料与种子分开施用，亩施纯氮 7～8 千克、五氧化二磷 6～8 千克、氧化钾 5～7千克。

灌越冬水：气温下降至 0～3℃，夜冻昼消时灌水，保苗安全越冬。

重施拔节肥水：返青期亩总茎数低于 70 万或土壤相对含水量低于 60%时，日均温 3～5℃时浇返青水；拔节期结合浇水亩追纯氮 7～8 千克。

机械喷防：适时机械化学除草，重点防治纹枯病、条锈病、白粉病、赤霉病、吸浆虫、蚜虫等病虫害。

一喷三防：生育后期选用适宜杀虫剂、杀菌剂和磷酸二氢钾，各计各量，现配现用，机械喷防，防病、防虫、防早衰（干热风）。

机械收获：籽粒蜡熟末期用联合收割机及时收获。

——成本效益分析

预计目标产量：以亩产 510 千克、价格 2.24 元/千克计算，合计 1 142 元。

亩均成本投入：970 元。

亩均纯收益：172 元。

适度经营规模面积：285 亩。

——可供选择的常见经营规模推荐农机配置

100～200 亩：推荐配置农机具 5 台（套）。其中，80 马力以上拖拉机 1 台，配套免耕播种机、秸秆还田机、喷药机械、收割机各 1 台。

200～500 亩：推荐配置农机具 5 台（套）。其中，80 马力以上拖拉机 1 台，配套免耕播种机、秸秆还田机、喷药机械、收割机各 1 台。

500～2 000 亩：推荐配置农机具共 8 台（套）。其中，80～90 马力拖拉机 2

黄淮海北部水浇地小麦少免耕机沟播技术模式图（模式 2）

<table>
<tr><td rowspan="2">月份
（旬）</td><td>9月</td><td colspan="3">10月</td><td colspan="3">11月</td><td colspan="3">12月</td><td colspan="3">1月</td><td colspan="3">2月</td><td colspan="3">3月</td><td colspan="3">4月</td><td colspan="3">5月</td><td colspan="2">6月</td></tr>
<tr><td>下旬</td><td>上旬</td><td>中旬</td><td>下旬</td><td>上旬</td><td>中旬</td><td>下旬</td><td>上旬</td><td>中旬</td><td>下旬</td><td>上旬</td><td>中旬</td><td>下旬</td><td>上旬</td><td>中旬</td><td>下旬</td><td>上旬</td><td>中旬</td><td>下旬</td><td>上旬</td><td>中旬</td><td>下旬</td><td>上旬</td><td>中旬</td><td>下旬</td><td>上旬</td><td>中旬</td></tr>
<tr><td>节气</td><td>秋分</td><td>寒露</td><td></td><td>霜降</td><td>立冬</td><td></td><td>小雪</td><td>大雪</td><td></td><td>冬至</td><td>小寒</td><td></td><td>大寒</td><td>立春</td><td></td><td>雨水</td><td>惊蛰</td><td></td><td>春分</td><td>清明</td><td></td><td>谷雨</td><td>立夏</td><td></td><td>小满</td><td>芒种</td><td></td></tr>
<tr><td>生育期</td><td colspan="2">播种期</td><td colspan="2">出苗至
3 叶期</td><td colspan="4">冬前分蘖期</td><td colspan="8">越冬期</td><td>返青期</td><td>起身期</td><td colspan="3">拔节期</td><td colspan="2">抽穗
开花期</td><td colspan="2">灌浆期</td><td colspan="2">成熟期</td></tr>
<tr><td>主攻
目标</td><td colspan="4">苗全、苗匀
苗齐、苗壮</td><td colspan="4">促根增蘖
培育壮苗</td><td colspan="8">保苗安全
越冬</td><td>促苗早
发稳长</td><td>蹲苗
壮蘖</td><td colspan="3">促大蘖成穗</td><td colspan="2">保花
增粒</td><td colspan="2">养根护叶
增粒增重</td><td colspan="2">丰产
丰收</td></tr>
<tr><td>播前
准备</td><td colspan="27">品种选择：选用高产、抗逆、稳产、广适、冬性品种，药剂拌种或种子包衣
秸秆还田：前茬作物收获后，秸秆机械粉碎还田，秸秆长度≤10 厘米，均匀抛撒地表
施足底肥：一般亩施纯氮 7～8 千克、五氧化二磷 6～8 千克、氧化钾 5～7 千克，并增施有机肥
旋耕整地：采用机械旋耕机旋耕两遍，深度 12 厘米以上</td></tr>
<tr><td>精细
播种</td><td colspan="27">播种期：9 月下旬至 10 月上旬，日均温 16～18℃
播种量：按亩基本苗 18 万～25 万确定播量，适播期后播种，每推迟 1 天亩增播量 0.5 千克
免耕沟播：采用机械免耕沟播，播深 3～5 厘米</td></tr>
<tr><td>冬前
管理</td><td colspan="27">培育壮苗：冬前单株分蘖 3～5 个，次生根 5～8 条，亩总茎蘖数 70 万～80 万，叶色正常，无病虫
化学除草：针对麦田杂草种类，于 10 月中下旬至 11 月上中旬，选用适宜农药，机械化学除草
灌越冬水：气温下降至 0～3℃，夜冻昼消时灌水，保苗安全越冬</td></tr>
</table>

（续）

春季管理	肥水运筹：返青期亩总茎数低于70万或土壤相对含水量低于60%时，日均温3～5℃时及时浇返青水。拔节期结合浇水亩追纯氮7～8千克 机械喷防：适时机械化学除草，重点防治纹枯病、条锈病、白粉病、赤霉病、吸浆虫、蚜虫等病虫害 防倒春寒：寒流来临之前及时浇水预防“倒春寒”。发生冻害的麦田及时结合浇水亩追施尿素5～10千克，促其尽快恢复生长
后期管理	防旱浇水：孕穗期至灌浆中期，当土壤相对含水量低于60%时，及时浇水，注意小水浇灌，防止倒伏 一喷三防：选用适宜杀虫剂、杀菌剂和磷酸二氢钾，各计各量，现配现用，机械喷防，防病、防虫、防旱衰（干热风） 适时收获：籽粒蜡熟末期采用联合收割机及时收获，特别注意躲避“烂场雨”，防止穗发芽
规模及效益	目标产量：亩产510千克。亩均纯收益：172元。农户适度经营规模285亩 100～200亩：推荐配置80马力以上拖拉机1台，配套小麦免耕播种机1台、秸秆还田机1台、喷药机械1台、收割机1台，共5台（套） 200～500亩：推荐配置80马力以上拖拉机1台，配套小麦免耕播种机1台、秸秆还田机1台、喷药机械1台、收割机1台，共5台（套） 500～2 000亩：推荐配置80～90马力拖拉机2台，秸秆还田机2台，小麦免耕播种机2台，喷药机械各1台，90马力以上联合收割机1台，共8台（套） 2 000～5 000亩：推荐配置80～90马力拖拉机4台，秸秆还田机3台，小麦免耕播种机4台，喷药机械1台，90马力以上联合收割机2台，共14台（套） 5 000亩以上：推荐配置100马力拖拉机4台以上，秸秆还田机4台以上，小麦免耕播种机4台以上，喷药机械2台以上，100马力以上收割机3台以上，共17台（套）以上

台，秸秆还田机 2 台，小麦免耕播种机 2 台；喷药机械 1 台，90 马力以上联合收割机 1 台。

2 000～5 000 亩：推荐配置农机具共 14 台（套）。其中，80～90 马力拖拉机 4 台，秸秆还田机 3 台，小麦免耕播种机 4 台，喷药机械 1 台；90 马力以上联合收割机 2 台。

5 000 亩以上：推荐配置农机具 17 台（套）以上。其中，100 马力拖拉机 4 台以上，秸秆还田机 4 台以上，免耕播种机 4 台以上；喷药机械 2 台以上；100 马力以上收割机 3 台。

（四）黄淮海旱地麦区

该区主要包括黄淮海地区雨养农区。小麦全生育期无灌溉条件，常年种植面积 3 000 万亩左右，占全国小麦种植面积的 8%左右。小麦播种至成熟＞0℃积温为 2 000～2 200℃。全年无霜期 160～220 天。小麦生育期降水 100～150 毫米。一般 9 月下旬至 10 月上旬播种，6 月上旬收获，亩产 250～300 千克。本区土壤类型主要有褐土、潮土、黄绵土和盐渍土等。制约该区域小麦生产的主要因素：一是干旱少雨，无灌溉条件；二是倒春寒时有发生；三是后期干热风为害。

黄淮海旱地麦少免耕机沟播技术模式（模式 1）

抗旱冬性或半冬性品种＋秸秆还田＋少免耕机械沟播＋机械喷防＋机械收获

——预期目标产量　通过推广该技术模式，小麦平均亩产达到 380 千克。

——关键技术路线

品种选择：根据生态条件选择抗旱稳产冬性或半冬性品种。

秸秆还田：前茬作物收获后，将秸秆粉碎还田，秸秆长度≤10 厘米，均匀抛撒地表。

少免耕机械沟播：9 月下旬至 10 月上旬适墒播种，播深 4～5 厘米；按亩基本苗 20 万～25 万确定播量，适期后播种，每推迟 1 天，亩增播量 0.5 千克；施足底肥，一般亩施纯氮 7～8 千克、五氧化二磷 6～8 千克、氧化钾 3～5 千克，并增施有机肥，少免耕机械沟播。

酌情追肥：在早春土壤返浆期用机械播入追肥，或趁雨追肥，每亩追施纯氮 3～5 千克。

黄淮海旱地麦少免耕机沟播技术模式图（模式 1）

月份（旬）	9月	10月			11月			12月			1月			2月			3月			4月			5月			6月
	下旬	上旬	中旬	下旬	上旬	中旬	下旬	上旬	中旬	下旬	上旬	中旬	下旬	上旬	中旬	下旬	上旬	中旬	下旬	上旬	中旬	下旬	上旬	中旬	下旬	上旬
节气	秋分	寒露		霜降	立冬		小雪	大雪		冬至	小寒		大寒	立春		雨水	惊蛰		春分	清明		谷雨	立夏		小满	芒种
生育期	播种期		出苗至3叶期		冬前分蘖期			越冬期								返青期	起身期		拔节期		抽穗开花期		灌浆期			成熟期
主攻目标	苗全、苗匀 苗齐、苗壮				促根增蘖 培育壮苗			保苗安全越冬								促苗早发稳长	蹲苗壮蘖		促大蘖成穗		保花增粒		养根护叶 增粒增重			丰产丰收
播前准备	品种选择：抗逆、稳产、冬性或半冬性品种 种子处理：做好种子发芽试验，种子包衣或药剂拌种。防治地下害虫和土传病害 施足底肥：增施有机肥，秸秆粉碎还田，秸秆长度 10 厘米以下。配方施肥，每亩施氮素 7～8 千克、五氧化二磷 6～8 千克、氧化钾 3～5 千克																									
精细播种	播种期：9 月下旬至 10 月上旬最适温度为 16～18℃时适墒播种，播深 4～5 厘米 播种量：按亩基本苗 20 万～25 万确定播量，适期后播种，每推迟 1 天，亩增播量 0.5 千克 播种方式：少免耕机械沟播																									
冬前管理	培育壮苗：冬前单株分蘖 2～3 个，每亩总茎数 60 万～80 万 化学除草：播后及苗期进行机械喷施除草剂																									

（续）

春季管理	趁墒追肥：春季土壤返浆期机械趁墒追肥或趁雨追肥，每亩追施氮素 3～5 千克 病虫草防治：及时监测，机械喷防，重点防治白粉病、吸浆虫、蚜虫和杂草
后期管理	一喷三防：机械喷防，防病、防虫、防早衰（干热风） 适时收获：籽粒蜡熟末期，联合收割机收获，躲避“烂场雨”，防止穗发芽
规模及效益	目标产量：亩产 380 千克。亩均纯收益：151 元。农户适度经营规模 325 亩 100～200 亩：推荐配置 80 马力以上拖拉机 1 台，配套小麦免耕播种机 1 台、秸秆还田机 1 台、喷药机械 1 台、收割机 1 台，共 5 台（套） 200～500 亩：推荐配置 80 马力以上拖拉机 1 台，配套小麦免耕播种机 1 台、秸秆还田机 1 台、喷药机械 1 台、收割机 1 台，共 5 台（套） 500～2 000 亩：推荐配置 80～90 马力拖拉机 2 台，秸秆还田机 2 台，小麦免耕播种机 2 台，喷药机械 1 台，90 马力以上联合收割机 1 台，共 8 台（套） 2 000～5 000 亩：推荐配置 80～90 马力拖拉机 4 台，秸秆还田机 3 台，小麦免耕播种机 4 台，喷药机械 1 台，90 马力以上联合收割机 2 台，共 14 台（套） 5 000 亩以上：推荐配置 100 马力拖拉机 4 台以上，秸秆还田机 4 台，小麦免耕播种机 4 台，喷药机械 2 台，100 马力以上收割机 3 台，共 17 台（套）以上

机械喷防：适时机械化学除草，重点防治纹枯病、条锈病、白粉病、赤霉病、吸浆虫、蚜虫等病虫害。

一喷三防：生育后期选用适宜杀虫剂、杀菌剂和磷酸二氢钾，各计各量，现配现用，机械喷防，防病、防虫、防早衰（干热风）。

机械收获：籽粒蜡熟末期采用联合收割机及时收获。

——成本效益分析

预计目标产量：以亩产 380 千克、价格 2.24 元/千克计算，合计 851 元。

亩均成本投入：700 元。

亩均纯收益：151 元。

适度经营规模面积：325 亩。

——可供选择的常见经营规模推荐农机配置

100～200 亩：推荐配置农机具 5 台（套）。其中，80 马力以上拖拉机 1 台，免耕播种机、秸秆还田机、喷药机械、收割机各 1 台。

200～500 亩：推荐配置农机具 5 台（套）。其中，80 马力以上拖拉机 1 台，免耕播种机、秸秆还田机、喷药机械、收割机各 1 台。

500～2 000 亩：推荐配置农机具 8 台（套）。其中，80～90 马力拖拉机 2 台，秸秆还田机 2 台，小麦免耕播种机 2 台；喷药机械 1 台，90 马力以上联合收割机 1 台。

2 000～5 000 亩：推荐配置农机具 14 台（套）。其中，80～90 马力拖拉机 4 台，秸秆还田机 3 台，小麦免耕播种机 4 台，喷药机械 1 台；90 马力以上联合收割机 2 台。

5 000 亩以上：推荐配置农机具 17 台（套）以上。其中，100 马力拖拉机 4 台以上，秸秆还田机 4 台，小麦免耕播种机 4 台，喷药机械 2 台，100 马力以上收割机 3 台。

黄淮海旱地麦机械条播镇压技术模式（模式 2）

抗旱冬性或半冬性品种＋秸秆还田＋旋耕整地＋机械条播＋机械镇压＋机械喷防＋机械收获

——预期目标产量　通过推广该技术模式，小麦平均亩产达到 380 千克。

——关键技术路线

品种选择：根据生态条件选择抗旱稳产冬性或半冬性品种。

秸秆还田：前茬作物收获后，将秸秆粉碎还田，秸秆长度≤10 厘米，均匀抛撒于地表。

旋耕整地：旋耕前施底肥，依据产量目标、土壤肥力等进行测土配方施肥，一般亩施纯氮 7～8 千克、五氧化二磷 6～8 千克、氧化钾 3～5 千克，并增施有机肥。旋耕机旋耕，耕深 12 厘米以上，机械镇压。

机械条播：9 月下旬至 10 月上旬，日均温 16～18℃时适墒播种，播深 4～5 厘米；按亩基本苗 20 万～25 万确定播量，适期后播种，每推迟 1 天，亩增播量 0.5 千克，机械条播。

机械镇压：播种后和春季镇压 2 次，踏实土壤，弥实裂缝，保墒防冻。

酌情追肥：在早春土壤返浆期机械趁墒追肥或趁雨追肥，每亩追施纯氮 3～5 千克。

机械喷防：适时机械化学除草，重点防治纹枯病、条锈病、白粉病、赤霉病、吸浆虫、蚜虫等病虫害。

一喷三防：生育后期选用适宜杀虫剂、杀菌剂和磷酸二氢钾等各计各量，现配现用，机械喷防，防病、防虫、防早衰（干热风）。

机械收获：籽粒蜡熟末期采用联合收割机及时收获。

——成本效益分析

预计目标产量：以亩产 380 千克、价格 2.24 元/千克计算，合计 851 元。

亩均成本投入：683 元。

亩均纯收益：168 元。

适度经营规模面积：292 亩。

——可供选择的常见经营规模推荐农机配置

100～200 亩：推荐配置农机具 8 台（套）。其中，60 马力拖拉机 1 台，配套小麦播种机 1 台、秸秆还田机 1 台、旋耕机 1 台、圆盘耙 1 台、镇压器 1 台、收割机 1 台及喷药机械等。

200～500 亩：推荐配置农机具 8 台（套）。其中，60 马力拖拉机 1 台，配套小麦播种机 1 台、秸秆还田机 1 台、旋耕机 1 台、圆盘耙 1 台、镇压器 1 台、收割机 1 台及喷药机械等。

500～2 000 亩：推荐配置农机具 14 台（套）。其中，80～90 马力拖拉机 2 台，35 马力以上拖拉机 1 台；与 80～90 马力拖拉机配套的旋耕机 2 台、秸秆还田机 2 台、播种机 2 台；与 35 马力拖拉机配套的播种机、圆盘耙、镇压器及喷药机械各 1 台，90 马力以上联合收割机 1 台。

2 000～5 000 亩：推荐配置农机具 24 台（套）。其中，80～90 马力拖拉机 3 台，35 马力拖拉机 2 台；与 80～90 马力拖拉机配套的秸秆还田机 3 台、旋耕机 3 台、播种机 3 台；与 35 马力拖拉机配套的播种机、圆盘耙、镇压器及喷药机械各 2 台；90 马力以上联合收割机 2 台。

黄淮海旱地麦机械条播镇压技术模式图（模式 2）

<table>
<tr><td rowspan="2">月份
（旬）</td><td>9 月</td><td colspan="3">10 月</td><td colspan="3">11 月</td><td colspan="3">12 月</td><td colspan="3">1 月</td><td colspan="3">2 月</td><td colspan="3">3 月</td><td colspan="3">4 月</td><td colspan="3">5 月</td><td>6 月</td></tr>
<tr><td>下旬</td><td>上旬</td><td>中旬</td><td>下旬</td><td>上旬</td><td>中旬</td><td>下旬</td><td>上旬</td><td>中旬</td><td>下旬</td><td>上旬</td><td>中旬</td><td>下旬</td><td>上旬</td><td>中旬</td><td>下旬</td><td>上旬</td><td>中旬</td><td>下旬</td><td>上旬</td><td>中旬</td><td>下旬</td><td>上旬</td><td>中旬</td><td>下旬</td><td>上旬</td></tr>
<tr><td>节气</td><td>秋分</td><td>寒露</td><td></td><td>霜降</td><td>立冬</td><td></td><td>小雪</td><td>大雪</td><td></td><td>冬至</td><td>小寒</td><td></td><td>大寒</td><td>立春</td><td></td><td>雨水</td><td>惊蛰</td><td></td><td>春分</td><td>清明</td><td></td><td>谷雨</td><td>立夏</td><td></td><td>小满</td><td>芒种</td></tr>
<tr><td>生育期</td><td colspan="2">播种期</td><td colspan="2">出苗至
3 叶期</td><td colspan="3">冬前分蘖期</td><td colspan="8">越冬期</td><td>返青期</td><td colspan="2">起身期</td><td colspan="2">拔节期</td><td colspan="2">抽穗开花期</td><td colspan="2">灌浆期</td><td>成熟
期</td></tr>
<tr><td>主攻
目标</td><td colspan="4">苗全、苗匀
苗齐、苗壮</td><td colspan="3">促根增蘖
培育壮苗</td><td colspan="8">保苗安全
越冬</td><td>促苗早
发稳长</td><td colspan="2">蹲苗
壮蘖</td><td colspan="2">促大蘖
成穗</td><td colspan="2">保花
增粒</td><td colspan="2">养根护叶
增粒增重</td><td>丰产
丰收</td></tr>
<tr><td>播前
准备</td><td colspan="26">品种选择：抗逆、稳产、冬性或半冬性品种
种子处理：做好种子发芽试验、种子包衣或药剂拌种。防治地下害虫和土传病害
旋耕整地：播前旋耕深度要求 12 厘米以上
施足底肥：增施有机肥，秸秆粉碎还田，秸秆长度 10 厘米以下。配方施肥，每亩施氮素 7～8 千克、五氧化二磷 6～8 千克、氧化钾3～5 千克</td></tr>
<tr><td>精细
播种</td><td colspan="26">播种期：9 月下旬至 10 月上旬，日均温 16～18℃时适墒播种，播深 4～5 厘米
播种量：按亩基本苗 20 万～25 万确定播量，适期后播种，每推迟 1 天，亩增播量 0.5 千克
播种方式：机械条播，播后机械镇压</td></tr>
<tr><td>冬前
管理</td><td colspan="26">培育壮苗：冬前单株分蘖 2～3 个，每亩总茎数 60 万～80 万
化学除草：播后及苗期机械喷施除草剂
冬前镇压：机械镇压，踏实土壤，弥实裂缝，保墒防冻</td></tr>
</table>

（续）

春季管理	早春镇压：根据镇压器机型采用25马力以上动力机械镇压，踏实土壤，保持土壤墒情，促苗早发稳长 开沟追肥：返青期机械趁墒开沟追肥或趁雨追肥，每亩追肥氮素3～5千克 机械喷防：及时监测，机械喷防，重点防治白粉病、吸浆虫、蚜虫和杂草
后期管理	一喷三防：机械喷防，防病、防虫、防早衰（干热风） 适时收获：籽粒蜡熟末期，联合收割机收获，躲避“烂场雨”，防止穗发芽
规模及效益	目标产量：亩产380千克。亩均纯收益：168元。农户适度经营规模292亩 100～200亩：推荐配置60马力拖拉机1台，播种机1台、秸秆还田机1台、旋耕机1台、圆盘耙1台、镇压器1台、收割机1台及喷药机械等共8台（套） 200～500亩：推荐配置60马力拖拉机1台，播种机1台、秸秆还田机1台、旋耕机1台、圆盘耙1台、镇压器1台、收割机1台及喷药机械等共8台（套） 500～2 000亩：推荐配置80～90马力拖拉机2台，35马力以上拖拉机1台；与80～90马力拖拉机配套的旋耕机2台、秸秆还田机2台、播种机2台；与35马力拖拉机配套的播种机、圆盘耙、镇压器及喷药机械各1台，90马力以上联合收割机1台，共14台（套） 2 000～5 000亩：推荐配置80～90马力拖拉机3台，35马力拖拉机2台；与80～90马力拖拉机配套的秸秆还田机3台、旋耕机3台、播种机3台；与35马力配套的播种机、圆盘耙、镇压器及喷药机械各2台；90马力以上联合收割机2台，共24台（套） 5 000亩以上：推荐配置100马力拖拉机3台以上，与100马力以上拖拉机配套的秸秆还田机3台以上、旋耕机3台以上、播种机3台以上；35马力拖拉机2台以上，与之配套的播种机、圆盘耙、镇压器及喷药机械各2台；100马力以上的收割机3台以上，共25台（套）以上

5 000 亩以上：推荐配置农机具 25 台（套）以上。其中，100 马力拖拉机 3 台以上，与 100 马力以上拖拉机配套的秸秆还田机 3 台以上、旋耕机 3 台以上、播种机 3 台以上；配套 35 马力拖拉机 2 台以上，与之配套的播种机、圆盘耙、镇压器及喷药机械各 2 台；100 马力以上收割机 3 台以上。

（编制专家：赵广才　朱新开　王法宏　周继泽　李洪文）

(一) 黄淮海中南部夏玉米区

黄淮海中南部夏玉米区包括河南、山东、安徽和江苏的全部夏播玉米区，河北的衡水、邯郸和邢台夏玉米区，山西晋中南夏玉米区，以及陕西关中夏玉米区。该区域近年玉米种植面积约1.6亿亩，占全国玉米播种面积的30%左右。主要种植模式为冬小麦—夏玉米一年两熟。夏玉米一般在6月上中旬收获上茬小麦后播种，9月底至10月初收获，夏玉米全生育期110天左右。大部分地区雨热同步，利于夏玉米生长和发育。影响该区域高产的主要因素：一是砂姜黑土等黏质土壤面积大，耕层浅，土壤紧实通透性差；二是部分地区积温不足，存在一定面积的麦田套种模式，限制种植密度的提高，易发生粗缩病，且群体整齐度差；三是玉米生长期间旱、涝灾害多，中后期高温高湿，易发生病害和倒伏；四是阴雨寡照天气和高温热害对玉米生长发育不利，特别是玉米开花授粉期间，对授粉结实影响较大；五是玉米普遍收获偏早，影响籽粒产量和品质；六是机械化作业水平低，劳动强度大；七是玉米田间管理粗放，实用增产技术到位率低。此外，生产中还普遍存在种植密度不足、播种质量差、群体整齐度低、籽粒成熟度差、肥料利用率低等问题。

黄淮海中南部夏玉米贴茬精播合理保灌技术模式（模式1）

高产、耐密优良品种＋适宜单粒精播种子＋贴茬精量直播＋合理保灌＋化肥机械深施＋适时机械晚收

——预期目标产量　通过推广该技术模式，玉米平均亩产达到600千克。

——关键技术路线

选用高产、耐密、多抗品种：根据当地自然生态条件，选择熟期适宜、耐密抗倒、高产稳产、抗逆性强的优良玉米品种。

使用优质种子：在选用优良品种的基础上，选购和使用发芽率高、活力强、适宜单粒精量播种的优质种子，要求种子发芽率最好≥95%，同时必须为包衣种子。

麦茬及秸秆处理：如前茬小麦秸秆量大或割茬太高，播前用80马力拖拉机及配套秸秆粉碎机械进行秸秆处理。

抢早贴茬机械精量点播：前茬小麦收获后尽早播种夏玉米，适播期一般为6月上中旬。采用25马力以上拖拉机配套单粒精量点播机进行贴茬精量直播，等行距，行距60厘米，播深5厘米左右。若土壤墒情不足，可先播种，播后及时补浇“蒙头水”。亩保苗4 500株左右，耐密性好的品种可适当提高密度。以密度定播量，播种的种子粒数应比确定的适宜留苗密度多10%～15%。粗缩病重发区可根据情况调整播期。

化学除草：播后苗前，土壤墒情适宜时或浇完“蒙头水”后用40%乙阿合剂或48%丁草胺·莠去津、50%乙草胺等除草剂对水后进行封闭除草。也可在玉米出苗后用48%丁草胺·莠去津或4%烟嘧磺隆等除草剂对水后进行苗后除草。不重喷、不漏喷，并注意用药安全。

科学施肥，化肥机械深施：测土配方平衡施肥，施肥量根据产量目标和土壤肥力等确定。在秸秆还田前提下以施氮肥为主，配合一定数量的钾肥（硫酸钾），并补施适量微肥。采取“一底一追”方式，其中1/3氮肥和全部的钾肥、微肥作为底肥在播种时侧深施，与种子分开，防止烧种和烧苗；其余2/3氮肥于小喇叭口期（9叶展）前后，机械侧深施（深度10厘米左右）。花粒期，可根据植株长势适量补施氮肥。如采用一次性底施的施肥方式，须选用长效缓释肥。

旱灌涝排：如播种时土壤墒情不足，播后及时补浇“蒙头水”。苗期如遇暴雨积水，要及时排水；孕穗至灌浆期如遇旱，应及时灌溉，避免因干旱严重减产。

病虫害防治：播后苗前，结合土壤封闭除草喷洒杀虫杀卵剂，杀灭麦茬上的二点委夜蛾、灰飞虱、蓟马、麦秆蝇等残留害虫。及时防治黏虫、玉米螟、锈病以及叶斑病等病虫害。

机械收获，适时晚收：在不耽误下茬小麦播种的情况下，应尽量晚收。待夏玉米籽粒乳线消失时，用40马力以上收获机械进行果穗收获。

——成本效益分析

目标产量收益：以亩产600千克、价格2.24元/千克计算，合计1 344元。

亩均成本投入：953元。

黄淮海中南部夏玉米贴茬精播合理保灌技术模式图（模式1）

月份（旬）	6月			7月			8月			9月			10月		
	上旬	中旬	下旬	上旬	中旬	下旬	上旬	中旬	下旬	上旬	中旬	下旬	上旬	中旬	下旬
节气	芒种		夏至	小暑		大暑	立秋		处暑	白露		秋分	寒露		霜降
生育期	播种萌发期	出苗至3叶期		拔节期	大喇叭口期		抽雄、吐丝期	灌浆期				成熟期			
主攻目标	适时早播机械贴茬直播	苗全、苗齐、苗匀、苗壮		加强管理，促叶壮秆、促大穗			提高结实率、防叶片早衰，保粒数、增粒重						丰产丰收		
播前准备	品种选择：选择熟期适宜、耐密抗倒、高产稳产，特别是耐阴性强的优良玉米品种 精选种子：在选用优良品种的基础上，选择发芽率高、活力强的优质种子，要求种子发芽率最好≥95%，同时必须为包衣种子 麦茬及秸秆处理：如前茬小麦秸秆量大或割茬太高，玉米播前用80马力拖拉机及配套秸秆粉碎机械进行秸秆处理														
精细播种	播种时期：前茬小麦收获后尽早播种夏玉米，适播期一般为6月上中旬。粗缩病重发区可根据情况调整播期，以避开灰飞虱高发期。播种同时进行播种沟镇压 播种方式：采用单粒精量播种机进行免耕贴茬精量播种，行距60厘米，适宜播深5厘米左右。做到深浅一致、行距一致、覆土一致、镇压一致，防止漏播或重播 种植密度：亩保苗4 500株左右，耐密性好的品种密度可适度提高。以密度定播量，播种的种籽粒数应比确定的适宜留苗密度多10%～15% 施用底肥：夏玉米免耕播种机一般都带有施肥装置，可在播种的同时将1/3的氮肥和全部的钾肥、微肥作为底肥侧深施，与种子分开，防止烧种和烧苗 化学除草：播后苗前，土壤墒情适宜时或浇完“蒙头水”后，用40%乙阿合剂或48%丁草胺·莠去津、50%乙草胺等除草剂，对水后进行封闭除草（也可结合土壤封闭除草喷洒杀虫杀卵剂，杀灭麦茬上的二点委夜蛾、灰飞虱、蓟马、麦秆蝇等残留害虫）														

（续）

苗期管理	浇“蒙头水”：为提早播种，若土壤墒情不足也可采取先播种、后浇“蒙头水”的灌溉方式，以保证底墒充足、种子尽早萌发和一播全苗 化学除草：未进行土壤封闭除草或封闭除草失败的田块，可在出苗后用48%丁草胺·莠去津或4%烟嘧磺隆等对水后进行苗后除草。不重喷、不漏喷，并注意用药安全 防治病虫害：幼苗4～5叶期，用25%三唑酮可湿性粉剂1 500倍液或50%多菌灵500～800倍液叶面喷雾，预防和控制褐斑病。防治黏虫可用灭幼脲和杀灭菊酯乳油等喷雾，防治蓟马可用10%吡虫啉或40%氧化乐果乳油喷雾
穗期管理	追施穗肥：小喇叭口期（9叶展）前后，将剩余氮肥在距植株10厘米左右处开沟深施（深度10厘米左右） 遇旱灌溉：根据天气情况和土壤墒情灵活灌溉，防止“卡脖旱” 防治玉米螟：大喇叭口期，用1%辛硫磷或3%甲·甲磷等颗粒型触杀剂进行灌心防治，一般每亩用药1～2千克。有条件的地方可释放赤眼蜂进行生物防治 化控防倒：密度较大、生长过旺、倒伏风险较大等易倒伏地块和地区，在玉米7～11展叶期喷施化控药剂预防倒伏。密度合理、生长正常的田块不宜使用化控剂
花粒期管理	补施粒肥：抽雄至吐丝期，根据植株长势适量补施氮肥，在距植株10厘米左右处开沟深施（深度10厘米左右） 及时浇水：开花和灌浆期如遇旱应及时浇水，保障正常授粉与结实
适时机收	根据籽粒灌浆进程及籽粒乳线情况，在不严重影响下茬小麦播种的情况下尽量晚收。在10月10日前，用40马力以上收获机械完成果穗收获
规模及收益	目标产量：亩产600千克。亩均纯收益：391元。农户适度经营规模63亩 50～200亩：推荐配置25马力拖拉机1台，播种机1台、中耕机1台及喷药机械等配套农机具1～2台（套） 200～300亩：推荐配置25马力拖拉机1台，播种机1台、40马力收割机1台、中耕机1台及喷药机械等配套农机具3台（套） 300～500亩：推荐配置25或40马力拖拉机1台，播种机1台、40马力收割机1台或80马力收获机1台、中耕机1台及喷药机械等配套农机具5台（套） 500～2 000亩：推荐配置80～100马力拖拉机1～2台，播种机1台、80～100马力收割机1～2台、中耕机1台及喷药机械等配套农机具5～7台（套） 2 000～5 000亩：推荐配置80～120马力拖拉机2～3台，播种机2台、100马力以上收割机2～3台、中耕机2台及喷药机械等配套农机具9～11台（套） 5 000亩以上：推荐配置80～120马力拖拉机4台，播种机3台、100马力以上收割机4台、中耕机3台及喷药机械等配套农机具15台（套）

亩均纯收益：391 元。

适度经营规模面积：63 亩。

——可供选择的常见经营规模推荐农机配置

50～200 亩：推荐配置 25 马力拖拉机 1 台，播种机 1 台、中耕机 1 台及喷药机械等配套农机具 1～2 台（套）。

200～300 亩：推荐配置 25 马力拖拉机 1 台，播种机 1 台、40 马力收割机 1 台、中耕机 1 台及喷药机械等配套农机具 3 台（套）。

300～500 亩：推荐配置 25 或 40 马力拖拉机 1 台，播种机 1 台、40 马力收割机 1 台或 80 马力收割机 1 台、中耕机 1 台及喷药机械等配套农机具 5 台（套）。

500～2 000 亩：推荐配置 80～100 马力拖拉机 1～2 台，播种机 1 台、80～100 马力收割机 1～2 台、中耕机 1 台及喷药机械等配套农机具 5～7 台（套）。

2 000～5 000 亩：推荐配置 80～120 马力拖拉机 2～3 台，播种机 2 台、100 马力以上收割机 2～3 台、中耕机 2 台及喷药机械等配套农机具 9～11 台（套）。

5 000 亩以上：推荐配置 80～120 马力拖拉机 4 台，播种机 3 台、100 马力以上收割机 4 台、中耕机 3 台及喷药机械等配套农机具 15 台（套）。

（编制专家：赵久然　董树亭　李潮海　张东兴
程备久　王荣焕　陆卫平　马兴林）

黄淮海中南部夏玉米贴茬精播雨养旱作技术模式（模式 2）

耐旱稳产优良品种＋适宜单粒精播种子＋贴茬直播＋雨养旱作＋化肥机械深施＋适时机械晚收

——预期目标产量　通过推广该技术模式，玉米平均亩产达到 450 千克。

——关键技术路线

选用高产稳产、耐旱优良品种：根据当地自然生态条件，选择中早熟、耐旱稳产的优良玉米品种。

使用优质种子：在选用优良品种的基础上，选购和使用发芽率高、活力强、适宜单粒精量播种的优质种子，要求种子发芽率最好≥95％，同时必须为包衣种子。

麦茬及秸秆处理：如前茬小麦秸秆量大或割茬太高，播前用 80 马力拖拉机及配套秸秆粉碎机械进行秸秆处理。

抢早贴茬机械直播：前茬小麦收获后，因墒抢早播种夏玉米，适播期一般为6月上中旬。采用25马力以上拖拉机配套单粒播种机械贴茬直播，等行距，行距60厘米，播深5～7厘米左右。可采取等雨适墒播种，或根据天气预报如在短期内有透雨，也可干墒播种，播后等雨出苗。亩保苗4 000株左右，耐密性好的品种密度可适度提高。以密度定播量，采用精量播种的种子粒数应比确定的适宜留苗密度多10%～15%。粗缩病重发区可根据情况调整播期。

化学除草：播后苗前，土壤墒情适宜时用40%乙阿合剂或48%丁草胺·莠去津、50%乙草胺等除草剂，对水后进行封闭除草。也可在玉米出苗后用48%丁草胺·莠去津或4%烟嘧磺隆等除草剂对水后进行苗后除草。不重喷、不漏喷，并注意用药安全。

科学施肥，化肥机械深施：测土配方平衡施肥，施肥量根据产量目标和土壤肥力等确定。在秸秆还田前提下以施氮肥为主，配合一定数量的钾肥（硫酸钾），并补施适量微肥。采取“一底一追”方式，其中1/3氮肥和全部的钾肥、微肥作为底肥在播种时侧深施，与种子分开，防止烧种和烧苗；其余2/3氮肥于小喇叭口期（9叶展）前后，机械侧深施（深度10厘米左右）。花粒期，可根据植株长势适量补施氮肥。如采用一次性底施的施肥方式，须选用长效缓释肥。

病虫害防治：播后苗前，结合土壤封闭除草喷洒杀虫杀卵剂，杀灭麦茬上的二点委夜蛾、灰飞虱、蓟马、麦秆蝇等残留害虫。及时防治黏虫、玉米螟、锈病以及叶斑病等病虫害。

机械收获，适时晚收：在不耽误下茬小麦播种的情况下，应尽量晚收。待夏玉米籽粒乳线消失时，用40马力以上收获机械进行果穗收获。

——成本效益分析

目标产量收益：以亩产450千克、价格2.24元/千克计算，合计1 008元。

亩均成本投入：743元。

亩均纯收益：265元。

适度经营规模面积：93亩。

——可供选择的常见经营规模推荐机械配置

50～200亩：推荐配置25马力拖拉机1台，播种机1台、中耕机1台及喷药机械等配套农机具1～2台（套）。

200～300亩：推荐配置25马力拖拉机1台，播种机1台、40马力收割机1台、中耕机1台及喷药机械等配套农机具3台（套）。

300～500亩：推荐配置25马力或40马力拖拉机1台，播种机1台、40马力收割机1台或80马力收割机1台、中耕机1台及喷药机械等配套农机具5台（套）。

500～2 000亩：推荐配置80～100马力拖拉机1～2台，播种机1台、80～

黄淮海中南部夏玉米贴茬精播雨养旱作技术模式（模式2）

月份（旬）	5月	6月			7月			8月			9月			10月	
	下旬	上旬	中旬	下旬	上旬	中旬	下旬	上旬	中旬	下旬	上旬	中旬	下旬	上旬	中旬
节气	小满	芒种		夏至	小暑		大暑	立秋		处暑	白露		秋分	寒露	
生育期		播种萌发期		出苗	3叶期	拔节期	大喇叭口期	抽雄、吐丝期	灌浆期					成熟期	
主攻目标		抢墒抢时机械贴茬直播		促进根系生长，培育壮苗，苗全、苗齐、苗匀、苗壮			促叶、壮秆、防倒、扩穗		保叶护根，防倒防衰，保粒数、增粒重，正常成熟					丰产丰收	
播前准备	品种选择：根据当地自然生态条件，选择中早熟、耐旱稳产的优良玉米品种 精选种子：在选用优良品种的基础上，选择发芽率高、活力强的优质种子，要求种子发芽率最好≥95%，同时必须为包衣种子 麦茬及秸秆处理：如前茬小麦秸秆量大或割茬太高，玉米播前用80马力拖拉机及配套秸秆粉碎机械进行秸秆处理														
精细播种	播种时期：前茬小麦收获后尽早播种夏玉米，适播期一般为6月上中旬。若土壤墒情不足，可采取等雨适墒播种，或根据天气预报如在短期内有透雨，也可干墒播种，播后等雨出苗。粗缩病重发区可根据情况调整播期 播种方式：采用25马力以上拖拉机配套单粒播种机械贴茬直播，60厘米等行距种植，播深5～7厘米左右 种植密度：保证亩保苗4 000株左右，耐密性好的品种密度可适度提高。以密度定播量，采用精量播种的种籽粒数应比确定的适宜留苗密度多10%～15% 施用底肥：在播种的同时，将1/3的氮肥和全部的钾肥、微肥作为种肥侧深施，做到种、肥分开，防止烧种和烧苗 化学除草：播后苗前，土壤墒情适宜时用40%乙阿合剂或48%丁草胺·莠去津、50%乙草胺等除草剂，对水后进行封闭除草（也可结合土壤封闭除草喷洒杀虫杀卵剂，杀灭麦茬上的二点委夜蛾、灰飞虱、蓟马、麦秆蝇等残留害虫）														
苗期管理	化学除草：未进行土壤封闭除草或封闭除草失败的田块，可在玉米出苗后土壤墒情适宜时用48%丁草胺·莠去津或4%烟嘧磺隆等除草剂对水后进行苗后除草。不重喷、不漏喷，注意用药安全 病虫防治：选用烟碱类杀虫剂喷雾防治灰飞虱、蓟马，选用甲氨基阿维菌素苯甲酸盐或菊酯类杀虫剂喷雾防治棉铃虫、黏虫、甜菜夜蛾等害虫。褐斑病常发地块选用三唑酮或苯醚甲环唑在3～5叶期连续喷2次，每次间隔7～10天														

（续）

穗期管理	追施穗肥：小喇叭口期（9叶展）前后，将剩余氮肥在距植株10厘米左右处进行开沟深施（深度10厘米左右） 病虫防治：选用百菌清、农用链霉素等喷雾防治顶腐病和细菌性茎腐病；丙环唑等喷雾防治后期叶斑病；辛硫磷、毒死蜱或Bt等颗粒剂施入喇叭口内防治玉米螟 化控防倒：密度较大、生长过旺、倒伏风险较大等易倒伏地块和地区，在玉米7～11展叶期喷施化控药剂预防倒伏。密度合理、生长正常的田块不宜使用化控剂
花粒期管理	补施粒肥：抽雄至吐丝期，对有脱肥早衰趋势的田块适量补施氮肥，在距植株10厘米左右处开沟深施（深度10厘米左右）
适时机收	在不影响下茬小麦播种的情况下尽量晚收，玉米生理成熟（籽粒乳线消失）为最佳收获期，用40马力以上收获机械进行果穗收获
规模及收益	目标产量：亩产450千克。亩均纯收益：265元。农户适度经营规模93亩 50～200亩：推荐配置25马力拖拉机1台，播种机1台、中耕机1台及喷药机械等配套农机具1～2台（套） 200～300亩：推荐配置25马力拖拉机1台，播种机1台、40马力收割机1台、中耕机1台及喷药机械等配套农机具3台（套） 300～500亩：推荐配置25或40马力拖拉机1台，播种机1台、40马力收割机1台或80马力收获机1台、中耕机1台及喷药机械等配套农机具5台（套） 500～2 000亩：推荐配置80～100马力拖拉机1～2台，播种机1台、80～100马力收割机1～2台、中耕机1台及喷药机械等配套农机具5～7台（套） 2 000～5 000亩：推荐配置80～120马力拖拉机2～3台，播种机2台、100马力以上收割机2～3台、中耕机2台及喷药机械等配套农机具9～11台（套） 5 000亩以上：推荐配置80～120马力拖拉机4台，播种机3台、100马力以上收割机4台、中耕机3台及喷药机械等配套农机具15台（套）

100 马力收割机 1～2 台、中耕机 1 台及喷药机械等配套农机具 5～7 台（套）。

2 000～5 000 亩：推荐配置 80～120 马力拖拉机 2～3 台，播种机 2 台、100 马力以上收割机 2～3 台、中耕机 2 台及喷药机械等配套农机具 9～11 台（套）。

5 000 亩以上：推荐配置 80～120 马力拖拉机 4 台，播种机 3 台、100 马力以上收割机 4 台、中耕机 3 台及喷药机械等配套农机具 15 台（套）。

（编制专家：赵久然　董树亭　李潮海　张东兴　程备久　王荣焕　陆卫平　马兴林）

（二）黄淮海北部夏玉米区

黄淮海北部夏玉米区包括河北省的石家庄、保定、沧州、廊坊和唐山夏玉米区，以及北京市和天津市的夏玉米区。主要种植模式为冬小麦—夏玉米一年两熟。夏玉米一般在 6 月中旬收获上茬小麦后播种，9 月底至 10 月初收获，夏玉米全生育期 100 天左右。

影响该区域高产的突出问题：一是积温偏少，热量资源紧张，越靠北部越突出，需要更早熟的玉米品种；二是降雨量较少，水资源紧缺，已有较大区域形成地下水大漏斗，灌溉成本增高，需要高产耐旱节水型玉米品种；三是随着外出务工人员不断增多，劳动力资源紧张且成本高，玉米种植效益较低。此外，高温干旱、风灾倒伏、阴雨寡照等气象灾害频发，且病虫害较重，生产中还普遍存在种植密度低，播种质量、群体整齐度和籽粒成熟度差，肥料利用率低等问题。

黄淮海北部夏玉米贴茬抢早精播合理保灌技术模式（模式 1）

中早熟耐密优良品种＋适宜单粒精播种子＋抢早贴茬精量直播＋合理保灌＋化肥深施＋适时机械晚收

——预期目标产量　通过推广该技术模式，玉米平均亩产达到 550 千克。

——关键技术路线

选用中早熟耐密优良品种：选择中早熟、耐密抗倒、丰产稳产、抗逆性强的优良玉米品种。

使用优质种子：在选用优良品种的基础上，选购和使用发芽率高、活力强、适宜单粒精量播种的优质种子，要求种子发芽率最好≥95%，同时必须为包衣种子。

麦茬及秸秆处理：如前茬小麦秸秆量大或割茬太高，播前用 80 马力拖拉机及配套秸秆粉碎机械进行秸秆处理。

抢早贴茬机械直播：前茬小麦收获后尽早播种夏玉米，适播期一般为 6 月中旬，争取 6 月 20 日前完成播种。采用 25 马力以上拖拉机配套单粒精量点播机进行贴茬精量播种，等行距，行距 60 厘米，播深 5 厘米左右。若土壤墒情不足，可先播种，播后及时补浇“蒙头水”。亩保苗 4 500 株左右，耐密性好的品种可适当提高密度。以密度定播量，采用精量播种的种子粒数应比确定的适宜留苗密度多 10%～15%。粗缩病重发区可根据情况调整播期。

化学除草：播后苗前，土壤墒情适宜时用 40%乙阿合剂或 48%丁草胺·莠去津、50%乙草胺等除草剂，对水后进行封闭除草。也可在玉米出苗后用 48%丁草胺·莠去津或 4%烟嘧磺隆等除草剂对水后进行苗后除草。不重喷、不漏喷，并注意用药安全。

化肥机械深施：根据产量目标和土壤肥力等测土配方施肥。在秸秆还田前提下以施氮肥为主，配合一定数量的钾肥（硫酸钾），并补施适量微肥。采取“一底一追”方式，其中 1/3 氮肥和全部的钾肥、微肥作为底肥在播种时侧深施，与种子分开，防止烧种和烧苗；其余 2/3 氮肥于小喇叭口期（9 叶展）前后，机械侧深施（深度 10 厘米左右）。花粒期，可根据植株长势适量补施氮肥。如采用一次性底施的施肥方式，须选用长效缓释肥。

旱灌涝排：如播种时土壤墒情不足，播后及时补浇“蒙头水”。苗期如遇暴雨积水，要及时排水；孕穗至灌浆期如遇旱，应及时灌溉，避免因干旱严重减产。

病虫害防治：播后苗前，结合土壤封闭除草喷洒杀虫杀卵剂，杀灭麦茬上的二点委夜蛾、灰飞虱、蓟马、麦秆蝇等残留害虫。及时防治黏虫、玉米螟、锈病以及叶斑病等病虫害。

机械收获，适时晚收：在不耽误下茬小麦播种的情况下，根据籽粒灌浆进程及乳线进度尽量晚收。在 10 月 8 日之前，用 40 马力以上收获机械完成果穗收获。

——成本效益分析

目标产量收益：以亩产 550 千克、价格 2.24 元/千克计算，合计 1 232 元。

亩均成本投入：923 元。

亩均纯收益：309 元。

适度经营规模面积：79 亩。

——可供选择的常见经营规模推荐机械配置

黄淮海北部夏玉米贴茬抢早精播合理保灌技术模式（模式1）

月份（旬）	6月			7月			8月			9月			10月		
	上旬	中旬	下旬	上旬	中旬	下旬	上旬	中旬	下旬	上旬	中旬	下旬	上旬	中旬	下旬
节气	芒种		夏至	小暑		大暑	立秋		处暑	白露		秋分	寒露		霜降
生育期		播种期	出苗至3叶期	拔节期	大喇叭口期		抽雄、吐丝期	灌浆期					成熟期		
主攻目标		苗全、苗齐、苗匀、苗壮		促叶壮秆、穗大粒多			提高结实率、防叶片早衰，保粒数、增粒重						丰产丰收		
播前准备	品种选择：选择中早熟、耐密抗倒、丰产稳产、抗逆性强的优良玉米品种 精选种子：在选用优良品种的基础上，选择发芽率高、活力强、适宜单粒精量播种的优质种子，要求种子发芽率最好≥95%，同时必须为包衣种子 麦茬及秸秆处理：小麦收获时，选用带秸秆粉碎和切抛装置的小麦收割机，小麦留茬高度不超过15厘米，秸秆粉碎长度不超过10厘米，粉碎后的小麦秸秆要抛撒均匀，不成垄或成堆。如前茬小麦秸秆量大或割茬太高，玉米播前用80马力拖拉机及配套秸秆粉碎机械进行秸秆处理														
精细播种	播种时期：前茬小麦收获后尽早播种夏玉米，适播期一般为6月中旬，争取6月20日前完成播种。若土壤墒情不足，为提早播种也可先播种，播后及时补浇“蒙头水” 播种方式：采用25马力以上拖拉机配套单粒精量点播机进行贴茬精量播种，等行距，行距60厘米，播深5厘米左右。防止漏播或重播 种植密度：保证亩保苗4 500株左右，耐密性好的品种可适当提高密度。以密度定播量，采用精量播种的种籽粒数应比确定的适宜留苗密度多10%～15% 施用底肥：夏玉米免耕播种机一般都带有施肥装置，可在播种的同时将1/3的氮肥和全部的钾肥、微肥作为种肥侧深施，与种子分开，防止烧种和烧苗 化学除草：播后苗前，土壤墒情适宜时或浇完“蒙头水”后，用40%乙阿合剂或48%丁草胺·莠去津、50%乙草胺等除草剂，对水后进行封闭除草（也可结合土壤封闭除草喷洒杀虫杀卵剂，杀灭麦茬上的二点委夜蛾、灰飞虱、蓟马、麦秆蝇等残留害虫）														

（续）

苗期管理	浇“蒙头水”：为提早播种，若土壤墒情不足也可采取先播种、后浇“蒙头水”的灌溉方式，以保证底墒充足、种子尽早萌发和一播全苗 化学除草：未进行土壤封闭除草或封闭除草失败的田块，可在玉米出苗后用48%丁草胺·莠去津或4%烟嘧磺隆等除草剂对水后进行苗后除草 防治病虫害：幼苗4～5叶期，用25%粉锈宁可湿性粉剂1 500倍液或50%多菌灵500～800倍液进行叶面喷雾，预防和防治褐斑病。防治黏虫可用灭幼脲和杀灭菊酯乳油等喷雾，防治蓟马可用10%吡虫啉或40%氧化乐果乳油喷雾
穗期管理	追施穗肥：小喇叭口期（9叶展）前后，将剩余氮肥在距植株10厘米左右处进行开沟深施（深度10厘米左右） 遇旱灌溉：根据天气情况和土壤墒情灵活灌溉，防止“卡脖旱” 防治玉米螟：大喇叭口期，用1%辛硫磷或3%广灭丹等颗粒型触杀剂进行灌心防治，一般每亩用药1～2千克。有条件的地方可释放赤眼蜂进行生物防治 化控防倒：密度较大、生长过旺、倒伏风险较大等地块和地区，在玉米7～11展叶期喷施化控药剂预防倒伏。密度合理、生长正常的田块不宜使用化控剂
花粒期管理	补施粒肥：抽雄至吐丝期，根据植株长势适量补施氮肥，在距植株10厘米左右处开沟深施（深度10厘米左右） 及时浇水：开花和灌浆期如遇旱应及时浇水，保障正常授粉与结实
适时机收	根据籽粒灌浆进程及籽粒乳线情况，在不影响下茬小麦播种的情况下尽量晚收。在10月8日之前，用40马力以上收获机械完成果穗收获
规模及收益	目标产量：亩产550千克。亩均纯收益：309元。农户适度经营规模79亩 50～200亩：推荐配置25马力拖拉机1台，播种机1台、中耕机1台及喷药机械等配套农机具1～2台（套） 200～300亩：推荐配置25马力拖拉机1台，播种机1台、40马力收割机1台、中耕机1台及喷药机械等配套农机具3台（套） 300～500亩：推荐配置25或40马力拖拉机1台，播种机1台、40马力收割机1台或80马力收获机1台、中耕机1台及喷药机械等配套农机具5台（套） 500～2 000亩：推荐配置80～100马力拖拉机1～2台，播种机1台、80～100马力收割机1～2台、中耕机1台及喷药机械等配套农机具5～7台（套） 2 000～5 000亩：推荐配置80～120马力拖拉机2～3台，播种机2台、100马力以上收割机2～3台、中耕机2台及喷药机械等配套农机具9～11台（套） 5 000亩以上：推荐配置80～120马力拖拉机4台，播种机3台、100马力以上收割机4台、中耕机3台及喷药机械等配套农机具15台（套）

50～200 亩：推荐配置 25 马力拖拉机 1 台，播种机 1 台、中耕机 1 台及喷药机械等配套农机具 1～2 台（套）。

200～300 亩：推荐配置 25 马力拖拉机 1 台，播种机 1 台、40 马力收割机 1 台、中耕机 1 台及喷药机械等配套农机具 3 台（套）。

300～500 亩：推荐配置 25 马力或 40 马力拖拉机 1 台，播种机 1 台、40 马力收割机 1 台或 80 马力收割机 1 台、中耕机 1 台及喷药机械等配套农机具 5 台（套）。

500～2 000 亩：推荐配置 80～100 马力拖拉机 1～2 台，播种机 1 台、80～100 马力收割机 1～2 台、中耕机 1 台及喷药机械等配套农机具 5～7 台（套）。

2 000～5 000 亩：推荐配置 80～120 马力拖拉机 2～3 台，播种机 2 台、100 马力以上收割机 2～3 台、中耕机 2 台及喷药机械等配套农机具 9～11 台（套）。

5 000 亩以上：推荐配置 80～120 马力拖拉机 4 台，播种机 3 台、100 马力以上收割机 4 台、中耕机 3 台及喷药机械等配套农机具 15 台（套）。

黄淮海北部夏玉米贴茬抢早精播雨养旱作技术模式（模式 2）

中早熟耐旱稳产优良品种＋适宜单粒精播种子＋抢早贴茬机械直播＋雨养旱作＋化肥深施＋适时机械晚收

——预期目标产量　通过推广该技术模式，玉米平均亩产达到 400 千克。

——关键技术路线

选用中早熟耐旱稳产优良品种：选择中早熟、耐旱节水、丰产稳产、抗逆性强的优良玉米品种。

使用优质种子：在选用优良品种的基础上，选购和使用发芽率高、活力强、适宜单粒精量播种的优质种子，种子发芽率最好≥95%，同时应为包衣种子。

麦茬及秸秆处理：如前茬小麦秸秆量大或割茬太高，播前用 80 马力拖拉机及配套秸秆粉碎机械进行秸秆处理。

抢早贴茬机械直播：前茬小麦收获后尽早播种夏玉米，适播期一般为 6 月中旬，争取 6 月 20 日前完成播种。采用 25 马力以上拖拉机配套单粒精量点播机进行贴茬精量播种，等行距，行距 60 厘米，播深 5～7 厘米左右。可采取等雨适墒播种，或根据天气预报如在短期内有透雨，也可干墒播种，播后等雨出苗。亩保苗 4 000 株左右，耐密性好的品种可适当提高密度。以密度定播量，采用精量播种的种子粒数应比确定的适宜留苗密度多 10%～15%。粗缩病重发区可根据情况调整播期。

化学除草：播后苗前，土壤墒情适宜时用40%乙阿合剂或48%丁草胺·莠去津、50%乙草胺等除草剂，对水后进行封闭除草。也可在玉米出苗后用48%丁草胺·莠去津或4%烟嘧磺隆等除草剂对水后进行苗后除草。不重喷、不漏喷，并注意用药安全。

化肥机械深施：测土配方平衡施肥，施肥量根据产量目标和土壤肥力等确定。在秸秆还田前提下以施氮肥为主，配合一定数量的钾肥（硫酸钾），并补施适量微肥。采取“一底一追”方式，其中1/3氮肥和全部的钾肥、微肥作为底肥在播种时侧深施，与种子分开，防止烧种和烧苗；其余2/3氮肥于小喇叭口期（9叶展）前后，机械侧深施（深度10厘米左右）。花粒期，可根据植株长势适量补施氮肥。如采用一次性底施的施肥方式，须选用长效缓释肥。

病虫害防治：播后苗前，结合土壤封闭除草喷洒杀虫杀卵剂，杀灭麦茬上的二点委夜蛾、灰飞虱、蓟马、麦秆蝇等残留害虫。及时防治黏虫、玉米螟、锈病以及叶斑病等病虫害。

机械收获，适时晚收：在不耽误下茬小麦播种的情况下，根据籽粒灌浆进程及乳线进度尽量晚收。在10月8日前，用40马力以上收获机械完成果穗收获。

——成本效益分析

目标产量收益：以亩产400千克、价格2.24元/千克计算，合计896元。

亩均成本投入：640元。

亩均纯收益：256元。

适度经营规模面积：96亩。

——可供选择的常见经营规模推荐机械配置

50～200亩：推荐配置25马力拖拉机1台，播种机1台、中耕机1台及喷药机械等配套农机具1～2台（套）。

200～300亩：推荐配置25马力拖拉机1台，播种机1台、40马力收割机1台、中耕机1台及喷药机械等配套农机具3台（套）。

300～500亩：推荐配置25马力或40马力拖拉机1台，播种机1台、40马力收割机1台或80马力收割机1台、中耕机1台及喷药机械等配套农机具5台（套）。

500～2 000亩：推荐配置80～100马力拖拉机1～2台，播种机1台、80～100马力收割机1～2台、中耕机1台及喷药机械等配套农机具5～7台（套）。

2 000～5 000亩：推荐配置80～120马力拖拉机2～3台，播种机2台、100马力以上收割机2～3台、中耕机2台及喷药机械等配套农机具9～11台（套）。

黄淮海北部夏玉米贴茬抢早精播雨养旱作技术模式图（模式 2）

月份（旬）	6月			7月			8月			9月			10月		
	上旬	中旬	下旬	上旬	中旬	下旬	上旬	中旬	下旬	上旬	中旬	下旬	上旬	中旬	下旬
节气	芒种		夏至	小暑		大暑	立秋		处暑	白露		秋分	寒露		霜降
生育期		播种期	出苗至3叶期	拔节期	大喇叭口期		抽雄、吐丝期	灌浆期					成熟期		
主攻目标		苗全、苗齐、苗匀、苗壮		促叶壮秆、穗大粒多			提高结实率、防叶片早衰，保粒数、增粒重						丰产、丰收		
播前准备	品种选择：选择熟期适宜、耐密、抗倒、耐旱节水、丰产稳产且耐阴性强的优良玉米品种 精选种子：在选用优良品种的基础上，选择发芽率高、活力强、适宜单粒精量播种的优质种子，要求种子发芽率最好≥95%，同时必须为包衣种子 麦茬及秸秆处理：如前茬小麦秸秆量大或割茬太高，玉米播前用 80 马力拖拉机及配套秸秆粉碎机械进行秸秆处理														
精细播种	播种时期：前茬小麦收获后尽早播种夏玉米，适播期一般为 6 月中旬，争取 6 月 20 日前完成播种。若土壤墒情不足，可采取等雨适墒播种，或根据天气预报如在短期内有透雨，也可干墒播种，播后等雨出苗 播种方式：采用 25 马力以上拖拉机配套单粒精量点播机进行贴茬精量播种，等行距，行距 60 厘米，播深 5～7 厘米左右 种植密度：保证亩保苗 4 000 株左右，耐密性好的品种密度可适当提高。以密度定播量，播种的种籽粒数应比确定的适宜留苗密度多 10%～15% 施用底肥：在播种的同时，将 1/3 的氮肥和全部的钾肥、微肥作为种肥侧深施，与种子分开，防止烧种和烧苗 化学除草：播后苗前，土壤墒情适宜时用 40%乙阿合剂或 48%丁草胺·莠去津、50%乙草胺等除草剂，对水后进行封闭除草（也可结合土壤封闭除草喷洒杀虫杀卵剂，杀灭麦茬上的二点委夜蛾、灰飞虱、蓟马、麦秆蝇等残留害虫）															

（续）

苗期管理	化学除草：未进行土壤封闭除草或封闭除草失败的田块，可在玉米出苗后用48%丁草胺·莠去津或4%烟嘧磺隆等除草剂对水后进行苗后除草。不重喷、不漏喷，并注意用药安全 防治病虫害：幼苗4～5叶期，用25%粉锈宁可湿性粉剂1 500倍液或50%多菌灵500～800倍液进行叶面喷雾，预防和防治褐斑病。防治黏虫可用灭幼脲和杀灭菊酯乳油等喷雾，防治蓟马可用10%吡虫啉或40%氧化乐果乳油喷雾
穗期管理	追施穗肥：小喇叭口期（9叶展）前后，将剩余氮肥在距植株10厘米左右处进行开沟深施（深度10厘米左右） 防治玉米螟：大喇叭口期，用1%辛硫磷或3%广灭丹等颗粒型触杀剂进行灌心防治，一般每亩用药1～2千克。有条件的地方可释放赤眼蜂进行生物防治 化控防倒：密度较大、生长过旺、倒伏风险较大等地块和地区，在玉米7～11展叶期喷施化控药剂预防倒伏。密度合理、生长正常的田块不宜使用化控剂
花粒期	补施粒肥：抽雄至吐丝期，根据植株长势适量补施氮肥，在距植株10厘米左右处开沟深施（深度10厘米左右）
适时机收	根据籽粒灌浆进程及籽粒乳线情况，在不影响下茬小麦播种的情况下尽量晚收。在10月8日前，用40马力以上收获机械完成果穗收获
规模及收益	目标产量：亩产400千克。亩均纯收益：256元。农户适度经营规模96亩 50～200亩：推荐配置25马力拖拉机1台，播种机1台、中耕机1台及喷药机械等配套农机具1～2台（套） 200～300亩：推荐配置25马力拖拉机1台，播种机1台、40马力收割机1台、中耕机1台及喷药机械等配套农机具3台（套） 300～500亩：推荐配置25或40马力拖拉机1台，播种机1台、40马力收割机1台或80马力收获机1台、中耕机1台及喷药机械等配套农机具5台（套） 500～2 000亩：推荐配置80～100马力拖拉机1～2台，播种机1台、80～100马力收割机1～2台、中耕机1台及喷药机械等配套农机具5～7台（套） 2 000～5 000亩：推荐配置80～120马力拖拉机2～3台，播种机2台、100马力以上收割机2～3台、中耕机2台及喷药机械等配套农机具9～11台（套） 5 000亩以上：推荐配置80～120马力拖拉机4台，播种机3台、100马力以上收割机4台、中耕机3台及喷药机械等配套农机具15台（套）

5 000 亩以上：推荐配置 80～120 马力拖拉机 4 台，播种机 3 台、100 马力以上收割机 4 台、中耕机 3 台及喷药机械等配套农机具 15 台（套）。

（编制专家：赵久然　董树亭　李潮海　张东兴　王荣焕　崔彦宏　王璞　董志强）

五、长江中下游水稻产区

（一）长江中下游双季早稻区

长江中下游双季早稻区包括湖南、江西、浙江、湖北东南部及安徽沿江及南部地区，主要种植模式为“冬闲田—稻—稻”、“绿肥—稻—稻”和少量的“油菜—稻—稻”一年两熟或三熟。2012 年该区域早稻种植面积 5 271 万亩、产量 202.5 亿千克，分别占全国早稻种植面积和产量的 61%左右，平均亩产 384 千克，与全国平均水平相当。该区域属亚热带季风气候，10℃以上活动积温 4 500～5 000℃，年降水量 1 000～1 500 毫米，无霜期 210～270 天。土壤类型以黄棕壤、黄褐土、红壤和水稻土为主。影响该区域早稻高产的制约因素：一是早春的低温冷害、阴雨寡照及夏季局部干旱、洪涝、高温等气象灾害发生频繁；二是水稻“两迁”害虫、稻瘟病、纹枯病等病虫害发生面积大、危害重；三是早稻收获和晚稻栽插之间只有 5 天左右的时间。特别是沿江及江北的双季稻最北缘地区，作物茬口更紧；四是机械化水平低，水稻机插率仅为 10%左右；五是早稻成熟期间的高温逼熟。

长江中下游双季早稻工厂化育秧机插技术模式（模式 1）

早熟品种＋工厂化育秧＋机插秧＋配方施肥＋间歇灌溉＋病虫害统防统治＋机械收获

——预期目标产量　通过推广该技术模式，早稻平均亩产达到 450 千克。

——关键技术路线

品种选择：选择生育期 110 天以内，苗期耐寒性好、感温性强、产量高、对稻瘟病抗性强、适合机械栽插的早熟品种。

工厂化育秧：用种子处理、催芽机催芽、播种机（线）精量播种、大棚内保温育秧，苗期以旱育为主，适时炼苗，培育出适合不同茬口机插的毯状秧，秧龄25天左右、4叶左右。每亩大田准备常规稻种子3.5千克或杂交稻种子2.5千克左右，准备秧盘25～30张，上年秋冬季准备好育秧盘、营养土。根据当地适宜栽插期确定播种期，分批次播种。

机械整地：用50～70马力四轮驱动拖拉机及配套机具耕整稻田，耕深15厘米左右，田面平整。根据土壤质地适当沉实。

高质量机插：根据茬口和品种特性选用行距为25厘米为主的插秧机，调整株距至13厘米左右，确保栽插密度在每亩2万穴以上；漏插率小于5.0%、伤秧率小于4.0%、均匀度合格率大于85.0%，力求浅插和不浮秧。

配方施肥：每亩施纯氮8～10千克，氮、磷（P_2O_5）、钾（K_2O）比例为1∶0.4∶0.6，基、蘖、穗氮肥比例为5∶3∶2，增施钾肥和硅肥，抽穗后看苗补施粒肥。

间歇灌溉：泥皮水栽插，遇低温灌深水护苗，立苗后露田，促蘖促早发；中期够苗分次搁田；抽穗期保持浅水层，后期湿润灌溉为主，收获前一周断水。

统防统治：重点把握秧田期和抽穗前后两个关键时期，根据病虫发生预报重点防治秧田立枯病和南方水稻黑条矮缩病、大田二化螟、稻飞虱、稻瘟病和纹枯病。在落实好绿色防控技术措施的基础上，对病虫害发生数量达到防控指标的稻田，组织专业化防治队伍，用自走式喷杆喷雾机、背负式机动喷雾机、高效宽幅远射程喷雾机等现代植保机械提高效率。

机械收获：在谷粒全部变硬、穗轴上干下黄、谷粒成熟度达到90%～95%时，用35马力以上的半喂入联合收割机或55马力以上的全喂入联合收割机收获。

——成本效益分析

目标产量收益：以亩产450千克、价格2.64元/千克计算，合计1 188元。

亩均成本投入：常规稻841元，杂交稻951元。

亩均纯收益：常规稻347元，杂交稻237元。

适度经营规模面积：常规稻106亩，杂交稻155亩。

——可供选择的常见经营规模推荐农机配置

50～100亩：推荐配置50马力拖拉机1台，旋耕机1台，15马力手扶拖拉机1台，播种机1台，插秧机1台，喷雾机3台。

100～300亩：推荐配置50～70马力拖拉机1台，旋耕机1台，15马力手扶拖拉机1台，播种机1台，高速插秧机1台，喷雾机3台，35马力以上的半

长江中下游双季早稻工厂化育秧机插技术模式图（模式1）

<table>
<tr><td colspan="2" rowspan="2">月份（旬）</td><td colspan="3">2月</td><td colspan="3">3月</td><td colspan="3">4月</td><td colspan="3">5月</td><td colspan="3">6月</td><td colspan="3">7月</td></tr>
<tr><td>上旬</td><td>中旬</td><td>下旬</td><td>上旬</td><td>中旬</td><td>下旬</td><td>上旬</td><td>中旬</td><td>下旬</td><td>上旬</td><td>中旬</td><td>下旬</td><td>上旬</td><td>中旬</td><td>下旬</td><td>上旬</td><td>中旬</td><td>下旬</td></tr>
<tr><td colspan="2">节气</td><td>立春</td><td></td><td>雨水</td><td>惊蛰</td><td></td><td>春分</td><td>清明</td><td></td><td>谷雨</td><td>立夏</td><td></td><td>小满</td><td>芒种</td><td></td><td>夏至</td><td>小暑</td><td></td><td>大暑</td></tr>
<tr><td colspan="2">生育时期</td><td colspan="18">育秧前准备　3月中下旬播种　秧田期25～30天　4月中旬移栽　有效分蘖4月下旬～5月上旬　5月中下旬拔节　拔节孕穗期　6月中下旬抽穗　灌浆结实期　7月中下旬成熟</td></tr>
<tr><td colspan="2">品种选择</td><td colspan="18">选择生育期适中，苗期耐低温、高产与晚稻生育期合理搭配的早稻早熟品种和组合</td></tr>
<tr><td colspan="2">产量构成</td><td colspan="18">常规稻亩有效穗数22万～24万，每穗粒数100～110，结实率85%以上，千粒重25～26克；杂交稻亩有效穗数：20万～22万，每穗粒数110～120，结实率80%以上，千粒重25～26克</td></tr>
<tr><td rowspan="3">播种育秧</td><td>浸种催芽</td><td colspan="18">用智能催芽机催芽。3月中下旬抢冷尾暖头播种。清水漂选法选种，25%咪鲜胺浸种24小时后直接催芽至露白播种</td></tr>
<tr><td>集中育秧</td><td colspan="18">工厂化育秧，钵形毯状机插秧盘，机械流水线播种。常规稻播100～120克/盘，杂交稻播80～100克/盘</td></tr>
<tr><td>秧苗管理</td><td colspan="18">工厂育秧播种后将秧盘堆放24小时保湿促发芽，摆入大棚后保持秧盘湿润；普通大棚育秧采取旱育秧。2叶1心开始根据气温变化揭膜通风炼苗；膜内温度保持在15～30℃，防烂秧和烧苗；加强苗期病虫害防治，重视立枯病防治，可用适乐时或敌克松喷洒。移栽前对秧苗进行一次药剂防治工作，做到带药栽插</td></tr>
<tr><td rowspan="2">适时栽插</td><td>整地</td><td colspan="18">用秸秆还田机械湿润旋耕整地。结合翻耕施有机肥和钙镁磷肥，移栽前1～2天浅水耙平，待泥土沉实后移栽。要求田面平整，落差不超过3厘米</td></tr>
<tr><td>移栽</td><td colspan="18">用钵形毯状秧苗、乘坐式高速窄行（25厘米或30厘米）插秧机（6行，15～20马力）机插。双季早稻秧龄18～22天。机插株距12厘米左右，种植密度2.2万～2.4万丛/亩</td></tr>
<tr><td>田间管理</td><td>精确施肥</td><td colspan="3">送嫁肥：移栽前看苗施每亩用尿素4～5千克</td><td colspan="3">基肥：亩施尿素约10千克，磷肥40～50千克，氯化钾7～8千克</td><td colspan="3">分蘖肥：亩施尿素5～6千克</td><td colspan="2">促花肥：亩施尿素约5千克，氯化钾7～8千克</td><td colspan="2">粒肥：亩施尿素2～3千克</td><td colspan="5">肥料运筹总体原则：中等肥力田块本田施肥量折合每亩施纯氮10～12千克，磷肥（P_2O_5）4～5千克，钾肥（K_2O）8～9千克。氮、磷、钾配比根据测土配方结果确定。有条件的地方适当增施有机肥和微量元素，减氮增钾</td></tr>
</table>

（续）

田间管理	水分管理	开沟机在分蘖中后期开沟搁田	浅水分蘖 → 搁田 → 湿 → 润 → 灌 → 溉		
	病虫防治	◆具体防治时间按照当地植保部门的病虫情报确定 ◆用足水量，以提高防治效果	移栽活棵分蘖后：施移栽稻除草剂可拌肥或者拌沙子撒施	分蘖末期—破口期：重点防治稻纵卷叶螟、二化螟、三化螟、稻飞虱、纹枯病，预防稻瘟病。每亩用40%毒死蜱100毫升加90%杀虫单70克加20%吡虫啉有效用量4～5克加10%真灵水乳剂120毫升对水50千克均匀喷雾。纹枯病：施井冈霉素等	抽穗期—灌浆初期：重点查治迁飞性的稻飞虱，每亩可选用25%阿克泰水分散粒剂3～4克加48%乐斯本80毫升对水60千克喷雾防治
适时收获		用带碎草装置的纵轴流履带式全喂入或半喂入联合收割机（45马力以上），在黄熟期适时收割，早稻留茬高度尽量不超过30厘米，损失率控制在2.5%以下			
规模及收益		目标产量：亩产450千克。亩均纯收益：常规稻347元，杂交稻237元。农户适度经营规模为常规稻106亩，杂交稻155亩 50～100亩：推荐配置50马力拖拉机1台，旋耕机1台，15马力手扶拖拉机1台，播种机1台，插秧机1台，喷雾机3台 100～300亩：推荐配置50～70马力拖拉机1台，旋耕机1台，15马力手扶拖拉机1台，播种机1台，高速插秧机1台，喷雾机3台，35马力以上的半喂入联合收割机或55马力以上的全喂入联合收割机1台 300～500亩：推荐配置50～70马力拖拉机1台，旋耕机1台，15马力手扶拖拉机2台，育秧设备1套，高速插秧机1台，喷雾机5台，35马力以上的半喂入联合收割机或55马力以上的全喂入联合收割机1台 500～2 000亩：推荐配置50～70马力拖拉机2台，旋耕机2台，15马力手扶拖拉机4台，育秧设备2套，高速插秧机2台，喷雾机10台，35马力以上的半喂入联合收割机和55马力以上的全喂入联合收割机各1台 2 000～5 000亩：推荐配置50～70马力拖拉机4台，旋耕机4台，15马力手扶拖拉机8台，育秧设备4套，高速插秧机4台以上，喷雾机20台，35马力以上的半喂入联合收割机和55马力以上的全喂入联合收割机各2台 5 000亩以上：推荐配置50～70马力拖拉机6台，旋耕机6台，15马力手扶拖拉机10台，育秧设备6套，高速插秧机6台以上，喷雾机20台，35马力以上的半喂入联合收割机和55马力以上的全喂入联合收割机各3台			

喂入联合收割机或55马力以上的全喂入联合收割机1台。

300～500亩：推荐配置50～70马力拖拉机1台，旋耕机1台，15马力手扶拖拉机2台，育秧设备1套，高速插秧机1台，喷雾机5台，35马力以上的半喂入联合收割机或55马力以上的全喂入联合收割机1台。

500～2 000亩：推荐配置50～70马力拖拉机2台，旋耕机2台，15马力手扶拖拉机4台，育秧设备2套，高速插秧机2台，喷雾机10台，35马力以上的半喂入联合收割机和55马力以上的全喂入联合收割机各1台。

2 000～5 000亩：推荐配置50～70马力拖拉机4台，旋耕机4台，15马力手扶拖拉机8台，育秧设备4套，高速插秧机4台以上，喷雾机20台，35马力以上的半喂入联合收割机和55马力以上的全喂入联合收割机各2台。

5 000亩以上：推荐配置50～70马力拖拉机6台，旋耕机6台，15马力手扶拖拉机10台，育秧设备6套，高速插秧机6台以上，喷雾机20台，35马力以上的半喂入联合收割机和55马力以上的全喂入联合收割机各3台。

长江中下游双季早稻保温育秧点抛技术模式（模式2）

早、中熟品种＋软盘保温育秧＋点抛秧＋配方施肥＋间歇灌溉＋病虫害统防统治＋机械收获

——预期目标产量　通过推广该技术模式，早稻平均亩产达到450千克。

——关键技术路线

品种选择：选择苗期耐低温、产量高、品质优、抗病虫、全生育期115天左右，能与晚稻生育期合理搭配，适合抛秧栽插的早中熟品种。

软盘育秧：提早准备好秧田，按每亩大田备足常规稻种子3.5千克或杂交稻种子2.0千克左右、规格434孔秧盘65～70张。3月20日至4月5日播种，浸种消毒后，保温保湿催芽至破胸露白均匀播种，播后盖土，盖膜保温，适时炼苗培育壮秧。

机械整地：用50～70马力的四轮驱动拖拉机及配套机具耕整稻田，耕深15厘米左右，田面平整。

均匀点抛：抛栽前4～5天，每亩秧田施尿素3～4千克作“送嫁”肥；秧龄25～30天或叶龄3.5～4.5叶，均匀点抛，拉绳拣秧分厢、补匀。

配方施肥：每亩施纯氮8～10千克，氮、磷（P_2O_5）、钾（K_2O）比例为1∶0.4∶0.6，基、蘖、穗氮肥比例为5∶3∶2，抽穗后看苗补施粒肥。

间歇灌溉：薄水抛栽，立苗活棵分蘖后，带水施用除草剂待自然落干，够苗前干干湿湿管水促根、促蘖，总苗数达有效穗80％时提前搁田控蘖，复水后

长江中下游双季早稻保温育秧点抛技术模式图（模式 2）

<table>
<tr><td colspan="2" rowspan="2">月份（旬）</td><td colspan="3">2 月</td><td colspan="3">3 月</td><td colspan="3">4 月</td><td colspan="3">5 月</td><td colspan="3">6 月</td><td colspan="3">7 月</td></tr>
<tr><td>上旬</td><td>中旬</td><td>下旬</td><td>上旬</td><td>中旬</td><td>下旬</td><td>上旬</td><td>中旬</td><td>下旬</td><td>上旬</td><td>中旬</td><td>下旬</td><td>上旬</td><td>中旬</td><td>下旬</td><td>上旬</td><td>中旬</td><td>下旬</td></tr>
<tr><td colspan="2">节气</td><td>立春</td><td></td><td>雨水</td><td>惊蛰</td><td></td><td>春分</td><td>清明</td><td></td><td>谷雨</td><td>立夏</td><td></td><td>小满</td><td>芒种</td><td></td><td>夏至</td><td>小暑</td><td></td><td>大暑</td></tr>
<tr><td colspan="2">生育时期</td><td colspan="18">育秧前准备　3 月中下旬播种　秧田期 20～25 天　4 月中旬移栽　有效分蘖 4 月下旬～5 月上旬　5 月中下旬拔节　拔节长穗期　6 月中下旬抽穗　灌浆结实期　7 月中下旬成熟</td></tr>
<tr><td colspan="2">品种选择</td><td colspan="18">选择生育期适中，苗期耐低温、高产与晚稻生育期合理搭配的早稻品种和组合</td></tr>
<tr><td colspan="2">产量构成</td><td colspan="18">常规稻亩有效穗数 22 万～24 万，每穗粒数 100～120 粒，结实率 85%以上，千粒重 25～26 克；杂交稻亩有效穗数 20 万～22 万，每穗粒数 120～130 粒，结实率 85%以上，千粒重 25～26 克</td></tr>
<tr><td rowspan="3">播种育秧</td><td>浸种催芽</td><td colspan="18">用智能催芽机催芽。3 月中下旬冷尾暖头播种。清水漂选法选种，25%咪鲜胺浸种 24 小时后直接催芽至露白播种</td></tr>
<tr><td>集中育秧</td><td colspan="18">按秧田、大田比 1∶20～30 留足秧田，一般每亩大田需净秧床 20～25 米^2；提前培肥苗床、播前 20 天精做秧床，施足基肥；亩大田备足拌种剂 1 千克，过筛营养土 30 千克；适期均匀播种旱育秧；杂交稻每亩大田用种量 2.0 千克，常规稻 3.5 千克，秧龄 20～25 天</td></tr>
<tr><td>秧苗管理</td><td colspan="18">播种后盖膜保墒，二叶一心揭膜通风炼苗，坚持旱育旱管。加强苗期病虫害防治，重视立枯病防治，可用适乐时或敌克松喷洒</td></tr>
<tr><td rowspan="2">适时栽插</td><td>整地</td><td colspan="18">用秸秆还田机械湿润旋耕整地。结合翻耕施有机肥和钙镁磷肥，移栽前 1～2 天浅水耙平，待泥土沉实后移栽。要求田面平整，落差不超过 3 厘米</td></tr>
<tr><td>移栽</td><td colspan="18">人工抛栽：点撒结合，均匀稀抛，亩抛 2.0 万～2.5 万丛，亩基本茎蘖苗 8 万～10 万</td></tr>
</table>

（续）

田间管理	精确施肥	送嫁肥：移栽前看苗施每亩用尿素4～5千克	基肥：亩施尿素约10千克，磷肥40～50千克，氯化钾7～8千克	分蘖肥：亩施尿素5～6千克	促花肥：亩施尿素约5千克，氯化钾7～8千克	粒肥：亩施尿素2～3千克	肥料运筹总体原则：中等肥力田块本田施肥量折合每亩施纯氮10～12千克，磷肥（P_2O_5）4～5千克，钾肥（K_2O）8～9千克。氮、磷、钾配比根据测土配方结果确定。有条件的地方适当增施有机肥和微量元素，减氮增钾
	水分管理	开沟机在分蘖中后期开沟搁田	浅水分蘖	搁田	湿	润	灌、溉
	病虫防治	◆具体防治时间按照当地植保部门的病虫情报确定 ◆用足水量，以提高防治效果	抛栽立苗活棵分蘖后：施移栽稻除草剂可拌肥或者拌沙子撒施	分蘖末期—破口期：重点防治稻纵卷叶螟、二化螟、三化螟、稻飞虱、纹枯病，预防稻瘟病。每亩用40%毒死蜱100毫升加90%杀虫单70克加20%吡虫啉有效用量4～5克加10%真灵水乳剂120毫升对水50千克均匀喷雾。纹枯病：施井冈霉素等			抽穗期—灌浆初期：重点查治迁飞性的稻飞虱，每亩可选用25%阿克泰水分散粒剂3～4克加48%乐斯本80毫升对水60千克喷雾防治
适时收获		用带碎草装置的纵轴流履带式全喂入或半喂入联合收割机（45马力以上），在黄熟期适时收割，早稻留茬高度尽量不超过30厘米，损失率控制在2.5%以下					
规模及收益		目标产量：亩产450千克。亩均纯收益：常规稻280元、杂交稻171元。农户适度经营规模为常规稻132亩，杂交稻215亩 50～100亩：推荐配置50马力拖拉机1台，旋耕机1台，15马力手扶拖拉机1台，喷雾机4台 100～300亩：推荐配置50～70马力拖拉机1台，旋耕机1台，15马力手扶拖拉机1台，育秧设备1套，喷雾机4台，35马力全喂入或半喂入收获机1台 300～500亩：推荐配置50～70马力拖拉机1台，旋耕机1台，15马力手扶拖拉机2台，育秧设备1套，喷雾机10台，35马力全喂入和半喂入以上收获机各1台					

间歇灌溉，抽穗期保持浅水层，收获前一周断水。

统防统治：重点防治二化螟、纹枯病、稻瘟病、稻纵卷叶螟、稻飞虱等迁飞性、流行性病虫害。在落实好绿色防控技术措施的基础上，根据病虫预报及时组织专业化防治队伍，用自走式喷杆喷雾机、背负式机动喷雾机、高效宽幅远射程喷雾机等现代植保机械提高效率。

机械收获：在谷粒全部变硬、穗轴上干下黄、谷粒成熟度达到90%～95%时，用45马力以上带碎草装置的纵轴流履带式全喂入或半喂入联合收割机收获，及时为晚稻腾茬。

——成本效益分析

目标产量收益：以亩产450千克、价格2.64元/千克计算，合计1 188元。

亩均成本投入：常规稻908元，杂交稻1 017元。

亩均纯收益：常规稻280元，杂交稻171元。

适度经营规模面积：常规稻132亩，杂交稻215亩。

——可供选择的常见经营规模推荐农机配置

50～100亩：推荐配置50马力拖拉机1台，旋耕机1台，15马力手扶拖拉机1台，喷雾机4台。

100～300亩：推荐配置50～70马力拖拉机1台，旋耕机1台，15马力手扶拖拉机1台，育秧设备1套，喷雾机4台，35马力喂入或半喂入收获机1台。

300～500亩：推荐配置50～70马力拖拉机1台，旋耕机1台，15马力手扶拖拉机2台，育秧设备1套，喷雾机10台，35马力全喂入和半喂入以上收获机各1台。

长江中下游双季早稻无盘旱育秧点抛技术模式（模式3）

早、中熟品种＋无盘旱育秧＋点抛秧＋配方施肥＋间歇灌溉＋病虫害统防统治＋机械收获

——预期目标产量　通过推广该技术模式，早稻平均亩产达到450千克。

——关键技术路线

品种选择：选择生育期110天左右、产量高、对稻瘟病抗性强的早中熟早稻品种。

集中旱育秧：每亩大田准备杂交稻种子2.0千克或常规稻种子3.5千克左右。种子处理、浸种后种衣剂包衣，精量播种，苗期以旱育为主，培育叶蘖基本同伸的长秧龄壮秧。上年秋冬季培肥苗床，提前20天整床。根据当地前茬

长江中下游双季早稻无盘旱育秧点抛技术模式图（模式3）

月份（旬）		3月			4月			5月			6月			7月			8月		
		上旬	中旬	下旬	上旬	中旬	下旬	上旬	中旬	下旬	上旬	中旬	下旬	上旬	中旬	下旬	上旬	中旬	下旬
节气		惊蛰		春分	清明		谷雨	立夏		小满	芒种		夏至	小暑		大暑	立秋		处暑
生育时期		3月下旬播种　秧田期30～35天　5月上旬抛栽　拔节长穗期　6月中下旬抽穗　灌浆结实期　7月中下旬成熟																	
品种选择		选择生育期适中，苗期耐低温、高产，秧龄弹性大，与晚稻生育期合理搭配的早稻品种和组合																	
产量构成		杂交稻亩有效穗数20万～22万，每穗粒数110～120粒，结实率85%以上，千粒重25～26克；常规稻亩有效穗数22万～24万，每穗粒数100～110粒，结实率85%以上，千粒重25～26克																	
播种育秧	浸种催芽	播前晒种、清水漂选法选种、浸泡后用种衣剂拌种																	
	集中育秧	按秧田、大田比1∶20～30留足秧田，一般每亩大田需净秧床20～25米^2；提前培肥苗床，播前20天精做秧床，施足基肥；亩大田备足拌种剂1千克，过筛营养土30千克；适期均匀播种旱育秧；每亩大田用种量杂交稻2.0千克，常规稻3.5千克。秧龄30～35天																	
	秧苗管理	播种后盖膜保墒，二叶一心揭膜通风炼苗，坚持旱育旱管。加强苗期病虫害防治，重视立枯病防治，可用适乐时或敌克松喷洒																	
适时栽插	整地	用秸秆还田机械湿润旋耕整地。结合翻耕施有机肥和钙镁磷肥，要求田面平整，落差不超过3厘米。抛栽前1～2天浅水耙平，浑水人工抛栽																	
	移栽	人工抛栽：点撒结合，均匀稀抛，亩抛2.5万丛左右，亩基本茎蘖苗8万～10万																	

（续）

<table>
<tr><td rowspan="3">田间管理</td><td>精确施肥</td><td>送嫁肥：移栽前看苗施每亩用尿素4～5千克</td><td>基肥：亩施尿素约10千克，磷肥40～50千克，氯化钾7～8千克</td><td>分蘖肥：亩施尿素5～6千克</td><td>促花肥：亩施尿素约5千克，氯化钾7～8千克</td><td>粒肥：亩施尿素2～3千克</td><td>肥料运筹总体原则：中等肥力田块本田施肥量折合每亩施纯氮10～12千克，磷肥（P_2O_5）4～5千克，钾肥（K_2O）8～9千克。氮、磷、钾配比根据测土配方结果确定。有条件的地方适当增施有机肥和微量元素，减氮增钾</td></tr>
<tr><td>水分管理</td><td colspan="6">开沟机在分蘖中后期开沟搁田　浅水分蘖　搁田　湿　润　灌　溉</td></tr>
<tr><td>病虫防治</td><td>◆具体防治时间按照当地植保部门的病虫情报确定
◆用足水量，以提高防治效果</td><td>移栽后5～7天：移栽稻除草剂，或者抛栽稻除草剂等，均可拌肥或者拌沙子撒施</td><td colspan="3">5月20～25日：
二化螟：阿维菌素＋毒死蜱乳油等；纹枯病：井冈霉素等</td><td>6月15日前后：
稻纵卷叶螟：氯虫苯甲酰胺、高效氯氰菊酯等；稻飞虱：吡蚜酮、扑虱灵等；二化螟：阿维菌素、毒死蜱等；纹枯病：井冈霉素等</td></tr>
<tr><td colspan="2">适时收获</td><td colspan="6">用带碎草装置的纵轴流履带式全喂入或半喂入联合收割机（45马力），在黄熟期适时收割，早稻留茬高度尽量不超过30厘米，损失率控制在2.5%以下</td></tr>
<tr><td colspan="2">规模及收益</td><td colspan="6">目标产量：亩产450千克。亩均纯收益：常规稻273元、杂交稻163元。农户适度经营规模常规稻135亩，杂交稻226亩
50～100亩：推荐配置50马力拖拉机1台，旋耕机1台，15马力手扶拖拉机1台，喷雾机4台
100～300亩：推荐配置50～70马力拖拉机1台，旋耕机1台，15马力手扶拖拉机1台，育秧设备1套，喷雾机4台，35马力全喂入或半喂入收获机1台
300～500亩：推荐配置50～70马力拖拉机1台，旋耕机1台，15马力手扶拖拉机2台，育秧设备1套，喷雾机10台，35马力全喂入和半喂入以上收获机各1台</td></tr>
</table>

油菜腾茬时间确定适宜播、抛期。

机械整地：用 50～70 马力的四轮驱动拖拉机及配套机具耕整稻田，耕深 15 厘米左右，田面平整。

高质量点抛：抛秧前一天下午将苗床浇透水减少起秧伤苗。根据茬口和品种特性确定抛栽密度，每亩 2.5 万穴左右。均匀点抛，拉绳拣秧分厢、补匀。力求浅入土，减少平躺苗，减轻立苗前风险。

配方施肥：每亩施纯氮 10～12 千克，氮、磷（P_2O_5）、钾（K_2O）比例为 1∶0.5∶0.8，肥料运筹上，基、蘖、穗氮肥比例为 5∶3∶2，有条件的可施用控缓释肥。穗肥以保花肥为主，增施钾肥，抽穗后看苗补施粒肥。

间歇灌溉：花皮水点抛、湿润立苗，轻露田促根，浅水湿润间歇灌溉促早发；中期够苗分次搁田，抽穗期保持浅水层，后期湿润灌溉为主，收获前一周断水。

统防统治：重点把握秧田期和抽穗前后两个关键时期，根据病虫发生情报重点防治二化螟、稻飞虱和稻瘟病、纹枯病。组织专业化防治队伍，用自走式喷杆喷雾机、背负式机动喷雾机、高效宽幅远射程喷雾机等现代植保机械提高效率。

机械收获：在谷粒全部变硬、穗轴上干下黄、谷粒成熟度达到 90%～95% 时，用 35 马力以上的半喂入联合收割机或 55 马力以上的全喂入联合收割机收获。

——成本效益分析

目标产量收益：以亩产 450 千克、价格 2.64 元/千克计算，合计 1 188 元。

亩均成本投入：常规稻 915 元，杂交稻 1 025 元。

亩均纯收益：常规稻 273 元，杂交稻 163 元。

适度经营规模面积：常规稻 135 亩，杂交稻 226 亩。

——可供选择的常见经营规模推荐农机配置

50～100 亩：推荐配置 50 马力拖拉机 1 台，旋耕机 1 台，15 马力手扶拖拉机 1 台，喷雾机 4 台。

100～300 亩：推荐配置 50～70 马力拖拉机 1 台，旋耕机 1 台，15 马力手扶拖拉机 1 台，育秧设备 1 套，喷雾机 4 台，35 马力喂入或半喂入收获机 1 台。

300～500 亩：推荐配置 50～70 马力拖拉机 1 台，旋耕机 1 台，15 马力手扶拖拉机 2 台，育秧设备 1 套，喷雾机 10 台，35 马力全喂入和半喂入以上收获机各 1 台。

（编制专家：张似松　马旭　方福平）

(二) 长江中下游双季晚稻区

长江中下游双季晚稻区包括湖南、江西、湖北、浙江及安徽沿江及南部地区，以双季稻种植为主。该区域属亚热带季风气候，10℃以上活动积温4 500～5 000℃，年降水量1 000～1 500毫米，无霜期210～270天。土壤类型以黄棕壤、黄褐土、红壤和水稻土为主。该区域双季晚稻常年种植面积5 739万亩、产量235亿千克，分别占全国的60%和63%，平均亩产410千克，比全国平均水平高出16.8千克。影响该区域晚稻高产的制约因素：一是干旱、寒露风等气象灾害；二是水稻“两迁”害虫、稻瘟病等病虫害发生面积大、危害重；三是早稻收割和晚稻栽插之间只有5天左右时间，作物茬口紧。

长江中下游双季晚稻湿润育秧点抛技术模式（模式1）

早、中熟品种＋精量播种＋软盘湿润育秧＋点抛秧＋配方施肥＋病虫害统防统治＋机械收获

——预期目标产量　通过推广该技术模式，双季晚稻平均亩产达到480千克。

——关键技术路线

合理搭配品种：根据种植地点的气候特点和早稻品种的成熟期，选择生育期115天以内，后期耐低温的高产、优质、抗病的早、中熟晚稻品种。

软盘湿润育秧：根据晚稻的安全抽穗期和秧龄弹性，适时播种。每亩大田育秧90盘（353孔）或70～80盘（434孔），杂交稻用种量1.5千克或常规稻3.0千克左右。种子用种衣剂包衣，或者用三氯异氰尿酸＋烯效唑溶液（100～120毫克/升）浸种，在常温条件下催芽。按照湿润育秧的秧床要求分厢整地施肥，厢宽130厘米，沟宽25厘米，摆盘时注意塑盘贴紧秧床，盘土可选用沟泥，与多功能壮秧剂拌匀后装盘。

机械整地平地：早稻收割后尽早泡水软化土壤，用50～70马力的四轮驱动拖拉机及配套机具耕整稻田，耕深15厘米左右，田面平整。

拉绳分厢抛栽：早稻收割后尽早栽插，移栽前3～4天，每亩秧田施用尿素4千克作送嫁肥。用点抛（丢秧）法，每亩抛栽2.0万～2.2万穴。免耕丢秧可在早稻收割后每亩用百草枯250毫升，对水35千克喷施，再泡田1～2天后抛栽。

干湿交替灌溉：摆栽立苗后浅水（3～5厘米水层）灌溉，当每平方米苗数

长江中下游双季晚稻湿润育秧点抛技术模式图（模式 1）

<table>
<tr><td colspan="2" rowspan="2">月份（旬）</td><td colspan="3">6 月</td><td colspan="3">7 月</td><td colspan="3">8 月</td><td colspan="3">9 月</td><td colspan="3">10 月</td></tr>
<tr><td>上旬</td><td>中旬</td><td>下旬</td><td>上旬</td><td>中旬</td><td>下旬</td><td>上旬</td><td>中旬</td><td>下旬</td><td>上旬</td><td>中旬</td><td>下旬</td><td>上旬</td><td>中旬</td><td>下旬</td></tr>
<tr><td colspan="2">生育时期</td><td colspan="15">6 月 20～25 日播种　秧田期 20～25 天　7 月 15 日前抛栽　有效分蘖期 15～20 天　8 月 10～15 日拔节　穗分化期 30 天　9 月 10～15 日抽穗　灌浆结实期 40～45 天　10 月 20～30 日成熟</td></tr>
<tr><td colspan="2">品种选择</td><td colspan="15">选择生育期 115 天以内，后期耐低温，能够与早稻生育期合理搭配的晚稻品种和组合，双季稻北缘地区以粳型品种为宜</td></tr>
<tr><td colspan="2">产量构成</td><td colspan="15">杂交稻亩有效穗数 18 万～20 万，每穗粒数 130～135 粒，结实率约 85%，千粒重 25～26 克；常规稻亩有效穗数 23 万～25 万，每穗粒数 110～120 粒，结实率约 85%，千粒重 22～25 克</td></tr>
<tr><td rowspan="3">播种育秧</td><td>浸种催芽</td><td colspan="15">用清水漂选法选种，浸种选用三氯异氰尿酸加吡虫啉对水浸泡 1 天后，用清水洗干净种子，再在白天浸种，晚上晾干种子，常温条件下发芽</td></tr>
<tr><td>软盘育秧</td><td colspan="15">用点抛（丢秧）法，塑料软盘育秧。每亩大田用种量杂交稻 1.5 千克左右，常规稻 2.5 千克左右</td></tr>
<tr><td>秧苗管理</td><td colspan="15">加强苗期病虫害防治，重视稻蓟马、稻飞虱的防治。移栽前对秧苗进行一次药剂防治工作，做到带药栽插</td></tr>
<tr><td rowspan="2">适时栽插</td><td>大田整地</td><td colspan="15">提倡施用水稻配方肥，移栽前 1～2 天湿旋耕，后灌浅水耙平，带水耙平不宜多次，以平为度，机插秧待泥土沉实后移栽</td></tr>
<tr><td>秧苗抛栽</td><td colspan="15">早稻收割后尽早栽插，秧龄不超过 25 天；移栽前 3～4 天，每亩秧田施用尿素 4 千克作送嫁肥；用点抛（丢秧）法，每亩抛栽 1.7 万～2.0 万穴</td></tr>
</table>

（续）

田间管理	定量施肥		起身肥：移栽前看苗施起身肥，每亩用尿素4～5千克	基肥：亩施尿素约10千克，磷肥40～50千克，氯化钾7～8千克	分蘖肥：亩施尿素5～6千克	穗肥：亩施尿素约5～6千克，氯化钾7～8千克	粒肥：看苗施用粒肥，亩施尿素约2千克
	水分管理	开沟机在分蘖中后期开沟搁田；浅水分蘖—搁田—湿—润—灌—溉					
	病虫防治	◆具体防治时间按照当地植保部门的病虫情报确定 ◆用足水量，以提高防治效果	抛栽立苗活棵后： 移栽稻除草剂，或者抛栽稻除草剂等，均可拌肥或者拌沙撒施	8月15～20日： 二化螟：阿维菌素＋毒死蜱乳油等；纹枯病：井冈霉素等	9月15日前后： 稻纵卷叶螟：氯虫苯甲酰胺、高效氯氰菊酯等；稻飞虱：吡蚜酮、扑虱灵等；二化螟：阿维菌素、毒死蜱等；纹枯病：井冈霉素等		
适时收获		用带碎草装置的纵轴流履带式全喂入或半喂入联合收割机（45马力），在黄熟期适时收割，晚稻留茬高度尽量不超过30厘米，损失率控制在2.5%以下					
规模及效益		目标产量：亩产480千克。亩均纯收益：常规稻334元，杂交稻244元。农户适度经营规模：常规稻110亩，杂交稻151亩 50～100亩：推荐配置50马力拖拉机1台，旋耕机1台，15马力手扶拖拉机1台，喷雾机4台 100～300亩：推荐配置50～70马力拖拉机1台，旋耕机1台，15马力手扶拖拉机1台，育秧设备1套，喷雾机4台，35马力全喂入或半喂入收获机1台 300～500亩：推荐配置50～70马力拖拉机1台，旋耕机1台，15马力手扶拖拉机2台，育秧设备1套，喷雾机10台，35马力全喂入和半喂入以上收获机各1台					

达到 300 苗时，开始晒田控制无效分蘖。打苞期以后，用干湿交替灌溉，直至成熟前 5～7 天断水。对于深脚泥田，或地下水位高的田块，在晒田前要求在稻田四周开围沟，在中间开腰沟。

测土配方施肥：一般每亩施用纯氮 9～11 千克，氮∶磷（P_2O_5）∶钾（K_2O）为 1∶0.4∶0.8。氮肥 50%作基肥，20%作分蘖肥，30%作穗肥。由于田块间土壤肥力存在差异，抽穗后看苗补施粒肥。

统防统治：秧田期要加强稻飞虱和南方黑条矮缩病的预防，大田期要加强二化螟、稻纵卷叶螟、稻飞虱等虫害和水稻纹枯病、稻瘟病及稻曲病等病害的防治。对于稻曲病应以预防为主，在水稻破口期到开始抽穗期用药防治。具体防治时间和农药的选择，要根据当地植保部门的病虫情报确定。选择抛栽稻除草剂等，拌肥于分蘖期施肥时撒施，并保持浅水层 5 天左右。

机械收获：在谷粒全部变硬、穗轴上干下黄、谷粒成熟度达到 90%～95%时，用 35 马力以上的半喂入联合收割机或 55 马力以上的全喂入联合收割机收获。

——成本效益分析

目标产量收益：以亩产 480 千克、价格 2.7 元/千克计算，合计 1 296 元。

亩均成本投入：常规稻 962 元，杂交稻 1 052 元。

亩均纯收益：常规稻 334 元，杂交稻 244 元。

适度经营规模面积：常规稻 110 亩，杂交稻 151 亩。

——可供选择的常见经营规模推荐农机配置

50～100 亩：推荐配置 50 马力拖拉机 1 台，旋耕机 1 台，15 马力手扶拖拉机 1 台，喷雾机 4 台。

100～300 亩：推荐配置 50～70 马力拖拉机 1 台，旋耕机 1 台，15 马力手扶拖拉机 1 台，育秧设备 1 套，喷雾机 4 台，35 马力喂入或半喂入收获机 1 台。

300～500 亩：推荐配置 50～70 马力拖拉机 1 台，旋耕机 1 台，15 马力手扶拖拉机 2 台，育秧设备 1 套，喷雾机 10 台，35 马力全喂入和半喂入以上收获机各 1 台。

长江中下游双季晚稻湿润育秧划行移栽技术模式（模式 2）

迟熟晚稻品种＋适时稀播＋湿润育秧＋划行移栽＋配方施肥＋病虫害统防统治＋机械收获

——预期目标产量　通过推广该技术模式，双季晚稻平均亩产达到 520 千克。

——关键技术路线

合理搭配品种：根据种植地点的气候特点和早稻品种的成熟期，选择生育期120天左右，后期耐低温的高产、优质、抗病的迟熟晚稻品种。

稀播湿润育秧：根据晚稻的安全抽穗期和秧龄弹性，适时播种。每亩大田育秧60米^2，其中杂交稻用种量1.5千克左右，常规稻3.0千克左右。种子用种衣剂包衣，或者用三氯异氰尿酸＋烯效唑溶液（100～120毫克/升）浸种，在常温条件下催芽。按照湿润育秧的秧床要求分厢整地施肥，一般厢宽150厘米，沟宽25厘米，每亩秧田施用45%的复合肥30～35千克。

机械整地平地：早稻收割后尽早泡水软化土壤，用50～70马力的四轮驱动拖拉机及配套机具耕整稻田，耕深15厘米左右，田面平整。

宽行窄株移栽：早稻收割后尽早栽插，移栽前3～4天，每亩秧田施用尿素4千克作送嫁肥。手工拔秧移栽，每亩栽插2.0万穴，即行距23厘米，株距12厘米。

干湿交替灌溉：移栽到返青期灌深水（6～10厘米），分蘖期间灌浅水（3～5厘米），当每平方米苗数达到300苗时，晒田10～15天控制无效分蘖。打苞期以后，用干湿交替灌溉，直至成熟前5～7天断水。对于深脚泥田，或地下水位高的田块，在晒田前要求在稻田的四周开围沟，在中间开腰沟。

测土配方施肥：一般每亩施用纯氮10～12千克，氮、磷（P_2O_5）、钾（K_2O）比例为1∶0.4∶0.6。基、蘖、穗氮肥比例为5∶2∶3。由于田块间土壤肥力存在差异，抽穗后看苗补施粒肥。

统防统治：秧田期要加强稻飞虱和南方黑条矮缩病的预防，大田期加强二化螟、稻纵卷叶螟、稻飞虱等虫害和水稻纹枯病、稻瘟病及稻曲病等病害的防治。对于稻曲病应以预防为主，在水稻破口期到开始抽穗期用药防治。具体防治时间和农药的选择，根据当地植保部门病虫情报确定。选择移栽稻除草剂等，拌肥于分蘖期施肥时撒施，并保持浅水层5天左右。

机械收获：在谷粒全部变硬、穗轴上干下黄、谷粒成熟度达到90%～95%时，用35马力以上的半喂入联合收割机或55马力以上的全喂入联合收割机收获。

——成本效益分析

目标产量收益：以亩产520千克、价格2.7元/千克计算，合计1 404元。

亩均成本投入：常规稻1 007元，杂交稻1 098元。

亩均纯收益：常规稻397元，杂交稻306元。

适度经营规模面积：常规稻93亩，杂交稻120亩。

——可供选择的常见经营规模推荐农机配置

长江中下游双季晚稻湿润育秧划行移栽技术模式图（模式2）

月份（旬）		6月			7月			8月			9月			10月		
		上旬	中旬	下旬	上旬	中旬	下旬	上旬	中旬	下旬	上旬	中旬	下旬	上旬	中旬	下旬
生育时期		6月15～20日播种 秧田期30～35天 7月23日前移栽 有效分蘖期15～20天 8月10～15日拔节 穗分化期30天 9月10～15日抽穗 灌浆结实期40～45天 10月20～30日成熟														
品种选择		选择生育期120天左右，后期耐低温，能够与早稻生育期合理搭配的晚稻品种和组合，双季稻北缘地区以粳型品种为宜														
产量构成		杂交稻亩有效穗数18万～20万，每穗粒数135～145粒，结实率85%以上，千粒重25～26克；常规稻亩有效穗数20万～23万，每穗粒数120～130粒，结实率约85%，千粒重22～25克														
播种育秧	浸种催芽	用清水漂选法选种，浸种选用三氯异氰尿酸加吡虫啉对水浸泡1天后，用清水洗干净种子，再在白天浸种，晚上晾干种子，常温条件下发芽														
	集中育秧	手工移栽用湿润育秧，每亩大田育秧60米²。每亩大田用种量杂交稻1.5千克左右，常规稻3.0千克左右														
	秧苗管理	加强苗期病虫害防治，重视稻蓟马、稻飞虱的防治。移栽前对秧苗进行一次药剂防治工作，做到带药栽插														
适时栽插	大田整地	提倡施用水稻配方肥，移栽前1～2天湿翻耕，后灌浅水耙平，带水耙平不宜多次，以平为度														
	手工移栽	种植密度2万穴/亩，即行距23厘米，株距12厘米。秧龄不超过35天														

（续）

田间管理	定量施肥		起身肥：移栽前看苗施起身肥，每亩用尿素4～5千克	基肥：亩施尿素约12千克，磷肥40～50千克，氯化钾7～8千克	分蘖肥：亩施尿素5～6千克	穗肥：亩施尿素约6～7千克，氯化钾7～8千克	粒肥：看苗施用粒肥，亩施尿素约2千克	中等肥力田块本田施肥量折合每亩施纯氮10～12千克，磷肥（P_2O_5）4～5千克，钾肥（K_2O）8～9千克
	水分管理	开沟机在分蘖中后期开沟搁田　浅水分蘖　搁田　湿　润　灌　溉						
	病虫防治	◆具体防治时间按照当地植保部门的病虫情报确定 ◆用足水量，以提高防治效果	移栽后5～7天： 移栽稻除草剂，或者抛栽稻除草剂等，均可拌肥或者拌沙撒施	8月15～20日： 二化螟：阿维菌素＋毒死蜱乳油等；纹枯病：井冈霉素等	9月15日前后： 稻纵卷叶螟：氯虫苯甲酰胺、高效氯氰菊酯等；稻飞虱：吡蚜酮、扑虱灵等；二化螟：阿维菌素、毒死蜱等；纹枯病：井冈霉素等			
适时收获		用带碎草装置的纵轴流履带式全喂入或半喂入联合收割机（45马力），在黄熟期适时收割，晚稻留茬高度尽量不超过30厘米，损失率控制在2.5%以下						
规模及效益		目标产量：亩产520千克。亩均纯收益：常规稻397元，杂交稻306元。农户适度经营规模常规稻93亩，杂交稻120亩 50～100亩：推荐配置50马力拖拉机1台，旋耕机1台，15马力手扶拖拉机1台，喷雾机4台 100～300亩：推荐配置50～70马力拖拉机1台，旋耕机1台，15马力手扶拖拉机1台，育秧设备1套，喷雾机4台，35马力全喂入或半喂入收获机1台 300～500亩：推荐配置50～70马力拖拉机1台，旋耕机1台，15马力手扶拖拉机2台，育秧设备1套，喷雾机10台，35马力全喂入和半喂入以上收获机各1台						

50～100 亩：推荐配置 50 马力拖拉机 1 台，旋耕机 1 台，15 马力手扶拖拉机 1 台，喷雾机 4 台。

100～300 亩：推荐配置 50～70 马力拖拉机 1 台，旋耕机 1 台，15 马力手扶拖拉机 1 台，育秧设备 1 套，喷雾机 4 台，35 马力喂入或半喂入收获机 1 台。

300～500 亩：推荐配置 50～70 马力拖拉机 1 台，旋耕机 1 台，15 马力手扶拖拉机 2 台，育秧设备 1 套，喷雾机 10 台，35 马力全喂入和半喂入以上收获机各 1 台。

长江中下游双季晚粳湿润育秧点抛技术模式（模式 3）

早、中熟晚粳品种＋精量播种＋软盘湿润育秧＋点抛秧＋配方施肥＋病虫害统防统治＋机械收获

——预期目标产量　通过推广该技术模式，双季晚粳稻平均亩产达到 500 千克。

——关键技术路线

合理搭配品种：根据种植地点的气候特点和早稻品种的成熟期，选择生育期 115 天以内，后期耐低温的高产、优质、抗病的早、中熟常规晚粳稻品种。

软盘湿润育秧：根据晚稻的安全抽穗期和秧龄弹性，适时播种。每亩大田育秧 90 盘（353 孔）或 70～80 盘（434 孔），用种量 4.0 千克左右，每孔近 6 粒（如用 70 盘）。种子用种衣剂包衣，或者用三氯异氰尿酸＋烯效唑溶液（80～100 毫克/升）浸种，在常温条件下催芽。按照湿润育秧的秧床要求分厢整地施肥，厢宽 130 厘米，沟宽 25 厘米，摆盘时注意塑盘贴紧秧床，盘土可选用沟泥，与多功能壮秧剂拌匀后装盘。

机械整地平地：早稻收割后尽早泡水软化土壤，用 50～70 马力的四轮驱动拖拉机及配套机具耕整稻田，耕深 15 厘米左右，田面平整。

拉绳分厢抛栽：早稻收割后尽早栽插，移栽前 3～4 天，每亩秧田施用尿素 4 千克作送嫁肥。用点抛（丢秧）法，每亩抛栽 2.2 万～2.4 万穴。免耕丢秧可在早稻收割后每亩用百草枯 250 毫升，对水 35 千克喷施，再泡田 1～2 天后抛栽。

干湿交替灌溉：摆栽立苗后浅水（3～5 厘米）灌溉，当每平方米苗数达到 300 苗时，开始晒田控制无效分蘖。打苞期以后，用干湿交替灌溉，直至成熟前 5～7 天断水。对于深脚泥田，或地下水位高的田块，在晒田前要求在稻田的四周开围沟，在中间开腰沟。

长江中下游双季晚粳湿润育秧点抛技术模式图（模式 3）

月份（旬）		6月			7月			8月			9月			10月		
		上旬	中旬	下旬	上旬	中旬	下旬	上旬	中旬	下旬	上旬	中旬	下旬	上旬	中旬	下旬
生育时期		6月20～25日播种 秧田期20～25天 7月15日前抛栽 有效分蘖期15～20天 8月10～15日拔节 穗分化期30天 9月10～15日抽穗 灌浆结实期40～45天 10月20～30日成熟														
品种选择		选择生育期115天以内，后期耐低温，能够与早稻生育期合理搭配的粳型晚稻品种														
产量构成		常规粳稻亩有效穗数24万～26万，每穗粒数110～120粒，结实率约85%，千粒重25～26克														
播种育秧	浸种催芽	用清水漂选法选种，浸种选用三氯异氰尿酸加吡虫啉对水浸泡1天后，用清水洗干净种子，再在白天浸种，晚上晾干种子，常温条件下发芽														
	软盘育秧	用点抛（丢秧）法，塑料软盘育秧。常规粳稻每亩大田用种量4千克左右														
	秧苗管理	加强苗期病虫害防治，重视稻蓟马、稻飞虱的防治。移栽前对秧苗进行一次药剂防治工作，做到带药栽插														
适时栽插	大田整地	提倡施用水稻配方肥，移栽前1～2天湿旋耕，后灌浅水耙平，带水耙平不宜多次，以平为度，机插秧待泥土沉实后移栽														
	秧苗抛栽	早稻收割后尽早栽插，秧龄不超过25天；移栽前3～4天，每亩秧田施用尿素4千克作送嫁肥；用点抛（丢秧）法，每亩抛栽2.2万～2.4万穴														

（续）

田间管理	定量施肥		起身肥：移栽前看苗施起身肥，每亩用尿素4～5千克	基肥：亩施尿素约12千克，磷肥40～50千克，氯化钾7～8千克	分蘖肥：亩施尿素5～6千克	穗肥：亩施尿素约6～8千克，氯化钾7～8千克	粒肥：看苗施用粒肥，亩施尿素约2千克	中等肥力田块本田施肥量折合每亩施纯氮10～12千克，磷肥（P_2O_5）4～5千克，钾肥（K_2O）8～9千克
	水分管理	开沟机在分蘖中后期开沟搁田	浅水分蘖	搁田	湿	润	灌	溉
	病虫防治	◆具体防治时间按照当地植保部门的病虫情报确定 ◆用足水量，以提高防治效果		抛栽活棵分蘖后： 移栽稻除草剂，或者抛栽稻除草剂等，均可拌肥或者拌沙撒施		8月15～20日： 二化螟：阿维菌素＋毒死蜱乳油等；纹枯病：井冈霉素等	9月15日前后： 稻纵卷叶螟：氯虫苯甲酰胺、高效氯氰菊酯等；稻飞虱：吡蚜酮、扑虱灵等；二化螟：阿维菌素、毒死蜱等；纹枯病：井冈霉素等	
适时收获		用带碎草装置的纵轴流履带式全喂入或半喂入联合收割机（45马力），在黄熟期适时收割，晚稻留茬高度尽量不超过30厘米，损失率控制在2.5%以下						
规模及收益		目标产量：亩产500千克。亩均纯收益：502元。农户适度经营规模为73亩 50～100亩：推荐配置50马力拖拉机1台，旋耕机1台，15马力手扶拖拉机1台，喷雾机4台 100～300亩：推荐配置50～70马力拖拉机1台，旋耕机1台，15马力手扶拖拉机1台，育秧设备1套，喷雾机4台，35马力全喂入或半喂入收获机1台 300～500亩：推荐配置50～70马力拖拉机1台，旋耕机1台，15马力手扶拖拉机2台，育秧设备1套，喷雾机10台，35马力全喂入和半喂入以上收获机各1台						

测土配方施肥：一般每亩施用纯氮 12～14 千克，氮、磷（P_2O_5）、钾（K_2O）比例为 1∶0.4∶0.6。氮肥 50%作基肥，20%作分蘖肥，30%作穗肥。由于田块间土壤肥力存在差异，抽穗后看苗补施粒肥。

统防统治：大田期要加强二化螟、稻纵卷叶螟、稻飞虱等虫害和水稻纹枯病、稻瘟病及稻曲病等病害的防治。对于稻曲病应以预防为主，在水稻破口期到开始抽穗期用药防治。具体防治时间和农药的选择，要根据当地植保部门的病虫情报确定。选择抛栽稻除草剂等，拌肥于分蘖期施肥时撒施，并保持浅水层 5 天左右。

机械收获：在谷粒全部变硬、穗轴上干下黄、谷粒成熟度达到 90%～95%时，用 35 马力以上的半喂入联合收割机或 55 马力以上的全喂入联合收割机收获。

——成本效益分析

目标产量收益：以亩产 500 千克、价格 3.0 元/千克计算，合计 1 500 元。

亩均成本投入：998 元。

亩均纯收益：502 元。

适度经营规模面积：73 亩。

——可供选择的常见经营规模推荐农机配置

50～100 亩：推荐配置 50 马力拖拉机 1 台，旋耕机 1 台，15 马力手扶拖拉机 1 台，喷雾机 4 台。

100～300 亩：推荐配置 50～70 马力拖拉机 1 台，旋耕机 1 台，15 马力手扶拖拉机 1 台，育秧设备 1 套，喷雾机 4 台，35 马力喂入或半喂入收获机 1 台。

300～500 亩：推荐配置 50～70 马力拖拉机 1 台，旋耕机 1 台，15 马力手扶拖拉机 2 台，育秧设备 1 套，喷雾机 10 台，35 马力全喂入和半喂入以上收获机各 1 台。

（编制专家：邹应斌　张文毅　方福平）

（三）长江中下游单季籼稻区

长江中下游单季籼稻区包括安徽中南部、湖北中北部、湖南及浙江、江西的单季稻，主要种植模式为稻—油、稻—麦一年两熟及部分冬闲田一季稻。该区域属亚热带季风气候，10℃以上活动积温 4 500～5 000℃，年降水量 1 000～1 500 毫米，无霜期 210～270 天。土壤类型以黄棕壤、黄褐土、红壤和水稻土为主。该区域中稻种植面积 6805 万亩、产量 342 亿千克，分别占全国的 25.2%和 25.6%，平均亩产 503 千克左右，比全国平均水平高出 8.8 千克。影响该区域中稻高产的制约因素：一是局部地区干旱、洪涝和大部区域高温热害等气象灾害发生频繁；二是水稻“两迁”害虫、二化螟、稻瘟病、稻曲病、纹枯病等病虫害发生面积大、危害重；三是受前茬作物茬口类型多的影响，中稻栽插期跨度大，易受自然灾害影响；四是品种以杂交中籼稻为主体，机插育秧难度大，水稻机插率低；五是大面积生产栽插密度不够，有效穗不足。

长江中下游单季籼稻集中育秧机插技术模式（模式 1）

中熟品种＋集中育秧＋机插秧＋配方施肥＋间歇灌溉＋病虫害统防统治＋机械收获

——预期目标产量　通过推广该技术模式，单季籼稻平均亩产达到 600 千克。

——关键技术路线

品种选择：选择生育期 140 天左右、产量高、米质国标三级以上、对稻瘟病和稻曲病抗性强、适合机械栽插的中熟杂交中籼组合（品种）。

集中育秧：种子处理、集中催芽、播种机（线）精量播种、大棚内绿化育秧，苗期以旱育为主、适时炼苗，培育出适合不同茬口机插的毯状秧。每亩大田准备杂交稻种子 1.5 千克，准备秧盘 20 张左右，上年秋冬季准备好育秧盘营养土。根据当地前作茬口确定播期，分批次播种。

机械整地：用 50～70 马力的四轮驱动拖拉机及配套机具耕整稻田，耕深 15 厘米左右，田面平整。根据土壤质地适当沉实。

高质量机插：根据茬口和品种特性选用 30 厘米为主的插秧机，相应调整株距，确保栽插密度；漏插率小于 5.0%、伤秧率小于 4.0%、均匀度合格率大于 85.0%，力求浅插。

配方施肥：每亩施纯氮 13～15 千克，氮、磷（P_2O_5）、钾（K_2O）比例为 1∶0.5∶0.8，肥料运筹上，基、蘖、穗氮肥比例为 5∶2∶3，有条件的施用控缓释肥。穗肥以保花肥为主，增施钾肥，抽穗后看苗补施粒肥。

间歇灌溉：花皮水栽插、薄水护苗，5～7 天轻露田，浅水湿润间歇灌溉促早发；中期超前（够苗 80%左右）分次轻搁田；抽穗期保持浅水层，后期湿润灌溉为主，收获前一周断水。

统防统治：重点把握秧田期和抽穗前后两个关键时期，根据病虫发生情报重点防治稻纵卷叶螟、稻飞虱和稻瘟病、稻曲病。组织专业化防治队伍，用自

长江中下游单季籼稻集中育秧机插技术模式图（模式 1）

月份（旬）		5月			6月			7月			8月			9月			10月		
		上旬	中旬	下旬	上旬	中旬	下旬	上旬	中旬	下旬	上旬	中旬	下旬	上旬	中旬	下旬	上旬	中旬	下旬
节气		立夏		小满	芒种		夏至	小暑		大暑	立秋		处暑	白露		秋分	寒露		霜降
生育时期		5月上、中旬播种		5月底至6月10日移栽		有效分蘖5月底至6月底			7月10～20日拔节		拔节长穗期		8月10～20日抽穗		灌浆结实期		9月25日～10月5日成熟		
品种选择		选择生育期145天左右的中迟熟杂交中籼稻品种为主，高产、优质、抗逆、抗倒																	
产量构成		亩有效穗数17万～18万，每穗粒数150～170粒，结实率85%以上，千粒重26～27克																	
播种育秧	浸种催芽	播前晒种、清水漂选法选种、浸泡催芽至破胸露白即可播种																	
	集中旱育	工厂化育秧，钵形毯状机插秧盘，机械流水线播种。杂交稻播量70～80克/盘。秧龄15～20天或叶龄3.5～4.5叶																	
	秧苗管理	工厂化育秧播种后将秧盘堆放24小时保湿促发芽，摆入大棚后保持秧盘湿润；普通大棚采取旱育秧法。二叶一心开始根据气温变化揭膜通风炼苗；膜内温度保持在15～25℃，防烂秧和烧苗；加强苗期病虫害防治，重视立枯病防治，可用适乐时或敌克松喷洒。移栽前对秧苗进行一次药剂防治工作，做到带药栽插																	
适时栽插	整地	用秸秆还田机械湿润旋耕整地。结合翻耕施有机肥和钙镁磷肥，要求田面平整，落差不超过3厘米																	
	移栽	插秧机栽插，行距30厘米，株距因品种特性而相应调整（16～20厘米），保证栽插密度，一般杂交稻在1.0万～1.2万丛，基本苗2.5万～3万																	
田间管理	精确施肥	送嫁肥：移栽前看苗施送嫁肥，插前2～3天每平方米苗床结合喷水追施尿素5～10克			基肥：亩施尿素约10千克，磷肥40～50千克，氯化钾7～8千克			分蘖肥：亩施尿素6～8千克		促花肥：亩施尿素约3千克，氯化钾7～8千克			保花肥：亩施尿素5千克		肥料运筹总体原则：中等肥力田块本田施肥量折合每亩施纯氮13～15千克，磷肥（P_2O_5）4～5千克，钾肥（K_2O）8～9千克。氮、磷、钾配比根据测土配方结果确定。有条件的地方适当增施有机肥和微量元素，减氮增钾				

（续）

	水分管理	开沟机在分蘖中后期开沟搁田	浅水分蘖 → 搁田 → 湿 → 润 → 灌 → 溉		
田间管理	病虫防治	◆具体防治时间按照当地植保部门的病虫情报确定 ◆用足水量，以提高防治效果	移栽前送嫁药，在返青活棵后施除草剂，可拌肥或者拌沙撒施	分蘖末期—破口期： 重点防治稻纵卷叶螟、二化螟、三化螟、稻飞虱、纹枯病，预防稻曲病。每亩用40%毒死蜱100毫升加90%杀虫单70克加20%吡虫啉有效用量4～5克加10%真灵水乳剂120毫升对水50千克均匀喷雾。纹枯病：喷施井冈霉素等。稻曲病破口前10～15天预防	抽穗期—灌浆初期： 重点查治迁飞性的稻飞虱，每亩可选用25%阿克泰水分散粒剂3～4克加48%乐斯本80毫升对水60千克喷雾防治
适时收获		用带碎草装置的纵轴流履带式全喂入或半喂入联合收割机（45马力），在黄熟期适时收割，留茬高度尽量不超过30厘米，损失率控制在2.5%以下			
规模及效益		目标产量：亩产600千克。亩均纯收益：445元。农户适度经营规模为83亩 50～100亩：推荐配置50马力拖拉机1台，旋耕机1台，15马力手扶拖拉机1台，插秧机1台，喷雾机4台 100～300亩：推荐配置50～70马力拖拉机1台，旋耕机1台，15马力手扶拖拉机1台，育秧设备1套，高速插秧机1台，喷雾机4台，35马力全喂入或半喂入收获机1台 300～500亩：推荐配置50～70马力拖拉机1台，1.5～2.0米旋耕机1台，15马力手扶拖拉机2台，育秧设备1套，高速插秧机1台，喷雾机10台，35马力以上全喂入和半喂入收获机各1台 500～2 000亩：推荐配置50～70马力拖拉机2台，旋耕机2台，15马力手扶拖拉机4台，育秧设备2套，高速插秧机2～4台，喷雾机10台，35马力以上全喂入和半喂入收获机各2台 2 000～5 000亩：推荐配置50～70马力拖拉机4台，旋耕机4台，15马力手扶拖拉机6台，育秧设备3套，高速插秧机6台，喷雾机20台，35马力以上全喂入和半喂入收获机各3台 5 000亩以上：推荐配置50～70马力拖拉机6台，旋耕机6台，15马力手扶拖拉机8台，育秧设备5套，高速插秧机8台，喷雾机20台，35马力以上全喂入和半喂入收获机各4台			

走式喷杆喷雾机、背负式机动喷雾机、高效宽幅远射程喷雾机等现代植保机械提高效率。

机械收获：在谷粒全部变硬、穗轴上干下黄、谷粒成熟度达到90%～95%时，用35马力以上的半喂入联合收割机或55马力以上的全喂入联合收割机收获。

——成本效益分析

目标产量收益：以亩产600千克、价格2.7元/千克计算，合计1 620元。

亩均成本投入：1 175元。

亩均纯收益：445元。

适度经营规模面积：83亩。

——可供选择的常见经营规模推荐农机配置

50～100亩：推荐配置50马力拖拉机1台，旋耕机1台，15马力手扶拖拉机1台，插秧机1台，喷雾机4台。

100～300亩：推荐配置50～70马力拖拉机1台，旋耕机1台，15马力手扶拖拉机1台，育秧设备1套，高速插秧机1台，喷雾机4台，35马力全喂入或半喂入收获机1台。

300～500亩：推荐配置50～70马力拖拉机1台，1.5～2.0米旋耕机1台，15马力手扶拖拉机2台，育秧设备1套，高速插秧机1台，喷雾机10台，35马力以上全喂入和半喂入收获机各1台。

500～2 000亩：推荐配置50～70马力拖拉机2台，旋耕机2台，15马力手扶拖拉机4台，育秧设备2套，高速插秧机2～4台，喷雾机10台，35马力以上全喂入和半喂入收获机各2台。

2 000～5 000亩：推荐配置50～70马力拖拉机4台，旋耕机4台，15马力手扶拖拉机6台，育秧设备3套，高速插秧机6台，喷雾机20台，35马力以上全喂入和半喂入收获机各3台。

5 000亩以上：推荐配置50～70马力拖拉机6台，旋耕机6台，15马力手扶拖拉机8台，育秧设备5套，高速插秧机8台，喷雾机20台，35马力以上全喂入和半喂入收获机各4台。

长江中下游单季籼稻无盘旱育秧点抛技术模式（模式2）

中迟熟品种＋集中无盘旱育秧＋人工点抛秧＋配方施肥＋间歇灌溉＋病虫害统防统治＋机械收获

——预期目标产量　通过推广该技术模式，一季籼稻平均亩产达到600

千克。

——关键技术路线

品种选择：选择生育期145天左右、产量高、米质国标三级以上、对稻瘟病和稻曲病抗性强的中迟熟杂交中籼组合（品种）。

集中旱育秧：种子处理、浸种后种衣剂包衣，精量播种，苗期以旱育为主，培育叶蘖基本同伸带蘖壮秧。每亩大田准备杂交稻种子1.5千克。上年秋冬季培肥苗床，提前20天整床。根据当地前作茬口确定播期和抛期。

机械整地：用50～70马力的四轮驱动拖拉机及配套机具耕整稻田，耕深15厘米左右，田面平整。

高质量点抛：根据茬口和品种特性确定抛栽密度，每亩2万穴左右。均匀点抛，拉绳拣秧分厢、补匀。力求浅入土，减少平躺苗，减轻立苗前风险。

配方施肥：每亩施纯氮13～15千克，氮、磷（P_2O_5）、钾（K_2O）比例为1∶0.5∶0.8，肥料运筹上，基、蘖、穗氮肥比例为5∶2∶3，有条件的施用控缓释肥。穗肥以保花肥为主，增施钾肥，抽穗后看苗补施粒肥。

间歇灌溉：花皮水点抛、湿润立苗，轻露田促根，浅水湿润间歇灌溉促早发；中期超前（够苗80%左右）分次搁田，由轻至重防倒伏；抽穗期保持浅水层，后期湿润灌溉为主，收获前一周断水。

统防统治：重点把握秧田期和抽穗前后两个关键时期，根据病虫发生情报重点防治稻纵卷叶螟、稻飞虱和稻瘟病、稻曲病，稻曲病的预防要提前至破口前10～15天，即剑叶和倒2叶“叶枕平”期。组织专业化防治队伍，用自走式喷杆喷雾机、背负式机动喷雾机、高效宽幅远射程喷雾机等现代植保机械提高效率。

机械收获：在谷粒全部变硬、穗轴上干下黄、谷粒成熟度达到90%～95%时，用35马力以上的半喂入联合收割机或55马力以上的全喂入联合收割机收获。

——成本效益分析

目标产量收益：以亩产600千克、价格2.7元/千克计算，合计1 620元。

亩均成本投入：1 223元。

亩均纯收益：397元。

适度经营规模面积：93亩。

——可供选择的常见经营规模推荐农机配置

50～100亩：推荐配置50马力拖拉机1台，旋耕机1台，15马力手扶拖拉机1台，喷雾机4台。

100～300亩：推荐配置50～70马力拖拉机1台，旋耕机1台，15马力手

长江中下游单季籼稻无盘旱育秧点抛技术模式图（模式 2）

月份（旬）	5月			6月			7月			8月			9月			10月		
	上旬	中旬	下旬	上旬	中旬	下旬	上旬	中旬	下旬	上旬	中旬	下旬	上旬	中旬	下旬	上旬	中旬	下旬
节气	立夏		小满	芒种		夏至	小暑		大暑	立秋		处暑	白露		秋分	寒露		霜降
品种类型	以生育期 145 天左右的中迟熟杂交中籼稻为主																	
生育时期	播种　秧田期　抛植　有效分蘖期　无效分蘖期　拔节　拔节长穗期　抽穗　灌浆结实期　成熟																	
主茎叶龄期	0　1　2　3　4　5　6　7　8　9　10　11　⑫　13　14　15（△）　16																	
茎蘖动态	移栽叶龄 4 叶左右，亩插基本苗 4.2 万～5.4 万　拔节期每亩茎蘖 26 万～28 万　抽穗期每亩茎蘖 19 万～21 万　成熟期每亩穗数 18 万左右																	
育秧	按秧田、大田比 1∶30 留足秧田，一般每亩大田需净秧床 20～25 米^2；提前培肥苗床，播前 20 天精做秧床，施足基肥；亩大田备足拌种壮秧剂 0.5 千克、旱育保姆种衣剂 1 千克，过筛营养土 30 千克；适期均匀播种旱育秧；大田亩用种量 1.5 千克。秧龄 25～30 天																	
栽插	人工抛栽；点撒结合，均匀稀抛，亩抛 1.5 万～1.8 万丛，亩基本茎蘖苗 5 万～7 万。每穴 3～4 个茎蘖苗																	
施肥	培肥苗床：要求年前培肥苗床，每平方米施作物秸秆和腐熟农家肥各 3 千克，施后耕翻土中，播种前 20 天每平方米施过磷酸钙 60～75 克、尿素 20～30 克、氯化钾 25～30 克，耕翻 1～2 次，将土肥充分混匀。或者播种前施旱育壮秧剂。化学肥料和壮秧剂仅施于苗床土壤中				苗床追肥：移栽前 2～3 天每平方米追 7.5～10 克尿素对水 100 倍作“送嫁肥”，并浇透水		基肥：亩施有机肥折氮 3 千克的基础上，亩施尿素 10 千克、磷肥 30～50 千克、钾肥 10 千克			分蘖肥：抛后 5 天，结合化除亩施尿素 2.5～5 千克	促花壮秆肥：拔节后5～7 天亩施尿素 2.5 千克，氯化钾 10 千克		保花壮籽肥：倒 1.5 叶期亩施尿素 5 千克。或在叶枕平期，亩施尿素 5 千克，齐穗后酌情喷施叶面肥			肥料运筹总体原则：本田总施纯氮量折算每亩 12～14 千克，氮、磷、钾比例为 1∶0.4∶0.8 氮肥运筹按基蘖∶穗＝6.5∶3.5 或 7∶3；钾肥基肥∶穗粒肥＝5∶5；磷肥全部作基肥		

（续）

灌溉	花皮水点抛，湿润立苗，轻露田促根，浅水湿润间歇灌溉促早发；中期超前（够苗80%左右）分次搁田，由轻至重防倒伏；抽穗期保持浅水层，后期湿润灌溉为主，收获前一周断水
病虫草防治	种子处理：种子处理前晒种1天，用4.2%浸丰2毫升或25%咪鲜胺2毫升加水5～10千克，浸4～5千克稻种，浸泡12～36小时，乘湿用种衣剂拌种 土壤处理：播种前每平方米用70%敌克松2.5克，对水1.5千克喷洒，并及时排水降渍，以防立枯病 移栽前预防：移栽前5～7天，每亩用74%Bt与杀虫单复配剂（如51%特杀螟）60克加20%叶枯宁100克对水40千克均匀喷雾防秧田灰飞虱、稻螟，预防白叶枯病 大田化学除草：水稻移栽前2天，每亩用12%□草酮乳油200毫升直接均匀撒施于稻田，可有效防除多种杂草。以稗草、莎草为主的常规移栽田，水稻移栽后4～6天，每亩用50%苯噻草胺可湿性粉剂30～40克，拌毒土撒施。以稗草、莎草、阔叶草为主的常规移栽田，水稻移栽后7天，每亩用14%乙苄可湿性粉剂50克拌毒土撒施 分蘖末期—孕穗期：重点防治稻飞虱、稻纵卷叶螟、纹枯病，达防治指标每亩用25%扑虱灵粉剂60～80克加20%阿维·唑磷60～80毫升加40%纹霉星60克对水40千克均匀喷雾。白叶枯病始见中心病株田同时加20%叶枯宁100克喷雾 孕穗—破口期：重点防治稻纵卷叶螟、二化螟、三化螟、稻飞虱、纹枯病，预防稻曲病和稻瘟病，每亩用40%毒死蜱100毫升加90%杀虫单70克加20%吡虫啉有效用量4～5克加10%真灵水乳剂120毫升加40%稻瘟灵100克对水50千克均匀喷雾。稻曲病预防需在破口前10～15天进行，重发年份一周后每亩再用10%真灵水乳剂120毫升补治一次 抽穗期—灌浆初期：视病虫情况，每亩用40%毒死蜱乳油100毫升加90%杀虫单70克加20%吡虫啉有效用量4克加10%真灵水乳剂120毫升对水40千克均匀喷雾 灌浆中后期（9月上、中旬）：重点查治迁飞性的稻飞虱，每亩可选用25%阿克泰水分散粒剂3～4克加48%乐斯本80毫升对水60千克喷雾防治
规模及效益	目标产量：亩产600千克。亩均纯收益：397元。农户适度经营规模为93亩 50～100亩：推荐配置50马力拖拉机1台，旋耕机1台，15马力手扶拖拉机1台，喷雾机4台 100～300亩：推荐配置50～70马力拖拉机1台，旋耕机1台，15马力手扶拖拉机1台，育秧设备1套，喷雾机4台，35马力全喂入或半喂入收获机1台 300～500亩：推荐配置50～70马力拖拉机1台，旋耕机1台，15马力手扶拖拉机2台，育秧设备1套，喷雾机10台，35马力全喂入或半喂入以上收获机各1台

扶拖拉机 1 台，育秧设备 1 套，喷雾机 4 台，35 马力喂入或半喂入收获机 1 台。

300～500 亩：推荐配置 50～70 马力拖拉机 1 台，旋耕机 1 台，15 马力手扶拖拉机 2 台，育秧设备 1 套，喷雾机 10 台，35 马力全喂入和半喂入以上收获机各 1 台。

（编制专家：杨惠成　马旭　徐春春）

(四) 长江中下游单季粳稻区

长江中下游单季粳稻区包括江苏、上海、浙江、安徽、湖北等地，主要种植模式为稻—油、稻—麦一年两熟。该区域属亚热带温暖湿润季风气候，10℃以上活动积温 4 500～5 000℃，日照时数 700～1 500 小时，年降水量 1 000～1 500毫米，无霜期 210～270 天。地带性土壤主要是黄棕壤或黄褐土，平原大部为水稻土。该区域单季粳稻种植面积 4 500 万亩以上，亩产 500 千克以上，比全国平均水平高 10%以上，粳稻产量 220 亿千克以上，占全国的 45%左右。影响该区域粳稻高产的制约因素：一是农田水利工程及其配套设施不完善；二是粳稻品种的区域性相对较强，适宜大面积推广应用的优质高产多抗主栽品种少；三是技术推广体系不完善，高产栽培技术到位率低；四是水稻种植分散、规模小，机械化水平较低，生产效益低下；五是干旱、洪涝、高低温、台风、多雨寡照等气象灾害频发，水稻灰飞虱与条纹叶枯病、黑条矮缩病、稻纵卷叶螟等重大病虫害加重发生。

长江中下游单季粳稻软盘旱育秧点抛技术模式（模式 1）

适宜熟期品种＋软盘旱育秧＋精确点抛秧＋精确施肥＋定量灌溉＋病虫害统防统治＋机械收获

——预期目标产量　通过推广该技术模式，一季粳稻平均亩产达到 650 千克。

——关键技术路线

品种选择：根据区域生态条件与稻—麦（油）周年高产要求，选择适合抛栽的高产优质多抗大穗型或穗粒兼顾型水稻品种。其中，湖北、安徽沿淮及江苏淮北主要选择中熟中粳与迟熟中粳品种，江苏、安徽的江淮地区主要选择迟熟中粳与早熟晚粳品种；江苏、安徽沿江及南部地区主要选择早熟晚粳与中熟晚粳品种；浙江北部主要选择中熟晚粳品种。

培育壮秧：秧田与大田面积比为1：40～50。苗床于2月下旬、播前20天两段培肥。每亩大田用常规稻种2.5～3.0千克、434孔抛秧盘55～60张。5月上、中旬播种，适宜秧龄25天左右，叶龄4.5～5.5叶。播种作业流程为干整做板、灌水验平、贴秧盘、定量匀播、盖种、洇齐苗水与覆膜盖草（或无纺布）。严格药剂浸种与催芽。齐苗后及时揭膜，同时做好控水旱育、适时化控与治虫防病等工作。

精细整地：用50～70马力四轮拖拉机及配套的旋耕机耕整稻田。整地质量做到田平整而呈烂糊状，同一田块达到“高低不过寸*，寸水不露泥”。

精确点抛：6月上、中旬抛栽，基本苗每亩4万～6万，亩抛1.8万～2.2万穴，每穴2～3苗。抛秧时按厢宽3～5米人工拉绳定田定量均匀点抛，抛后2～3天查看立苗情况，适当匀密补稀和定植漂秧。

精确施肥：亩施纯氮16～19千克，基、蘖、穗肥比例为4：2：4，基肥于前茬收获后、土壤耕翻前施入，分蘖肥于抛栽后3～5天结合施除草剂施入，穗肥于倒4、倒2叶分别施60%、40%。氮、磷（P_2O_5）、钾（K_2O）比例为1：0.4：0.6，磷肥作基肥一次性施入，钾肥分别在土壤耕翻前、拔节期各施50%。

定量灌溉：薄水抛栽，返青活颗期日灌夜露，抛栽立苗后及时建立2～3厘米浅水层，待水层落干后，露田1～2天，再建浅水层，如此反复，保持田面干湿交替，当群体总茎蘖数达穗数苗80%左右或至有效分蘖临界叶龄期后自然断水搁田，直至田中不陷脚，叶色褪淡落黄。幼穗分化期至成熟前，除孕穗抽穗期建立浅水层外，均保持干湿交替，收获前一周断水。

统防统治：点抛后3～4天立苗后及早用稻草畏等除草剂消除杂草。组织专业化防治队伍，用4冲程喷雾机，防治稻飞虱、二化螟、三化螟、稻纵卷叶螟及纹枯病、稻瘟病、稻曲病等病虫害。

机械收获：在谷粒全部变硬、穗轴上干下黄、谷粒成熟度达到90%～95%时，用35马力以上的半喂入联合收割机或55马力以上的全喂入联合收割机收获。

——成本效益分析

目标产量收益：以亩产650千克、价格3.0元/千克计算，合计1 950元。

亩均成本投入：1 257元。

亩均纯收益：693元。

---

* 寸为非法定计量单位，1寸≈3.3厘米。——编者注

长江中下游单季粳稻软盘旱育秧点抛技术模式图（模式 1）

月份（旬）	5 月			6 月			7 月			8 月			9 月			10 月		
	上旬	中旬	下旬	上旬	中旬	下旬	上旬	中旬	下旬	上旬	中旬	下旬	上旬	中旬	下旬	上旬	中旬	下旬
节气	立夏		小满	芒种		夏至	小暑		大暑	立秋		处暑	白露		秋分	寒露		霜降
品种选择	选择大穗型或穗粒兼顾型高产优质多抗粳稻品种。其中，湖北、安徽沿淮及江苏淮北选择中熟中粳与迟熟中粳品种；江苏与安徽的江淮地区选择迟熟中粳与早熟晚粳品种；江苏、安徽沿江及南部地区选择早熟晚粳与中熟晚粳品种；浙江北部选择中熟晚粳品种																	
生育时期	播种期	秧田期		移栽期	有效分蘖期　无效分蘖期				拔节期	长穗期			抽穗期	灌浆结实期		成熟期		
主攻目标	精确播种	培育壮秧		精确点抛	促进有效分蘖、控制无效分蘖				壮秆强根、大穗足粒				养根保叶、防止早衰、提高结实率与千粒重，适期收获					
育秧	秧田、大田比为 1∶40～50，苗床采取两段培肥。5 月上、中旬播种。每亩大田用种 2.5～3.0 千克，播 55～60 张秧盘。播种作业流程：干整做板、灌水验平、贴秧盘、定量匀播、盖种、洇齐苗水与覆膜盖草（或无纺布）。齐苗后及时揭膜（布），并采取控水旱育、适时化控与治虫防病等管理。适宜秧龄 25 天左右，叶龄 4.5～5.5 叶																	
栽插	6 月上、中旬点抛，每亩 1.8 万～2.2 万穴，每穴 2～3 苗，每亩 4 万～6 万基本苗。抛栽时按厢宽 3～5 米人工拉绳定田定量均匀点抛																	
施肥	床土培肥：苗床采取两段培肥法，第一次于 2 月下旬～3 月上旬，以有机肥为主，每亩秧田施腐熟人畜粪 3 000 千克；第二次于播种前 15～20 天，以化肥为主，每亩秧田施尿素、45%BB 肥各 30 千克			秧田追肥：1 叶 1 心每盘施尿素 3 克，施后洒水或亩用 5 千克尿素对水 1 000 千克浇施；栽前 2 天每盘施尿素 3 克			本田基肥：秸秆全量还田，亩施 45%复合肥 25～30 千克、尿素 7.5 千克、氯化钾 7.5～10.0 千克			分蘖肥：抛后 3～5天，亩施尿素 7.5 千克			促花肥：倒 4 叶期，亩施 45%高效复合肥 20～30 千克、尿素 5 千克、氯化钾 7.5 千克		保花肥：倒 2 叶期，亩施尿素 5 千克	每亩大田施纯氮总量 16～19 千克		

（续）

灌溉	秧田期控水旱管，要求不卷叶不灌水。具体标准是：秧苗1～3叶期，晴天早晨叶尖露水少或晴天中午叶片发生卷叶时及时补水；3叶期后，秧苗发生卷叶到第二天早晨仍未完全展开时灌跑马水或浇水，其余时间均不补水		薄水点抛，返青活颗期日灌夜排，立苗后浅水灌溉，当田间茎蘖数达80%～90%穗数苗时自然断水搁田，直搁至全田土壤沉实不陷脚，叶色褪淡；拔节后及时复水，并实施干湿交替的水分灌溉方式，收获前7天断水	
病虫草防治	播种前，用浸种灵、使百克及吡虫啉药剂浸种 秧苗期，亩用10%吡虫啉40克或18%杀虫双250～300毫升对水40千克喷雾，防治秧田灰飞虱、稻蓟马、螟虫及水稻条纹叶枯病、黑条矮缩病等	抛后3～5天，结合施分蘖肥，用稻草畏防除本田杂草，并保水3～5天 6月中、下旬，用吡虫啉，防治灰飞虱与条纹叶枯病、黑条矮缩病；用杀虫双防治二化螟。7月中、下旬，用吡虫啉防治灰飞虱	8月上、中旬，用杀虫双加井冈霉素加扑虱灵粉剂，防治二化螟、稻纵卷叶螟、稻飞虱、纹枯病等	破口始穗期及其前后一周，亩用20%三环唑100克加20%井冈霉素粉剂50克，防治穗颈瘟、稻曲病、纹枯病；用杀虫双或三唑磷加扑虱灵粉剂，防治三化螟、稻纵卷叶螟、稻飞虱等
适时机收	用50马力以上带碎草装置的纵轴流履带式全喂入或半喂入联合收割机收获			
规模及效益	目标产量：亩产650千克。亩均纯收益：693元。农户适度经营规模为53亩 50～100亩：推荐配置50马力拖拉机1台，旋耕机1台，15马力手扶拖拉机1台，喷雾机4台 100～300亩：推荐配置50～70马力拖拉机1台，旋耕机1台，15马力手扶拖拉机1台，育秧设备1套，喷雾机4台，35马力全喂入或半喂入收获机1台 300～500亩：推荐配置50～70马力拖拉机1台，旋耕机1台，15马力手扶拖拉机2台，育秧设备1套，喷雾机10台，35马力全喂入和半喂入以上收获机各1台			

适度经营规模面积：53 亩。

——可供选择的常见经营规模推荐农机配置

50～100 亩：推荐配置 50 马力拖拉机 1 台，旋耕机 1 台，15 马力手扶拖拉机 1 台，喷雾机 4 台。

100～300 亩：推荐配置 50～70 马力拖拉机 1 台，旋耕机 1 台，15 马力手扶拖拉机 1 台，育秧设备 1 套，喷雾机 4 台，35 马力全喂入或半喂入收获机 1 台。

300～500 亩：推荐配置 50～70 马力拖拉机 1 台，旋耕机 1 台，15 马力手扶拖拉机 2 台，育秧设备 1 套，喷雾机 10 台，35 马力全喂入和半喂入以上收获机各 1 台。

长江中下游单季粳稻塑盘旱育秧机插技术模式（模式 2）

适宜熟期品种＋塑盘旱育秧＋机插秧＋精确施肥＋定量灌溉＋病虫害统防统治＋机械收获

——预期目标产量　通过推广该技术模式，一季粳稻平均亩产达到 650 千克。

——关键技术路线

品种选择：根据区域生态条件与稻—麦（油）周年高产要求，选择适合机插的高产优质多抗大穗型或穗粒兼顾型水稻品种。其中，湖北、安徽沿淮及江苏淮北选择中熟中粳品种，江苏与安徽的江淮地区选择迟熟中粳品种；江苏、安徽沿江及南部地区选择早熟晚粳品种；浙江北部选择中熟晚粳品种。

培育壮秧：秧田与大田面积比为 1∶80～100。提倡建立永久性工厂化育秧基地。每亩大田备常规粳稻种子 3.0 千克、塑料软盘 25～30 张、育秧基质 100 升（或营养土 100 千克，未培肥盖籽细土 40 千克）。5 月中、下旬播种，适宜秧龄 15～20 天，叶龄 2.5～3.5 叶。播种作业流程为精做秧板、顺铺软盘、匀铺基质（或营养底土）、洒水（或洇水）、定量播种、覆土盖籽、封膜盖草（或无纺布）、揭膜（布）炼苗与苗床管理等。严格药剂浸种与催芽。齐苗后上平沟水揭膜（布）炼苗，揭膜后控水旱育促壮，做到不卷叶不灌水。同时做好秧田期看苗施肥与防病治虫等工作。

精细整地：用 50～70 马力以上的四轮驱动拖拉机及配套旋耕机具耕整稻田。整地要求做到田平面洁，全田高低不差 2 厘米，田面烂硬适度，耱田后沉实土壤 1～3 天栽插。

精心机插：栽插期 6 月上、中旬。亩插 1.7 万穴以上，每穴 3～5 苗，亩基本苗 6 万～8 万。机插深度 2 厘米左右，漏插率≤5%，漂秧率≤3%。

精确施肥：亩施纯氮 16～19 千克，基、蘖、穗肥比例为 3∶3∶4，分蘖肥于机插后 5～7 天、10～12 天等量施入，穗肥于倒 4、倒 2 叶分别施 60%、40%。氮、磷（P_2O_5）、钾（K_2O）比例为 1∶0.4∶0.6，磷肥作基肥一次性施入，钾肥在土壤耕翻前、拔节期各施 50%。

定量灌溉：薄水机栽，浅水护苗活颗（水深为苗高的 1/3～1/2，秸秆还田地块在返青活棵期脱水露田 2～3 次），活棵后浅水勤灌（3 厘米左右），当茎蘖数达预期穗数的 80%～90%时即自然断水搁田，并多次轻搁，直搁至田中不陷脚、叶色褪淡落黄即可。搁田后除孕穗期建立浅水层外，均保持干干湿湿，直至成熟前 7 天。

统防统治：机插后 5～7 天结合第一次施分蘖肥防治田间杂草。组织专业化防治队伍，用四冲程喷雾机械，防治稻飞虱、二化螟、三化螟、稻纵卷叶螟及纹枯病、稻瘟病、稻曲病等。

机械收获：在谷粒全部变硬、穗轴上干下黄、谷粒成熟度达到 90%～95%时，用 35 马力以上的半喂入联合收割机或 55 马力以上的全喂入联合收割机收获。

——成本效益分析

目标产量收益：以亩产 650 千克、价格 3.0 元/千克计算，合计 1 950 元。

亩均成本投入：1 190 元。

亩均纯收益：760 元。

适度经营规模面积：48 亩。

——可供选择的常见经营规模推荐农机配置

50～100 亩：推荐配置 50 马力拖拉机 1 台，旋耕机 1 台，15 马力手扶拖拉机 1 台，插秧机 1 台，喷雾机 4 台。

100～300 亩：推荐配置 50～70 马力拖拉机 1 台，旋耕机 1 台，15 马力手扶拖拉机 1 台，育秧设备 1 套，插秧机 1 台，喷雾机 4 台，35 马力喂入或半喂入收获机 1 台。

300～500 亩：推荐配置 50～70 马力拖拉机 1 台，旋耕机 1 台，15 马力手扶拖拉机 2 台，育秧设备 1 套，高速插秧机 1 台，喷雾机 10 台，35 马力全喂入和半喂入以上收获机各 1 台。

500～2 000 亩：推荐配置 50～70 马力拖拉机 2 台，旋耕机 2 台，15 马力手扶拖拉机 4 台，育秧设备 2 套，高速插秧机 2 台，喷雾机 10 台，35 马力全喂入和半喂入以上收获机各 2 台。

2 000～5 000 亩：推荐配置 50～70 马力拖拉机 4 台，旋耕机 4 台，15 马力

长江中下游单季粳稻塑盘旱育秧机插技术模式图（模式2）

月份（旬）	5月			6月			7月			8月			9月			10月		
	上旬	中旬	下旬	上旬	中旬	下旬	上旬	中旬	下旬	上旬	中旬	下旬	上旬	中旬	下旬	上旬	中旬	下旬
节气	立夏		小满	芒种		夏至	小暑		大暑	立秋		处暑	白露		秋分	寒露		霜降
品种选择	选择大穗型或穗粒兼顾型高产优质多抗粳稻品种。其中，湖北、安徽沿淮及江苏淮北选择中熟中粳品种；江苏与安徽的江淮地区选择迟熟中粳品种；江苏、安徽沿江及南部地区选择早熟晚粳品种；浙江北部选择中熟晚粳品种																	
生育时期		播种期	秧田期	机插期	有效分蘖期 无效分蘖期				拔节期	长穗期	抽穗期		灌浆结实期				成熟期	
主攻目标		精确播种	培育壮秧	精确机插	促进有效分蘖、控制无效分蘖				壮秆强根、大穗足粒			养根保叶、防止早衰、提高结实率与千粒重，适期收获						
育秧	秧田、大田比为1：80～100，每亩秧田备营养土100～120千克或专用营养基质100升。作业流程为：精作秧板→顺铺软盘→匀铺底土→精确播种→盖土→封膜盖草（或无纺布）→洇水→揭膜（布）炼苗→水肥管理等。常规粳稻每盘播干种100～120克																	
栽插	叶龄2.5～3.5时移栽，6行高速插秧机栽插，每亩1.7万穴以上，每穴3～5苗，每亩6万～8万基本苗																	
施肥	床土培肥：冬季亩施25%复合肥50千克、尿素10千克，施后多次翻倒混匀于土壤。播前每亩100千克过筛营养土，配施0.4千克壮秧剂，或100升营养基质备用				秧田追肥：插前2天每盘施尿素2克		本田基肥：亩施45%复合肥20～25千克、尿素5～7.5千克、氯化钾7.5～10.0千克			分蘖肥：机插后5～7天、10～12天，分别亩施尿素7.5千克			促花肥：倒4叶期，亩施45%高效复合肥20～30千克、尿素5千克、氯化钾7.5千克			保花肥：倒2叶期，亩施尿素5千克	亩大田总施纯氮量16～19千克	

（续）

灌溉	育秧前10～15天进行旋耕耙平后开沟作畦并精整秧板，净畦宽1.4米，沟宽0.3米，沟深0.20米，上水验平2～3次。播种时先摆盘，接着装土（或基质）、洒水或洇水、播种、盖土、覆膜（无纺布）。齐苗揭膜（布）后以旱管为主，做到不卷叶不灌水		精细整地并待泥浆沉淀后灌薄水机插；插后第1、2叶期日灌夜露，晴灌阴露；分蘖期浅水勤灌；当田间茎蘖数达80%～90%穗数苗时自然断水搁田，多次轻搁至全田土壤沉实不陷脚，叶色褪淡；拔节后及时复水，实施干湿交替水分灌溉，直至收获前7天	
病虫草防治	播种前，用浸种灵、使百克及吡虫啉药剂浸种 秧苗期，亩用10%吡虫啉40克或18%杀虫双250～300毫升对水40千克喷雾，防治秧田灰飞虱、稻蓟马、螟虫及水稻条纹叶枯病、黑条矮缩病等	栽后5～7天，结合施分蘖肥，用苄·乙或苄·丁可湿性粉剂防除本田杂草，并保水3～5天 6月中、下旬，用吡虫啉，防治灰飞虱与条纹叶枯病、黑条矮缩病；用杀虫双防治二化螟 7月中、下旬，用吡虫啉防治灰飞虱	8月上、中旬，用杀虫双加井冈霉素加扑虱灵粉剂，防治二化螟、稻纵卷叶螟、稻飞虱、纹枯病等	破口始穗期及其前后一周，亩用20%三环唑100克加20%井冈霉素粉剂50克，防治穗颈瘟、稻曲病、纹枯病；用杀虫双或三唑磷加扑虱灵粉剂，防治三化螟、稻纵卷叶螟、稻飞虱等
适时机收	用50马力以上带碎草装置全喂入或半喂入联合收割机收获			
规模及效益	目标产量：亩产650千克。亩均纯收益：760元。农户适度经营规模为48亩 50～100亩：推荐配置50马力拖拉机1台，旋耕机1台，15马力手扶拖拉机1台，插秧机1台，喷雾机4台 100～300亩：推荐配置50～70马力拖拉机1台，旋耕机1台，15马力手扶拖拉机1台，育秧设备1套，插秧机1台，喷雾机4台，35马力全喂入或半喂入收获机1台 300～500亩：推荐配置50～70马力拖拉机1台，旋耕机1台，15马力手扶拖拉机2台，育秧设备1套，高速插秧机1台，喷雾机10台，35马力全喂入和半喂入以上收获机各1台 500～2 000亩：推荐配置50～70马力拖拉机2台，旋耕机2台，15马力手扶拖拉机4台，育秧设备2套，高速插秧机2台，喷雾机10台，35马力全喂入和半喂入以上收获机各2台 2 000～5 000亩：推荐配置50～70马力拖拉机4台，旋耕机4台，15马力手扶拖拉机6台，育秧设备3套，高速插秧机4台，喷雾机20台，35马力全喂入和半喂入以上收获机各3台 5 000亩以上：推荐配置50～70马力拖拉机6台，旋耕机6台，15马力手扶拖拉机8台，育秧设备3套，高速插秧机6台，喷雾机20台，35马力全喂入和半喂入以上收获机各3台以上			

手扶拖拉机 6 台，育秧设备 3 套，高速插秧机 4 台，喷雾机 20 台，35 马力全喂入和半喂入以上收获机各 3 台。

5 000 亩以上：推荐配置 50～70 马力拖拉机 6 台，旋耕机 6 台，15 马力手扶拖拉机 8 台，育秧设备 3 套，高速插秧机 6 台，喷雾机 20 台，35 马力全喂入和半喂入以上收获机各 3 台以上。

（编制专家：霍中洋　张文毅　徐春春）

六、长江中下游油菜产区

（一）长江中下游稻—油两熟区

包括湖北、湖南、江西、安徽、江苏、浙江等地区，主要种植模式为稻油一年两熟，常年油菜种植面积 2 800 多万亩、亩产 140 千克左右，高于全国平均单产水平。该区域属亚热带季风气候，冬季气温适宜、降水充足，前后作茬口不紧张，土地较平整，非常适宜半冬性油菜生长，油菜单产高，是本区域传统的油料作物。一般在 9 月下旬至 10 月上旬播种，5 月中、下旬收获。影响该区域油菜生产的制约因素：一是渍害、秋旱、冻害等灾害发生频繁；二是菌核病发生较重、范围大；三是直播油菜草害重，且不易一播全苗；四是机械化水平低，生产成本高；五是下游地区推广粳稻（一季晚）面积大，收获期推迟，直播产量低。为此，该区域技术模式应根据不同茬口特点，强调机械化装备的应用，提高生产效率，降低人工投入。

长江中下游稻—油区油菜直播机收技术模式（模式 1）

中早熟耐密品种＋机械联合耕播＋基施硼肥＋化学封闭除草＋一促四防＋机械收获

——预期目标产量　通过推广该技术模式，油菜平均亩产达到 165 千克。

——关键技术路线

选用“双低”、耐密、抗倒、抗冻的中早熟油菜品种：选择近 5 年通过国家（长江中、下游区域）或本地省级审定的新品种，生育期在 220 天左右，含油量≥42%，具备耐密、高产、抗倒、抗菌核病、抗冻等性状。

耕播联合作业：9 月中下旬至 10 月初，用 70 马力油菜联合播种机一次性

长江中下游稻油区油菜直播机收技术模式图（模式 1）

<table>
<tr><td colspan="2" rowspan="2">月份
（旬）</td><td colspan="3">9 月</td><td colspan="3">10 月</td><td colspan="3">11 月</td><td colspan="3">12 月</td><td colspan="3">1 月</td><td colspan="3">2 月</td><td colspan="3">3 月</td><td colspan="3">4 月</td><td colspan="3">5 月</td></tr>
<tr><td>上旬</td><td>中旬</td><td>下旬</td><td>上旬</td><td>中旬</td><td>下旬</td><td>上旬</td><td>中旬</td><td>下旬</td><td>上旬</td><td>中旬</td><td>下旬</td><td>上旬</td><td>中旬</td><td>下旬</td><td>上旬</td><td>中旬</td><td>下旬</td><td>上旬</td><td>中旬</td><td>下旬</td><td>上旬</td><td>中旬</td><td>下旬</td><td>上旬</td><td>中旬</td><td>下旬</td></tr>
<tr><td colspan="2">生育
时期</td><td colspan="27">9 月中旬～10 月上旬播种　苗期 120 天左右　1 月下旬～2 月中旬抽薹　蕾薹期　2 月下旬～3 月中旬开花　开花期　3 月下旬～4 月中旬灌浆　角果发育　5 月上旬～5 月下旬成熟</td></tr>
<tr><td rowspan="6">播种</td><td>品种
选择</td><td colspan="27">选择近 5 年通过国家（长江中、下游区域）或本地省级审定，生育期在 220 天左右，耐密、含油量高、高产、抗倒、抗菌核病、抗冻的油菜新品种</td></tr>
<tr><td>灭茬</td><td colspan="27">前茬水稻在收获前 10～15 天开沟排水晒田，以便机械操作。稻桩较高的田块用 70 马力灭茬机实施秸秆还田</td></tr>
<tr><td>基肥</td><td colspan="27">基肥应无机肥与有机肥相结合，亩施氮、磷、钾复合肥（45%含量）50 千克、颗粒硼肥（12%含量）0.5 千克，用联合播种机施肥</td></tr>
<tr><td>播种</td><td colspan="27">在适宜墒情下抢墒播种。9 月中下旬至 10 月初，用 70 马力油菜精量联合播种机一次性完成开沟、旋耕、施肥、播种、覆土等工序，作业厢宽一般为 2 米，厢沟宽 15～20 厘米、深 18～20 厘米，腰沟和围沟宽均 20 厘米、深 30 厘米。亩播种量一般为 200～300 克，播后可不间苗，密度一般为每亩 2 万～3 万株</td></tr>
<tr><td>灌溉</td><td colspan="27">如土壤墒情不好或短期无降雨，可进行沟灌保墒促全苗，但应以厢沟水浸湿厢面为宜，严禁厢面漫灌</td></tr>
<tr><td>除草</td><td colspan="27">播种后 3 天内，应及时采用乙草胺等除草剂进行喷雾防治，实施芽前封闭除草</td></tr>
<tr><td>田间管理</td><td>苗期</td><td colspan="5">及时补苗：播种一周后检查田间出苗情况，断垄未出苗田块要及时补播。亩密度 2 万～3 万株</td><td colspan="4">施提苗肥：定苗后结合中耕或雨前亩施尿素 5 千克提苗</td><td colspan="4">苗期除草：封闭除草效果不好的田块，可在 5 叶期进行选择性化学除草</td><td colspan="5">化学调控：早播或旺长田块在 11 月底亩用 25～35 克多效唑（15%）对水 50 千克喷雾调控</td><td colspan="4">抗旱防渍：雨后清沟，防涝防渍，若遇秋、冬干旱，沟灌 1～2 次</td><td colspan="5">防治虫害：亩用 10%吡虫灵 20 克对水 50 千克防治蚜虫；用菊酯类农药防治菜青虫</td></tr>
</table>

（续）

田间管理	越冬期	追施蜡肥：雨前追施尿素5～8千克	清沟排渍：雨后应及时清沟排渍，降低田间湿度	摘除早薹：越冬期薹高达到40厘米的田块于晴天摘薹20厘米左右，防早薹早花，并预防冻害
	薹花期	重施薹肥：初薹期亩追施尿素5～6千克、氯化钾5～6千克 一促四防：在油菜初花期，可采用40%菌核净可湿性粉剂（亩用量100克）或咪鲜胺（亩用量100克）＋磷酸二氢钾（亩用量100克）＋速效硼（有效硼含量＞20%，亩用量50克）。机动喷雾器亩用药液量12～15千克，一般手动喷雾器不少于30千克/亩		疏通“三沟”，预防倒伏。保持“三沟”畅通，预防渍害及病害发生
机械收获		茬口紧张的田块，可采用分段收获技术，即油菜全株八成黄熟、种皮变褐时，用割晒机割倒（没有割晒机可以人工割晒），后熟5～7天后用60马力油菜捡拾脱粒机捡拾收获。茬口不紧张的田块，可采用联合收获技术，在油菜十成黄熟时，用60马力油菜联合收获机一次收获。籽粒水分降到9%以下，扬净后可装袋入库		
规模及效益		目标产量：亩产165千克。亩均纯收益：183元。农户适度经营规模为269亩 100～200亩：推荐配置70马力油菜精量联合播种机1台、5马力机动喷雾器1台、60马力油菜联合收获机1台或60马力油菜分段收获机1台（套） 200～500亩：推荐配置70马力油菜精量联合播种机2台、5马力机动喷雾器1台、60马力油菜联合收获机2台或60马力油菜分段收获机2台（套） 500～1 000亩：推荐配置70马力油菜精量联合播种机3台、5马力机动喷雾器2台、60马力油菜联合收获机4台或60马力油菜分段收获机3台（套） 1 000亩以上：推荐配置70马力油菜精量联合播种机4台以上、5马力机动喷雾器3台以上、60马力油菜联合收获机5台以上或60马力油菜分段收获机4台（套）以上		

完成开沟、旋耕、施肥、播种、覆土等工序，作业厢宽一般为 2 米，厢沟宽 15～20厘米、深 18～20 厘米，腰沟、围沟宽 20 厘米、深 30 厘米。亩密度 2 万～3 万株。

基施硼肥：在正常亩施氮、磷、钾复合肥（45%含量）50 千克作为基肥的基础上，另增加基施颗粒硼肥（12%含量）0.5 千克。

化学封闭除草：播种后 3 天内，及时用乙草胺类除草剂进行芽前喷雾防杂草。

一促四防：在油菜初花期用 40%菌核净可湿性粉剂（亩用量 100 克）或咪鲜胺（亩用量 100 克）＋磷酸二氢钾（亩用量 100 克）＋速效硼（有效硼含量＞20%，亩用量 50 克）。机动喷雾器亩用药液量 12～15 千克，手动喷雾器亩用药液量不少于 30 千克。

机械收获：可采用分段收获技术，即油菜全株八成黄熟、种子变褐时，用割晒机割倒（没有割晒机可人工割晒），后熟 5～7 天后用油菜捡拾脱粒机脱粒。不具备分段收获条件时，采用联合收获技术，在油菜十成黄熟时，用油菜联合收获机一次收获。籽粒水分在 9%以下，扬净后装袋入库。

——成本效益分析

目标产量收益：以亩产 165 千克、价格 5.1 元/千克计算，合计 842 元。

亩均成本投入：659 元。

亩均纯收益：183 元。

适度经营规模面积：269 亩。

——可供选择的常见经营规模推荐农机配置

100～200 亩：推荐配置 70 马力油菜精量联合播种机 1 台、5 马力机动喷雾器 1 台、60 马力油菜联合收获机 1 台或 60 马力油菜分段收获机 1 台（套）。

200～500 亩：推荐配置 70 马力油菜精量联合播种机 2 台、5 马力机动喷雾器 2 台、60 马力油菜联合收获机 2 台或 60 马力油菜分段收获机 2 台（套）。

500～1 000 亩：推荐配置 70 马力油菜精量联合播种机 3 台、5 马力机动喷雾器 2 台、60 马力油菜联合收获机 4 台或 60 马力油菜分段收获机 3 台（套）。

1 000 亩以上：推荐配置 70 马力油菜精量联合播种机 4 台以上、5 马力机动喷雾器 3 台以上、60 马力油菜联合收获机 5 台以上或 60 马力油菜分段收获机 4 台（套）以上。

（编制专家：张学昆）

长江中下游稻—油区油菜开沟撒播机收技术模式（模式 2）

中早熟耐密油菜品种＋机械开沟＋人工撒播＋基施硼肥＋化学封闭除草＋一促四防＋机械收获

——预期目标产量　通过推广该技术模式，油菜平均亩产达到 160 千克。

——关键技术路线

选用“双低”、耐密、耐渍、抗倒的中早熟油菜品种：选择近 5 年通过国家（长江中、下游区域）或本地省级审定，生育期在 220 天左右，耐密、含油量≥42％、高产、抗倒、抗菌核病的油菜新品种。

少免耕播种作业：前茬水稻在收获前 10～15 天开沟排水晒田，水稻收获后及时灭茬、施足基肥。土质较好的沙壤土可采用开沟免耕直播方式，抢墒人工撒播，利用机械开沟抛土覆籽；土质较黏重的田块可采取开沟浅耕直播，用 30～50 马力开沟旋耕机开沟并浅旋耕，然后抢墒人工撒播种子。一般厢宽 1.3～1.5 米，每亩播种量 0.25～0.3 千克，亩密度 2.5 万～3 万株。

基施硼肥：在正常亩施氮、磷、钾复合肥（45％含量）50 千克作为基肥的基础上，另增加基施颗粒硼肥（12％含量）0.5 千克。

化学封闭除草：播种后 3 天内，及时用乙草胺类除草剂进行芽前喷雾防草。

一促四防：在油菜初花期用 40％菌核净可湿性粉剂（亩用量 100 克）或咪鲜胺（亩用量 100 克）＋磷酸二氢钾（亩用量 100 克）＋速效硼（有效硼含量＞20％，亩用量 50 克）。机动喷雾器亩用药液量 12～15 千克，手动喷雾器亩用药液量不少于 30 千克。

机械收获：可采用分段收获技术，即油菜全株八成黄熟、种皮变褐时，用割晒机割倒（没有割晒机可以人工割晒），后熟 5～7 天后用油菜捡拾脱粒机脱粒。在不具备分段收获条件时，可采用联合收获技术，在油菜十成黄熟，采用油菜联合收获机一次收获。籽粒水分在 9％以下，扬净后可装袋入库。

——成本效益分析

目标产量收益：以亩产 160 千克、价格 5.1 元/千克计算，合计 816 元。

亩均成本投入：717 元。

亩均纯收益：99 元。

适度经营规模面积：496 亩。

——可供选择的常见经营规模推荐农机配置

50～100 亩：推荐配置 70 马力旋耕开沟机 1 台或 70 马力旋耕机 1 台＋15

长江中下游稻油区油菜开沟撒播机收技术模式图（模式 2）

<table>
<tr><td colspan="2" rowspan="2">月份
（旬）</td><td colspan="3">9 月</td><td colspan="3">10 月</td><td colspan="3">11 月</td><td colspan="3">12 月</td><td colspan="3">1 月</td><td colspan="3">2 月</td><td colspan="3">3 月</td><td colspan="3">4 月</td><td colspan="3">5 月</td></tr>
<tr><td>上旬</td><td>中旬</td><td>下旬</td><td>上旬</td><td>中旬</td><td>下旬</td><td>上旬</td><td>中旬</td><td>下旬</td><td>上旬</td><td>中旬</td><td>下旬</td><td>上旬</td><td>中旬</td><td>下旬</td><td>上旬</td><td>中旬</td><td>下旬</td><td>上旬</td><td>中旬</td><td>下旬</td><td>上旬</td><td>中旬</td><td>下旬</td><td>上旬</td><td>中旬</td><td>下旬</td></tr>
<tr><td colspan="2">生育
时期</td><td colspan="27">9 月中旬～10 月上旬播种　苗期 120 天左右　1 月下旬～2 月中旬抽薹　蕾薹期　2 月下旬～3 月中旬开花　开花期　3 月下旬～4 月中旬灌浆　角果发育　5 月上旬～5 月下旬成熟</td></tr>
<tr><td rowspan="5">播种</td><td>品种
选择</td><td colspan="27">选择“双低”、生育期适中、耐密、耐渍、抗倒及本区域审定的高含油量油菜品种</td></tr>
<tr><td>灭茬</td><td colspan="27">在前茬水稻收获前 10～15 天开沟排水晒田，降低土壤含水量，便于机械操作。水稻收获后清理秸秆</td></tr>
<tr><td>基肥</td><td colspan="27">基肥应无机肥与有机肥相结合。在水稻收割后撒施基肥，中等肥力田块每亩施有机肥 1 000 千克、氮磷钾复合肥（45%含量）50 千克（或尿素 15 千克＋钙镁磷肥 40 千克）和颗粒硼肥（12%含量）0.5 千克</td></tr>
<tr><td>播种</td><td colspan="27">人工撒播时，宜将种子与过筛细土混匀后，在无积水、不陷脚时撒播，亩用种量 0.25～0.3 千克，播种完成后立即用 15 马力小型开沟机开好“三沟”，厢宽 1.3～1.5 米，并亩用 60%丁草胺乳油 100 毫升或禾耐斯、金都尔按规定用量均匀喷施土壤表面，封闭除草</td></tr>
<tr><td>灌溉</td><td colspan="27">如土壤墒情不好或短期无降雨，可进行沟灌保墒促全苗，但应以厢沟水浸湿厢面为宜，严禁厢面漫灌</td></tr>
<tr><td>田间管理</td><td>苗期</td><td colspan="5">早间苗、定苗：出苗后及时间去窝堆苗，4～5 片真叶时定苗，疏密补稀。亩密度 2.5 万～3 万株</td><td colspan="4">施提苗肥：定苗后结合中耕或雨前亩施尿素 5～7 千克提苗</td><td colspan="4">苗期除草：如果草害较重，则在油菜 5 叶期进行化学除草</td><td colspan="4">化学调控：旺长田块在 11 月底亩用 25～35 克多效唑（15%）对水 50 千克喷施</td><td colspan="5">抗旱防渍：雨后清沟，防涝防渍，若遇秋、冬干旱，沟灌 1～2 次</td><td colspan="5">防治虫害：亩用 10%吡虫啉 20 克对水 50 千克防治蚜虫；用菊酯类农药防治菜青虫</td></tr>
</table>

（续）

田间管理	越冬期	追施蜡肥：亩施农家肥1 000千克或撒施尿素5千克	防治虫害：防治方法同苗期	摘除早薹：越冬期薹高达到40厘米的田块于晴天摘薹20厘米左右，防早薹早花，并预防冻害
田间管理	薹花期	重施薹肥：初薹期亩追施尿素5～6千克、氯化钾5～6千克 一促四防：在油菜初花期，可采用40%菌核净可湿性粉剂（亩用量100克）或咪鲜胺（亩用量100克）＋磷酸二氢钾（亩用量100克）＋速效硼（有效硼含量＞20%，亩用量50克）。机动喷雾器亩用药液量12～15千克，一般手动喷雾器不少于30千克/亩		疏通“三沟”，预防倒伏：保持“三沟”畅通，预防渍害及病害发生
机械收获		当全株2/3角果呈黄绿色，主轴基部角果呈枇杷色、种皮开始变褐时割倒，后熟5～7天后，用6马力小型油菜脱粒机；或直接用60马力油菜分段收获机机械收获脱粒、晾晒。当籽粒水分降至9%以下，扬净后即可装袋入库		
规模及效益		目标产量：亩产160千克。亩均纯收益：99元。农户适度经营规模为496亩 50～100亩：推荐配置70马力旋耕开沟机1台或70马力旋耕机1台＋15马力开沟机1台、5马力机动喷雾器1台、60马力油菜联合收获机1台或60马力油菜分段收获机1台（套） 100～300亩：推荐配置70马力旋耕开沟机1台或70马力旋耕机1台＋15马力开沟机1台、5马力机动喷雾器1台、60马力油菜联合收获机1台或60马力油菜分段收获机1台（套） 300～500亩：推荐配置70马力旋耕开沟机2台或70马力旋耕机2台＋15马力开沟机2台、5马力机动喷雾器1台、60马力油菜联合收获机2台或60马力油菜分段收获机2台（套）		

马力开沟机 1 台、5 马力机动喷雾器 1 台、60 马力油菜联合收获机 1 台或 60 马力油菜分段收获机 1 台（套）。

100～300 亩：推荐配置 70 马力旋耕开沟机 1 台或 70 马力旋耕机 1 台＋15 马力开沟机 1 台、5 马力机动喷雾器 1 台、60 马力油菜联合收获机 1 台或 60 马力油菜分段收获机 1 台（套）。

300～500 亩：推荐配置 70 马力旋耕开沟机 2 台或 70 马力旋耕机 2 台＋15 马力开沟机 2 台、5 马力机动喷雾器 1 台、60 马力油菜联合收获机 2 台或 60 马力油菜分段收获机 2 台（套）。

（编制专家：沈福生）

长江中下游稻—油区油菜育苗移栽机收技术模式（模式 3）

中晚熟品种＋机械耕整＋育苗移栽＋基施硼肥＋一促四防＋机械收获

——预期目标产量　通过推广该技术模式，油菜平均亩产达到 180 千克。

——关键技术路线

选用“双低”、高产、抗倒的中晚熟油菜品种：选择近 5 年通过国家（长江中、下游区域）或本地省级审定，个体发育能力强、冬前抗抽薹、抗倒、耐寒、抗菌核病的油菜新品种。

机械耕整：10 月下旬一季晚稻收获后，及时用 70 马力旋耕开沟机进行土地耕整，一次性完成开沟、旋耕、施肥等工序，作业厢宽一般为 2 米，厢沟宽 15～20 厘米、深 18～20 厘米，腰沟和围沟均宽 20 厘米、深 30 厘米。

基施硼肥：在正常亩施氮、磷、钾复合肥（45％含量）50 千克作为基肥的情况下，另增加基施颗粒硼肥（12％含量）0.5 千克。

大壮苗育苗移栽：一般在 9 月中、下旬稀播匀播育苗，采用多效唑调控培育大壮苗。一季晚稻收获后，及时用 30～70 马力开沟旋耕机进行土地耕整，移栽密度每亩 6 000～8 000 株。

一促四防：油菜初花期采用 40％菌核净可湿性粉剂（亩用量 100 克）或咪鲜胺（亩用量 100 克）＋磷酸二氢钾（亩用量 100 克）＋速效硼（有效硼含量＞20％，亩用量 50 克）。机动喷雾器亩用药液量 12～15 千克，手动喷雾器亩用药液量不少于 30 千克。

机械收获：可采用分段收获技术，即油菜全株八成黄熟、种皮变褐时，用割晒机割倒（没有割晒机可以人工割晒），后熟 5～7 天后用油菜捡拾脱粒机脱粒。在不具备分段收获条件时，可采用联合收获技术，在油菜十成黄熟

长江中下游稻—油区油菜育苗移栽机收技术模式图（模式 3）

<table>
<tr><td colspan="2" rowspan="2">月份
（旬）</td><td colspan="3">9月</td><td colspan="3">10月</td><td colspan="3">11月</td><td colspan="3">12月</td><td colspan="3">1月</td><td colspan="3">2月</td><td colspan="3">3月</td><td colspan="3">4月</td><td colspan="3">5月</td></tr>
<tr><td>上旬</td><td>中旬</td><td>下旬</td><td>上旬</td><td>中旬</td><td>下旬</td><td>上旬</td><td>中旬</td><td>下旬</td><td>上旬</td><td>中旬</td><td>下旬</td><td>上旬</td><td>中旬</td><td>下旬</td><td>上旬</td><td>中旬</td><td>下旬</td><td>上旬</td><td>中旬</td><td>下旬</td><td>上旬</td><td>中旬</td><td>下旬</td><td>上旬</td><td>中旬</td><td>下旬</td></tr>
<tr><td colspan="2">生育
时期</td><td colspan="27">9月中旬～9月下旬育苗　10月中旬～10月下旬移栽　苗期120天左右　1月下旬～2月中旬抽薹　蕾薹期　2月下旬～3月中旬开花　开花期　3月下旬～4月中旬灌浆
角果发育　5月上旬～5月下旬成熟</td></tr>
<tr><td rowspan="7">播种育苗移栽</td><td>品种选择</td><td colspan="27">选用“双低”、高产、抗倒的中晚熟油菜品种。近5年通过国家（长江中、下游区域）或本地省级审定，个体发育能力强、冬前抗抽薹、抗倒、抗菌核病的油菜新品种</td></tr>
<tr><td>育大壮苗</td><td colspan="27">一般在9月中、下旬稀播匀播育苗，按苗床：本田为1：5比例育苗。5叶期后，对旺长苗床可用多效唑或烯效唑控制长势</td></tr>
<tr><td>灭茬</td><td colspan="27">在前茬水稻收获前10～15天开沟排水晒田，降低土壤含水量，便于机械操作。稻桩较高的田块，用70马力灭茬机实施秸秆还田</td></tr>
<tr><td>基肥</td><td colspan="27">基肥应无机肥与有机肥相结合，每亩施氮、磷、钾复合肥（45%含量）50千克、颗粒硼肥（12%含量）0.5千克，结合耕整进行施肥</td></tr>
<tr><td>耕整</td><td colspan="27">10月下旬一季晚稻收获后，及时用70马力旋耕开沟机进行土地耕整，一次性完成开沟、旋耕、施肥等工序，作业厢宽一般为2米，厢沟宽15～20厘米、深18～20厘米，腰沟、围沟均宽20厘米、深30厘米</td></tr>
<tr><td>移栽</td><td colspan="27">10月底至11月中旬，移栽密度每亩6 000～8 000株</td></tr>
<tr><td>浇水</td><td colspan="27">移栽后如墒情不好，应及时浇一次定根水</td></tr>
</table>

（续）

<table>
<tr><td rowspan="3">田间管理</td><td>苗期</td><td>移栽约1周，油菜返青后及时补苗</td><td>施提苗肥：定苗后结合中耕或雨前亩施尿素5千克提苗</td><td>化学调控：早播或旺长田块在11月底亩用25～35克多效唑（15%）对水50千克喷雾调控</td><td>抗旱防渍：雨后清沟，防涝防渍，若遇秋、冬干旱，沟灌1～2次</td><td>防治虫害：亩用10%吡虫啉20克对水50千克防治蚜虫；用菊酯类农药防治菜青虫</td></tr>
<tr><td>越冬期</td><td colspan="2">追施蜡肥：雨前亩追施尿素5～8千克</td><td colspan="2">清沟排渍：雨后应及时清沟排渍，降低田间湿度</td><td>摘除早薹：越冬期薹高达到40厘米的田块于晴天摘薹20厘米左右，防早薹早花，并预防冻害</td></tr>
<tr><td>薹花期</td><td colspan="4">重施薹肥：初薹期亩追施尿素5～6千克、氯化钾5～6千克
一促四防：在油菜初花期，可采用40%菌核净可湿性粉剂（亩用量100克）或咪鲜胺（亩用量100克）＋磷酸二氢钾（亩用量100克）＋速效硼（有效硼含量＞20%，亩用量50克）。机动喷雾器亩用药液量12～15千克，一般手动喷雾器不少于30千克/亩</td><td>疏通“三沟”，预防倒伏：保持“三沟”畅通，预防渍害及病害发生</td></tr>
<tr><td colspan="2">机械收获</td><td colspan="5">茬口紧张的田块，可采用分段收获技术，即油菜全株八成黄熟、种皮变褐时，用割晒机割倒（没有割晒机的可以人工割晒），后熟5～7天后用油菜捡拾脱粒机捡拾收获（没有油菜捡拾脱粒机可以由人工喂入油菜联合收获机完成脱粒）。茬口不紧张的田块，可采用联合收获技术，在油菜十成黄熟时，用60马力油菜联合收获机一次收获。籽粒水分在9%以下，扬净后可装袋入库</td></tr>
<tr><td colspan="2">规模及效益</td><td colspan="5">目标产量：亩产180千克。亩均纯收益：152元。农户适度经营规模为323亩
5～10亩：推荐配置5马力机动喷雾器1台、15马力开沟机1台
10～20亩：推荐配置5马力机动喷雾器1台、15马力开沟机1台、70马力旋耕灭茬机1台
20～40亩：推荐配置5马力机动喷雾器1台、15马力开沟机1台、70马力旋耕灭茬机1台、60马力油菜分段收获机或联合收获机1台</td></tr>
</table>

时，采用油菜联合收获机一次收获。籽粒水分在9%以下，扬净后可装袋入库。

——成本效益分析

目标产量收益：以亩产180千克、价格5.1元/千克计算，合计918元。

亩均成本投入：766元。

亩均纯收益：152元。

适度经营规模面积：323亩。

——可供选择的常见经营规模推荐农机配置

5～10亩：推荐配置5马力机动喷雾器1台、15马力开沟机1台。

10～20亩：推荐配置5马力机动喷雾器1台、15马力开沟机1台、70马力旋耕灭茬机1台。

20～40亩：推荐配置5马力机动喷雾器1台、15马力开沟机1台、70马力旋耕灭茬机1台、60马力油菜分段收获机或联合收获机1台。

（编制专家：张学昆）

（二）长江中下游旱—油两熟区

包括湖南、湖北、江西、安徽、江苏等地区，主要为棉花—油菜、玉米—油菜、大豆—油菜、芝麻—油菜、花生—油菜等种植模式，油菜种植面积2 300多万亩。一般在9月中旬至10月中旬播种育苗，苗龄30天左右，10月中旬至11月中旬移（套）栽，翌年5月份收获。旱作油菜渍害较轻，前后茬口衔接有利于肥料的周年利用，油菜施肥较少，单产较高，种植效益较好。制约该区油菜生产的主要因素是：一是季节性秋旱对适期播种影响较大；二是菌核病、菜青虫、蚜虫等病虫害发生面积大、危害重；三是油菜与棉花、玉米等有一定的共生期，荫蔽条件不利于油菜苗期生长，且易倒伏；四是缺乏适合共生期作业的农机装备，套作油菜播栽困难，用工多。

长江中下游旱地油菜育苗套栽机收技术模式（模式1）

抗倒抗病品种＋育苗套栽＋基施硼肥＋一促四防＋机械收获

——预期目标产量　通过推广该技术模式，油菜平均亩产达到200千克。

——关键技术路线

选用“双低”、抗倒、抗病、分枝能力强的油菜品种：选择近5年通过国家

长江中下游旱地油菜育苗套栽机收技术模式图（模式 1）

<table>
<tr><td colspan="2" rowspan="2">月份
（旬）</td><td colspan="3">9月</td><td colspan="3">10月</td><td colspan="3">11月</td><td colspan="3">12月</td><td colspan="3">1月</td><td colspan="3">2月</td><td colspan="3">3月</td><td colspan="3">4月</td><td colspan="3">5月</td></tr>
<tr><td>上旬</td><td>中旬</td><td>下旬</td><td>上旬</td><td>中旬</td><td>下旬</td><td>上旬</td><td>中旬</td><td>下旬</td><td>上旬</td><td>中旬</td><td>下旬</td><td>上旬</td><td>中旬</td><td>下旬</td><td>上旬</td><td>中旬</td><td>下旬</td><td>上旬</td><td>中旬</td><td>下旬</td><td>上旬</td><td>中旬</td><td>下旬</td><td>上旬</td><td>中旬</td><td>下旬</td></tr>
<tr><td colspan="2">生育
时期</td><td colspan="27">9月中旬～10月中旬播种育苗　苗龄 30 天　10月中旬～11月中旬移栽　苗期 110 天左右　1月下旬～2月中旬抽薹　蕾薹期　2月下旬～3月中旬开花　开花期
3月下旬～4月中旬灌浆　角果发育　5月上旬～5月下旬成熟</td></tr>
<tr><td rowspan="5">播种育苗套栽</td><td>品种选择</td><td colspan="27">前茬不宜用生育期长、成熟迟的品种。选择“双低”、生育期适中、抗倒、抗病及在本区域审定的油菜品种</td></tr>
<tr><td>株行配置</td><td colspan="27">前茬作物开厢 1.8 米，厢沟宽 0.2 米。在前茬作物厢面上预留 1.4 米宽的预留行，后期移栽油菜</td></tr>
<tr><td>及时腾茬</td><td colspan="27">前茬作物后期不再追施氮肥，以防贪青晚熟，争取 10 月底至 11 月初拔秆腾茬（如贪青晚熟的棉田可喷施乙烯利促成熟）</td></tr>
<tr><td>播种育苗</td><td colspan="27">苗床亩施腐熟有机肥 1 000 千克、氮磷钾复合肥（45%）15～25 千克后耕整、作厢，每亩苗床播种量 0.5 千克左右。2 叶 1 心定苗，每平方米留苗 60～70 株。真叶长出时可亩施稀人粪尿 500 千克左右提苗，生长较差的田块可亩增施尿素 3～4 千克。油菜 3 叶期至 5 叶期视苗情亩用多效唑（15%）粉剂 25～35 克对水 50 千克喷雾，培育矮壮苗</td></tr>
<tr><td>整地套栽</td><td colspan="27">中等肥力田块亩施用氮磷钾复合肥（45%含量）20～30 千克作为基肥，另增加基施颗粒硼肥（12%含量）0.5 千克。底肥施用后用中耕器将预留行及厢边中耕一次，并清理“三沟”。亩移栽密度 5 000 株左右，移栽期推迟时适当增加密度</td></tr>
</table>

（续）

田间管理	苗期	棉花拔秆腾茬：结合拔杆腾茬进一步清理“三沟”	追施提苗肥：前茬收获后亩追施尿素3千克提苗	苗期除草：油菜5叶期进行化学除草	化学调控：旺长田块在11月底亩用25～35克多效唑（15%）对水50千克喷雾调控	防治虫害：亩用10%吡虫啉20克对水50千克防治蚜虫；用菊酯类农药防治菜青虫
	越冬期	追施蜡肥：亩施农家肥1 000千克	防治虫害：防治方法同苗期	摘除早薹：越冬期薹高达到40厘米的田块于晴天摘薹20厘米左右，防早薹早花，并预防冻害		
	薹花期	一促四防：在油菜初花期，可用40%菌核净可湿性粉剂（亩用量100克）或咪鲜胺（亩用量100克）＋磷酸二氢钾（亩用量100克）＋速效硼（有效硼含量＞20%，亩用量50克）。机动喷雾器亩用药液量12～15千克，一般手动喷雾器不少于30千克/亩	疏通“三沟”，预防倒伏：保持“三沟”畅通，预防渍害及病害发生			
机械收获		当全株2/3角果呈黄绿色，主轴基部角果呈枇杷色、种皮开始变褐时割倒，后熟5～7天后用6马力小型油菜脱粒机或60马力油菜分段收获机机械脱粒、晾晒。当籽粒水分降至9%以下，扬净后即可装袋入库				
规模及效益		目标产量：亩产200千克。亩均纯收益：203元。农户适度经营规模为242亩 10～80亩：推荐配置5马力机动喷雾器1台、60马力油菜分段收获机或联合收获机1台				

（长江中、下游区域）或本地省级审定，含油量≥42%、高产、抗倒、抗菌核病、分枝能力强的“双低”油菜品种。

集中育苗，抢时、抢墒套栽，确保移栽密度：按照苗床与本田面积1∶5的比例尽早备好苗床。抢时、抢墒套栽，亩密度5 000株左右。

基施硼肥：在正常亩施氮、磷、钾复合肥（45%含量）20～30千克作为基肥的基础上，另增加基施颗粒硼肥（12%含量）0.5千克。

一促四防：在油菜初花期用40%菌核净可湿性粉剂（亩用量100克）或咪鲜胺（亩用量100克）＋磷酸二氢钾（亩用量100克）＋速效硼（有效硼含量>20%，亩用量50克）。机动喷雾器亩用药液量12～15千克，手动喷雾器亩用药液量不少于30千克。

适时机械收获：有条件的田块在油菜全株八成黄熟、种皮变褐时，用割晒机割倒（没有割晒机可以人工割晒），后熟5～7天后用油菜捡拾脱粒机脱粒。籽粒水分降至9%以下，手抓菜籽不成团，扬净后可装袋入库。

——成本效益分析

目标产量收益：以亩产200千克、价格5.1元/千克计算，合计1 020元。

亩均成本投入：817元。

亩均纯收益：203元。

适度经营规模面积：242亩。

——可供选择的常见经营规模推荐农机配置

10～80亩：推荐配置5马力机动喷雾器1台、60马力油菜分段收获机或联合收获机1台。

长江中下游旱地油菜撒播机收技术模式（模式2）

抗倒抗病品种＋人工撒播＋基施硼肥＋化学封闭除草＋一促四防＋机械收获

——预期目标产量　通过推广该技术模式，油菜平均亩产达到180千克。

——关键技术路线

选用抗倒、抗病、耐密、“双低”油菜品种：选择近5年通过国家（长江中、下游区域）或本地省级审定，含油量≥42%、高产、抗倒、抗菌核病、分枝能力强的“双低”油菜品种。

中耕松土施肥后抢时、抢墒套播，确保种植密度：及时中耕松土，抢时、抢墒套播油菜，亩播种量0.3千克，亩密度2.5万～3万株。播后浅耙、轻耙盖籽。

长江中下游旱地油菜撒播机收技术模式图（模式 2）

<table>
<tr><td colspan="2" rowspan="2">月份
（旬）</td><td colspan="3">9 月</td><td colspan="3">10 月</td><td colspan="3">11 月</td><td colspan="3">12 月</td><td colspan="3">1 月</td><td colspan="3">2 月</td><td colspan="3">3 月</td><td colspan="3">4 月</td><td colspan="3">5 月</td></tr>
<tr><td>上旬</td><td>中旬</td><td>下旬</td><td>上旬</td><td>中旬</td><td>下旬</td><td>上旬</td><td>中旬</td><td>下旬</td><td>上旬</td><td>中旬</td><td>下旬</td><td>上旬</td><td>中旬</td><td>下旬</td><td>上旬</td><td>中旬</td><td>下旬</td><td>上旬</td><td>中旬</td><td>下旬</td><td>上旬</td><td>中旬</td><td>下旬</td><td>上旬</td><td>中旬</td><td>下旬</td></tr>
<tr><td colspan="2">生育
时期</td><td colspan="27">9 月下旬～10 月中旬播种　苗期 110 天左右　1 月下旬～2 月中旬抽薹　蕾薹期　2 月下旬～3 月中旬开花　开花期
3 月下旬～4 月中旬灌浆　角果发育　5 月上旬～5 月下旬成熟</td></tr>
<tr><td rowspan="5">播
种</td><td>品种
选择</td><td colspan="27">前茬作物不宜用生育期长、成熟迟的品种。选择“双低”、生育期适中、抗倒、耐迟播及在本区域审定的油菜品种</td></tr>
<tr><td>株行
配置</td><td colspan="27">前茬作物开厢 1.8 米，厢沟宽 0.2 米。套播模式前作可采用宽窄行配置，厢面上预留 1.4 米宽行种植油菜</td></tr>
<tr><td>及时
腾茬</td><td colspan="27">前茬作物后期不再追施氮肥，以防贪青晚熟（如贪青晚熟的棉田可喷施乙烯利促进成熟）</td></tr>
<tr><td>施肥
整地</td><td colspan="27">中等肥力田块亩施用氮磷钾复合肥（45％含量）20～30 千克作为基肥，另增加基施颗粒硼肥（12％含量）0.5 千克。底肥施用后用中耕器将预留行及厢边中耕一次，同时清理“三沟”</td></tr>
<tr><td>播种</td><td colspan="27">播种时每千克油菜种子用细土 1～2 千克混匀，在中耕后及时将种子均匀撒播于厢面，然后用用铁耙耙平。亩用种量 0.3 千克为宜，如播期推迟则适当增加播种量</td></tr>
<tr><td>田
间
管
理</td><td>苗期</td><td colspan="4">收获腾茬：结合拔秆腾茬清理“三沟”</td><td colspan="4">间苗定苗：3 叶期及时间苗、定苗，疏密补稀。亩密度 2.5 万～3 万株</td><td colspan="4">提苗肥：定苗后亩施尿素 3 千克提苗</td><td colspan="5">苗期除草：在油菜 5 叶期进行化学除草</td><td colspan="5">化学调控：旺长田块在 11 月底亩用 25～35 克多效唑（15％）对水 50 千克喷雾调控</td><td colspan="5">防治虫害：亩用 10％吡虫啉 20 克对水 50 千克防治蚜虫；用菊酯类农药防治菜青虫</td></tr>
</table>

（续）

田间管理	越冬期	追施蜡肥：亩施农家肥1 000千克	防治虫害：防治方法同苗期	摘除早薹：越冬期薹高达到40厘米的田块于晴天摘薹20厘米左右，防早薹早花，并预防冻害
	薹花期	一促四防：在油菜初花期，可用40%菌核净可湿性粉剂（亩用量100克）或咪鲜胺（亩用量100克）＋磷酸二氢钾（亩用量100克）＋速效硼（有效硼含量＞20%，亩用量50克）。机动喷雾器亩用药液量12～15千克，一般手动喷雾器不少于30千克/亩		
机械收获		当全株2/3角果呈黄绿色，主轴基部角果呈枇杷色、种皮开始变褐时割倒，后熟5～7天后用6马力小型油菜脱粒机或60马力油菜分段收获机机械脱粒、晾晒。当籽粒水分降至9%以下，扬净后即可装袋入库		
规模及效益		目标产量：亩产180千克。亩均纯收益：226元。农户适度经营规模为217亩 50～100亩：推荐配置70马力旋耕灭茬机1台或18马力旋耕机1台、15马力开沟机1台、5马力机动喷雾器1台、6马力小型油菜脱粒机1台或60马力油菜联合收获机1台或60马力油菜分段收获机1台（套） 100～300亩：推荐配置70马力旋耕灭茬机1台或18马力旋耕机2台、15马力开沟机1台、5马力机动喷雾器1台、6马力小型油菜脱粒机1台或60马力油菜联合收获机1台或60马力油菜分段收获机1台（套） 300～500亩：推荐配置70马力旋耕灭茬机2台或18马力旋耕机4台、15马力开沟机2台、5马力机动喷雾器1台、60马力油菜联合收获机2台或60马力油菜分段收获机2台（套）		

基施硼肥：在正常亩施用氮、磷、钾复合肥（45%含量）20～30千克作为基肥的基础上，另增加基施颗粒硼肥（12%含量）0.5千克。

一促四防：在油菜初花期用40%菌核净可湿性粉剂（亩用量100克）或咪鲜胺（亩用量100克）＋磷酸二氢钾（亩用量100克）＋速效硼（有效硼含量＞20%，亩用量50克）。机动喷雾器亩用药液量12～15千克，手动喷雾器亩用药液量不少于30千克。

适时机械收获：有条件的田块在油菜全株八成黄熟、种皮变褐时，用割晒机割倒（没有割晒机可以人工割晒），后熟5～7天后用油菜捡拾脱粒机脱粒。籽粒水分降至9%以下，手抓菜籽不成团，扬净后可装袋入库。

——成本效益分析

目标产量收益：以亩产180千克、价格5.1元/千克计算，合计918元。

亩均成本投入：692元。

亩均纯收益：226元。

适度经营规模面积：217亩。

——可供选择的常见经营规模推荐农机配置

50～100亩：推荐配置70马力旋耕灭茬机1台或18马力旋耕机1台、15马力开沟机1台、5马力机动喷雾器1台、6马力小型油菜脱粒机1台或60马力油菜联合收获机1台或60马力油菜分段收获机1台（套）。

100～300亩：推荐配置70马力旋耕灭茬机1台或18马力旋耕机2台、15马力开沟机1台、5马力机动喷雾器1台、6马力小型油菜脱粒机1台或60马力油菜联合收获机1台或60马力油菜分段收获机1台（套）。

300～500亩：推荐配置70马力旋耕灭茬机2台或18马力旋耕机4台、15马力开沟机2台、5马力机动喷雾器1台、60马力油菜联合收获机2台或60马力油菜分段收获机2台（套）。

长江中下游旱地油菜翻耕直播机收技术模式（模式3）

抗倒抗病品种＋翻耕直播＋基施硼肥＋化学封闭除草＋一促四防＋机械收获

——预期目标产量　通过推广该技术模式，油菜平均亩产达到160千克。

——关键技术路线

选用高产、抗倒、抗菌核病的中早熟油菜品种：选择近5年通过国家（长江中、下游区域）或本地省级审定，生育期在220天左右，含油量≥42%、高产、抗倒、抗菌核病的油菜新品种。

机械翻耕作业：丘陵地区采用浅旋耕直播作业，前作收获后，施足基肥，利用 30～50 马力旋耕机开沟并浅旋耕。秋季降水较好的地区可雨后抢墒人工撒播，亩播量 0.25～0.3 千克，厢宽 1.3～1.5 米。平原地区采用联合耕播作业。亩密度 2 万～3 万株。

基施硼肥：在正常亩施用氮磷钾复合肥（45%含量）20～30 千克作为基肥的基础上，另增加基施颗粒硼肥（12%含量）0.5 千克。

化学封闭除草：播种后 3 天内，应及时采用乙草胺类除草剂进行芽前喷雾防草。

一促四防：在油菜初花期用 40%菌核净可湿性粉剂（亩用量 100 克）或咪鲜胺（亩用量 100 克）＋磷酸二氢钾（亩用量 100 克）＋速效硼（有效硼含量＞20%，亩用量 50 克）。机动喷雾器亩用药液量 12～15 千克，手动喷雾器亩用药液量不少于 30 千克。

机械收获：可采用分段收获技术，即油菜全株八成黄熟、种皮变褐时，用割晒机割倒（无割晒机可人工割晒），后熟 5～7 天后用油菜捡拾脱粒机脱粒。在不具备分段收获条件时，采用联合收获技术，在油菜十成黄熟，采用油菜联合收获机一次收获。籽粒水分在 9%以下，扬净后可装袋入库。

——成本效益分析

目标产量收益：以亩产 160 千克、价格 5.1 元/千克计算，合计 816 元。

亩均成本投入：698 元。

亩均纯收益：118 元。

适度经营规模面积：416 亩。

——可供选择的常见经营规模推荐农机配置

100～200 亩：推荐配置 70 马力油菜精量联合播种机 1 台或 15 马力小型油菜精量施肥播种机 1 台、15 马力开沟机 1 台、5 马力机动喷雾器 1 台、6 马力小型油菜脱粒机 1 台或 60 马力油菜联合收获机 1 台或 60 马力油菜分段收获机 1 台（套）。

200～500 亩：推荐配置 70 马力油菜精量联合播种机 2 台或 15 马力小型油菜精量施肥播种机 4 台、15 马力开沟机 2 台、5 马力机动喷雾器 1 台、60 马力油菜联合收获机 2 台或 60 马力油菜分段收获机 2 台（套）。

500～1 000 亩：推荐配置 70 马力油菜精量联合播种机 3 台或 15 马力小型油菜精量施肥播种机 6 台、15 马力开沟机 3 台、5 马力机动喷雾器 2 台、60 马力油菜联合收获机 4 台或 60 马力油菜分段收获机 3 台（套）。

1 000 亩以上：推荐配置 70 马力油菜精量联合播种机 4 台以上或 15 马力小型油菜精量施肥播种机 8 台以上、15 马力开沟机 4 台以上、5 马力机动喷雾器

长江中下游旱地油菜翻耕直播机收技术模式图（模式3）

<table>
<tr><td colspan="2" rowspan="2">月份
（旬）</td><td colspan="3">9月</td><td colspan="3">10月</td><td colspan="3">11月</td><td colspan="3">12月</td><td colspan="3">1月</td><td colspan="3">2月</td><td colspan="3">3月</td><td colspan="3">4月</td><td colspan="3">5月</td></tr>
<tr><td>上旬</td><td>中旬</td><td>下旬</td><td>上旬</td><td>中旬</td><td>下旬</td><td>上旬</td><td>中旬</td><td>下旬</td><td>上旬</td><td>中旬</td><td>下旬</td><td>上旬</td><td>中旬</td><td>下旬</td><td>上旬</td><td>中旬</td><td>下旬</td><td>上旬</td><td>中旬</td><td>下旬</td><td>上旬</td><td>中旬</td><td>下旬</td><td>上旬</td><td>中旬</td><td>下旬</td></tr>
<tr><td colspan="2">生育时期</td><td colspan="27">9月中旬～10月上旬播种　苗期120天左右　1月下旬～2月中旬抽薹　蕾薹期　2月下旬～3月中旬开花
开花期　3月下旬～4月中旬灌浆　角果发育　5月上旬～5月下旬成熟</td></tr>
<tr><td rowspan="5">播种</td><td>品种选择</td><td colspan="27">选择“双低”、生育期适中、耐密、抗倒及本区域审定的高含油量油菜品种</td></tr>
<tr><td>准备</td><td colspan="27">前茬花生、芝麻、早大豆、早玉米等收获后，清理前茬。如天气干旱，应先灌水至平厢面，再待水自然落干</td></tr>
<tr><td>基肥</td><td colspan="27">基肥应无机肥与有机肥相结合。在前茬作物收割后撒施基肥。中等肥力田块每亩施有机肥1 000千克、复合肥（40%含量）20～30千克、颗粒硼肥（12%含量）0.5千克作底肥</td></tr>
<tr><td>整地</td><td colspan="27">抢墒旋耕或灌水落干后旋耕，厢宽一般为1.8～2米，播完后按事前分好的厢用15马力小型开沟机开好“三沟”，厢沟宽15～20厘米、深18～20厘米，腰沟、围沟均宽20厘米、深30厘米。低洼地的厢更窄、沟更深</td></tr>
<tr><td>播种</td><td colspan="27">人工撒播时，将种子与过筛细土混匀后，亩用种量0.2～0.3千克，分厢定量，力求播匀；机械直播时，可不用旋耕，直接用集翻耕、施肥、开沟、播种功能于一体的70马力油菜精量联合播种机适墒播种，亩用种量0.2～0.25千克</td></tr>
<tr><td colspan="2">除草</td><td colspan="27">播种后及时清理“三沟”并亩用60%丁草胺乳油100毫升或禾耐斯45～50毫升对水50千克均匀喷施土壤表面，封闭除草</td></tr>
<tr><td>田间管理</td><td>苗期</td><td colspan="4">间苗定苗：出苗后及时间去窝堆苗，4～5片真叶时定苗，疏密补稀，亩密度2万～3万株</td><td colspan="4">施提苗肥：定苗后结合中耕或雨前亩施尿素5千克提苗</td><td colspan="4">苗期除草：在油菜5叶期进行化学除草</td><td colspan="4">化学调控：旺长田块在11月底亩用25～35克多效唑（15%）对水50千克喷施</td><td colspan="4">抗旱防渍：雨后清沟，防涝防渍，若遇秋、冬干旱，沟灌1～2次</td><td colspan="7">防治虫害：亩用10%吡虫啉20克对水50千克防治蚜虫；用菊酯类农药防治菜青虫</td></tr>
</table>

（续）

田间管理	越冬期	追施蜡肥：亩施农家肥1 000千克或撒施尿素5～8千克	防治虫害：防治方法同苗期	摘除早薹：越冬期薹高达到40厘米的田块于晴天摘薹20厘米左右，防早薹早花，并预防冻害
	薹花期	一促四防：在油菜初花期，可采用40%菌核净可湿性粉剂（亩用量100克）或咪鲜胺（亩用量100克）＋磷酸二氢钾（亩用量100克）＋速效硼（有效硼含量＞20%，亩用量50克）。机动喷雾器亩用药液量12～15千克，一般手动喷雾器不少于30千克/亩		
规模及效益		目标产量：亩产160千克。亩均纯收益：118元。农户适度经营规模为416亩 100～200亩：推荐配置70马力油菜精量联合播种机1台或15马力小型油菜精量施肥播种机1台、15马力开沟机1台、5马力机动喷雾器1台、6马力小型油菜脱粒机1台或60马力油菜联合收获机1台或60马力油菜分段收获机1台（套） 200～500亩：推荐配置70马力油菜精量联合播种机2台或15马力小型油菜精量施肥播种机4台、15马力开沟机2台、5马力机动喷雾器1台、60马力油菜联合收获机2台或60马力油菜分段收获机2台（套） 500～1 000亩：推荐配置70马力油菜精量联合播种机3台或15马力小型油菜精量施肥播种机6台、15马力开沟机3台、5马力机动喷雾器2台、60马力油菜联合收获机4台或60马力油菜分段收获机3台（套） 1 000亩以上：推荐配置70马力油菜精量联合播种机4台以上或15马力小型油菜精量施肥播种机8台以上、15马力开沟机4台以上、5马力机动喷雾器3台以上、60马力油菜联合收获机5台以上或60马力油菜分段收获机4台（套）以上		

3台以上、60马力油菜联合收获机5台以上或60马力油菜分段收获机4台（套）以上。

（编制专家：周广生）

（三）长江中下游稻—稻—油三熟区

该区域包括湖南、湖北、江西等地，属亚热带季风气候，夏季为早稻—晚稻两季，油菜种植面积1 100万亩左右，平均亩产110千克，低于全国平均水平。目前由于缺少生育期180天左右的品种，油菜生产主要为育苗移栽模式，一般在9月下旬至10月上旬播种育苗，5月上旬收获。制约该区域油菜高产的主要因素是：一是双季晚稻收获偏迟，茬口、季节矛盾突出，育苗移栽生产费工费时。二是缺乏早熟直播油菜新品种，影响早稻栽插。三是早熟油菜菌核病发生严重。四是缺乏移栽机械和分段收割打捆机械。未来主攻方向是选育推广生育期180天左右的早熟油菜品种，解决晚稻生育期偏迟、茬口紧张的矛盾，采用机械直播方式减少用工成本，开发利用冬闲田减少租地成本。

长江中下游稻—稻—油区油菜开沟直播分段机收技术模式

早、中熟晚稻品种＋早熟油菜品种＋机械开沟直播＋基施硼肥＋化学封闭除草＋一促四防＋分段收获

——预期目标产量　通过推广该技术模式，油菜平均亩产达到140千克。

——关键技术路线

选用“双低”、抗倒、抗病、年前生长量大的早熟油菜品种：选择生育期在180天左右，株型紧凑、株高中等、根冠比较大及年前生长量大、抗倒、抗病的“双低”油菜品种。

耕播联合作业：晚稻收获后，用油菜联合播种机一次性完成开沟、旋耕、施肥、播种、覆土等工序，作业厢宽一般为2米，厢沟宽15～20厘米、深18～20厘米，腰沟、围沟均宽20厘米、深30厘米。

基施硼肥：在正常亩施氮磷钾复合肥（45%含量）50千克作为基肥的基础上，另增加基施颗粒硼肥（12%含量）0.5千克。

化学封闭除草：播种后3天内，及时用乙草胺类除草剂进行喷雾防杂草。

一促四防：在油菜初花期用40%菌核净可湿性粉剂或咪鲜胺（亩用量100克）＋磷酸二氢钾（亩用量100克）＋速效硼（有效硼含量＞20%，亩用量50

长江中下游稻—稻—油区油菜开沟直播分段机收技术模式图

月份（旬）		10月			11月			12月			1月			2月			3月			4月			5月		
		上旬	中旬	下旬	上旬	中旬	下旬	上旬	中旬	下旬	上旬	中旬	下旬	上旬	中旬	下旬	上旬	中旬	下旬	上旬	中旬	下旬	上旬	中旬	下旬
生育时期		10月下旬～11月上旬直播 苗期 2月上旬～2月中旬抽薹 蕾薹期 3月上旬开花 3月下旬～4月上旬灌浆 角果发育 4月下旬～5月上旬成熟																							
播种	品种选择	选择在10月25日前成熟的晚稻品种，不宜用生育期过长、成熟过迟的晚稻品种。选择适合长江中游地区的“双低”、抗倒、抗病，年前生长迅速且不早花早薹，通过国审或本区域审定的生育期180天左右的早熟油菜品种																							
播种	灭茬	在前茬水稻收获前10～15天开沟排水晒田，以便机械操作。稻桩较高的田块用70马力灭茬机实施秸秆还田																							
播种	基肥	基肥应无机肥与有机肥相结合，亩施氮磷钾复合肥（45%含量）50千克、颗粒硼肥（12%含量）0.5千克，用联合播种机施肥																							
播种	播种	在适宜墒情下抢墒播种。10月底至11月初，用70马力油菜精量联合播种机一次性完成开沟、旋耕、施肥、播种、覆土等工序，作业厢宽一般为2米，厢沟宽15～20厘米、深18～20厘米，腰沟、围沟均宽20厘米、深30厘米。亩播种量一般为200～300克，播后可不间苗，密度一般为每亩3万～3.5万株																							
播种	灌溉	如土壤墒情不好或短期无降雨，可进行沟灌保墒促全苗，但应以厢沟水浸湿厢面为宜，严禁厢面漫灌																							
播种	除草	播种后3天内，应及时采用乙草胺等除草剂进行喷雾防治，实施封闭除草																							

（续）

<table>
<tr><td rowspan="3">田间管理</td><td>苗期</td><td colspan="5">及时补苗：播种一周后检查田间出苗情况，断垄未出苗田块要及时补播
施提苗肥：定苗后结合中耕或雨前亩施尿素5千克提苗
苗期除草：封闭除草效果不好的田块，可在5叶期进行选择性化学除草
化学调控：旺长田块可在12月份亩用25～35克多效唑（15%）对水50千克喷雾调控
防治虫害：亩用10%吡虫啉20克对水50千克防治蚜虫；用菊酯类农药防治菜青虫</td></tr>
<tr><td>越冬期</td><td colspan="5">追施蜡肥：亩施农家肥1 000千克或撒施尿素5～8千克
清理“三沟”：在油菜中后期保持三沟畅通，促进根系发育
防治虫害：防治方法同苗期
摘除早薹：越冬期薹高达到40厘米的田块于晴天摘薹20厘米左右，防早薹早花</td></tr>
<tr><td>薹花期</td><td colspan="5">重施薹肥：初薹期亩追施尿素5～6千克、氯化钾5～6千克。一促四防：在油菜初花期，可采用40%菌核净可湿性粉剂或咪鲜胺（亩用量100克）＋磷酸二氢钾（亩用量100克）＋速效硼（有效硼含量＞20%，亩用量50克）。机动喷雾器亩用药液量12～15千克，一般手动喷雾器不少于30千克/亩
疏通“三沟”，预防倒伏：保持“三沟”畅通，预防渍害及病害发生</td></tr>
<tr><td colspan="2">机械收获</td><td colspan="5">当全株2/3角果呈黄绿色，主轴基部角果呈枇杷色、种皮开始变褐时割倒，后熟5～7天后用6马力小型油菜脱粒机或60马力油菜分段收获机机械脱粒、晾晒。当籽粒水分降至9%以下，手抓菜籽不成团，扬净后装袋入库</td></tr>
<tr><td colspan="2">规模及效益</td><td colspan="5">目标产量：亩产140千克。亩均纯收益：119元
5～30亩：推荐配置70马力精量联合播种机1台、5马力机动喷雾器1台、70马力灭茬机1台、15马力开沟机1台、60马力分段收获机或联合收获机1台</td></tr>
</table>

克）。机动喷雾器亩用药液量12～15千克，手动喷雾器亩用药液量不少于30千克。

机械分段收获：全株2/3角果呈黄绿色，主轴基部角果呈枇杷色、种皮开始变褐时，用割晒机割倒，后熟5～7天后用捡拾脱粒机脱粒。籽粒水分降到9%以下，手抓菜籽不成团，扬净后可装袋入库。

——成本效益分析

目标产量收益：以亩产140千克、价格5.1元/千克计算，合计714元。

亩均成本投入：595元。

亩均纯收益：119元。

——可供选择的常见经营规模推荐农机配置

5～30亩：推荐配置70马力油菜精量联合播种机1台、5马力机动喷雾器1台、70马力灭茬机1台、15马力开沟机1台、60马力分段收获机或联合收获机1台。

（编制专家：宋志荣）

七、西南西北玉米产区

（一）西南丘陵玉米区

西南丘陵玉米区包括四川、重庆、广西盆地丘陵区，以及贵州、云南、湖北、湖南海拔在1 000米以下的浅山区，主要种植模式为小麦—玉米、油菜（蔬菜）—玉米、小麦（油菜、蔬菜等）—玉米—甘薯（大豆）一年2熟或3熟。除广西2月上、中旬播种以外，多在3月上旬至5月初播种，7月下旬至9月中旬收获。该区域属亚热带季风气候，年平均温度15.2～17.6℃，≥10℃年积温5 000～8 000℃，无霜期300～365天；年日照时数1 075～1 530小时，年降水量1 060～1 200毫米。土壤类型以紫色土、黄壤、红壤为主。该区域玉米面积4 000多万亩，目前平均有效灌溉面积不足10%，玉米多靠雨养。影响该区域玉米高产高效的制约因素：一是土壤贫瘠，施肥水平只相当于全国平均的79.2%；二是干旱、洪涝、低温冻害、阴雨寡照等气象灾害发生频繁；三是种植密度低，苗期管理粗放，难以一次性全苗、壮苗、齐苗；四是玉米纹枯病、大斑病、小斑病等病虫害发生面积大、危害重；五是玉米机械耕整比例较高，但机播、机收等机械化管理技术刚刚起步。

西南丘陵区玉米宽窄行分带间套作技术模式（模式1）

耐密中晚熟高产品种＋宽窄行分带间套＋膜侧栽培＋水肥耦合＋病虫害综合防治

——预期目标产量　通过推广该技术模式，玉米平均亩产达到550千克。

——关键技术路线

选择品种：选择生育期120天以上，发芽和出苗期耐旱、耐阴、耐密、抗病性好的中晚熟新品种。在选用优良品种的基础上，选购和使用发芽率高、活力强、适宜精量播种的优质种子，要求种子发芽率≥90%并包衣。

宽窄行分带间套：宽厢带植“双六〇”，小麦（油菜）、玉米各占2米，种4行玉米，玉米按照0.5米、1.0米、0.5米大小行种植；“双五〇”，小麦、玉米各占1.67米，种4行玉米，玉米按照0.5米、0.67米、0.5米大小行种植。中厢带植“双三〇”，小麦、玉米各占1米，种2行玉米，窄行距不低于0.5米；“双二五”，小麦、玉米各占0.83米，种2行玉米，窄行距不低于0.5米；“三五二五”，小麦带宽1.17米，玉米带宽0.83米种2行玉米，窄行距不低于0.5米。窄厢带植“双十八”，小麦、玉米带各占0.6米，玉米带内种1行玉米。播期在避开所在区域主要自然灾害的基础上，结合带植方式确定，宽厢和中厢带植3月至4月上旬播种，窄厢带植4月下旬至5月初播种，确保玉米的关键生育期处于水热同步期。

膜侧栽培，合理密植：用40～50厘米幅宽地膜覆盖在玉米窄行。有条件的地区，膜侧栽培结合育苗移栽，增产效果将更加显著。也可应用玉米精量直播机直播。留苗密度为每亩3 200～3 800株，耐密性好的品种密度可适度提高。以密度定播量，播种的种子粒数应比确定的适宜留苗密度多10%～15%。

水肥耦合：结合微型蓄水池就地蓄水补灌或者是等雨施肥。磷、钾肥均作为底肥一次性施用，无机纯氮施用总量15～20千克/亩，按照底肥30%、拔节肥20%、孕穗肥50%比例施用。有条件的地区可推广应用缓效（缓控）肥，一次性底施60～80千克/亩缓效肥，再看苗追施氮肥一次。也可选用单施肥耧或双施肥耧追施，适用于行距45～60厘米、苗高不超过1米时使用。

防治病虫害：组织专业化防治队伍，采用背负式机动喷雾机、高效宽幅远射程喷雾机等现代植保机械，重点防治玉米螟、大螟、纹枯病等病虫害。

适时收获：在苞叶变黄、田间成熟度达到90%～95%时人工收获，或选用2行摘穗收获机及时收获，随后灭茬还田。

——成本效益分析

目标产量收益：以亩产550千克、价格2.24元/千克计算，合计1 232元。

亩均成本投入：863元。

亩均纯收益：369元。

适度经营规模面积：67亩。

——可供选择的常见经营规模推荐农机配置

50～200亩：推荐配置25～35马力拖拉机1台、2行播种机1台、旋耕机2台、覆膜机1台、行间追肥机和喷药机械等配套农机具2台（套）。

200～500亩：推荐配置25～35马力拖拉机2台、2行播种机2台、2行收

西南丘陵区玉米宽窄行分带间套作技术模式图（模式1）

月份（旬）	3月			4月			5月			6月			7月			8月		
	上旬	中旬	下旬	上旬	中旬	下旬	上旬	中旬	下旬	上旬	中旬	下旬	上旬	中旬	下旬	上旬	中旬	下旬
节气	惊蛰		春分	清明		谷雨	立夏		小满	芒种		夏至	小暑		大暑	立秋		处暑
品种类型	主要品种：通过审定，耐密、耐旱、耐阴、抗病性好的中晚熟新品种																	
产量构成	每亩3 200～3 800穗，每穗500～550粒，千粒重300克左右，单穗粒重150～165克																	
生育时期	播种：3月上中旬～4月中旬 出苗：4月上旬～5月上旬 拔节：4月下旬～5月下旬 抽雄、散粉、吐丝：6月中旬～6月下旬 成熟、收获：7月下旬～8月中旬																	
播前准备 条带耕整	播前对播种带进行旋耕1～2次。标准达到深度不低于12厘米，耕层内直径大于4厘米的土块不超过5%，表土细碎，地面平整																	
播前准备 种子准备	所选种子应达到纯度≥98%，发芽率≥90%，净度≥98%，含水率≤13%。并根据病虫害的发生种类，选择针对性的种衣剂进行种子处理																	
精细播种 适期播种	春播时间一般为3月上中旬～4月中旬。根据所在区域的自然灾害特点（避开倒春寒及高温伏旱）和耕作制度可适当提早或推迟，采用宽窄行种植。播种量一般每亩1.5～2.5千克，可根据品种千粒重酌情增减																	
精细播种 播种技术	①覆膜直播和机直播：包括直播后盖膜和盖膜后直播两种方式。均要求施足底肥和底水后覆盖。一般底肥施入总施肥量的全部磷、钾肥和有机肥，及氮肥总量的30%，一般亩用玉米专用肥40～50千克。每亩浇底水不少于3 000千克或播前降水累积不少于30毫米。播种深浅一致，深度5厘米左右，种子不过深、不落干。有条件的地区可应用机械直播 ②育苗移栽：包括塑料软盘、营养袋、秸秆钵、肥团或方块育苗等多种方式。育苗用营养土按30%～40%的腐熟有机渣料、60%～70%的苗床土、每100千克料土加入磨细过筛的过磷酸钙1千克、尿素0.1千克混匀配制营养土。移栽期掌握在3片可见叶前，分级、定向移栽 ③缩株增密：目前该区生产种植密度普遍偏低，可通过缩小株距或双株留苗，增加种植密度每亩500株以上																	

（续）

<table>
<tr><td rowspan="3">田间管理</td><td>化学除草</td><td>用乙草胺或异丙甲草胺在玉米播种后杂草出土前按标签说明进行土壤封闭施药，土壤宜保持湿润。温度偏高时和沙质土壤用药量宜低，气温较低时和黏质土壤用药量可适当偏高。干旱年份或干旱地区，土壤处理效果差，可用莠去津类乳油对水在杂草 2～4 叶期进行茎叶喷雾。做到不重喷、不漏喷，不能使用低容量喷雾器及弥雾机施药。苗后，在杂草 3～5 叶期，可选用烟嘧磺隆或硝磺·莠去津进行茎叶处理；7 叶以上时（拔节后植株高 60 厘米以上），可用百草枯进行行间定向喷雾</td></tr>
<tr><td>追肥</td><td>①拔节肥：幼苗 7～8 叶时进行，每亩施尿素 10～15 千克，并对匀人畜粪水 2 000 千克左右施用
②攻苞肥：大刺叭口期，或见展叶差 4.5～5 叶，或叶龄指数 50%～60%时猛施攻苞肥，以农家水粪对匀速效氮肥，肥水齐上，促进穗分化。穗肥占总施氮量的 50%，即每亩尿素 20～25 千克对匀人畜粪水 3 000 千克</td></tr>
<tr><td>病虫害防治</td><td>①大斑病、小斑病：选用抗病品种。在发病早期可采用苯醚甲环唑、丙环唑、代森锰锌喷雾
②纹枯病：早期可剥除下部叶片以控制病菌的蔓延。用井冈霉素、菌核净、乙烯菌核利重点对茎基部叶鞘喷雾防治
③黏虫：6 月中旬～7 月上旬，每株平均有 1 头黏虫时，用氯氟氰菊酯乳油、高效氯氰菊酯乳油等药剂喷雾防治，将黏虫消灭在三龄前
④玉米螟：● 颗粒剂点心：用氟氯氰颗粒剂、毒死蜱颗粒剂、丁硫克百威颗粒剂、辛硫磷颗粒剂、Bt 制剂、白僵菌制剂等撒入玉米喇叭口内
● 喷雾：于幼虫三龄前，可选用氯虫苯甲酰胺、氯氟氰菊酯乳油、高效氯氰菊酯乳油等药剂喷雾防治
● 赤眼蜂防治：在玉米螟卵期，释放赤眼蜂 2～3 次，每亩释放 1 万～2 万头</td></tr>
<tr><td colspan="2">适时收获</td><td>玉米籽粒成熟后及时收获，并逐步示范应用机械摘穗。收获后及时晾晒脱粒</td></tr>
<tr><td colspan="2">规模及收益</td><td>目标产量：亩产 550 千克。亩均纯收益：369 元。农户适度经营规模为 67 亩
50～200 亩：推荐配置 25～35 马力拖拉机 1 台、2 行播种机 1 台、旋耕机 2 台、覆膜机 1 台、行间追肥机和喷药机械等配套农机具 2 台（套）
200～500 亩：推荐配置 25～35 马力拖拉机 2 台、2 行播种机 2 台、2 行收获机 1～2 台、旋耕机 2 台、覆膜机 2 台、行间追肥机和喷药机械等配套农机具 2 台（套）
500～1 000 亩：推荐配置 25～35 马力拖拉机 3 台、2 行播种机 3 台、2 行收获机 2 台、旋耕机 3 台、覆膜机 3 台、行间追肥机和喷药机械等配套农机具 3 台（套）
1 000 亩以上：推荐配置 25～35 马力拖拉机 4～5 台、2 行播种机 4～5 台、2 行收获机 3 台、旋耕机 5 台、覆膜机 4 台、行间追肥机和喷药机械等配套农机具 4 台（套）</td></tr>
</table>

获机 1～2 台、旋耕机 2 台、覆膜机 2 台、行间追肥机和喷药机械等配套农机具 2 台（套）。

500～1 000 亩：推荐配置 25～35 马力拖拉机 3 台、2 行播种机 3 台、2 行收获机 2 台、旋耕机 3 台、覆膜机 3 台、行间追肥机和喷药机械等配套农机具 3 台（套）。

1 000 亩以上：推荐配置 25～35 马力拖拉机 4～5 台、2 行播种机 4～5 台、2 行收获机 3 台、旋耕机 5 台、覆膜机 4 台、行间追肥机和喷药机械等配套农机具 4 台（套）。

西南丘陵区玉米趁墒机播垄作技术模式（模式 2）

耐密中熟高产品种＋趁墒机播＋培土垄作＋适雨施肥＋病虫害综合防治

——预期目标产量　通过推广该技术模式，玉米平均亩产达到 550 千克。

——关键技术路线

选择品种：选择生育期 110 天左右，发芽和出苗期耐高温高湿、耐密、抗病性强、适合机直播的新品种。在选用优良品种的基础上，选购和使用发芽率高、活力强、适宜精量播种的优质种子，要求种子发芽率≥90%。同时选择适宜的包衣种子，以减少高温高湿播种造成的烂种。

趁墒机播：前作油菜、小麦等收获后，及时灭茬趁墒播种，当水分不足时，可补水或等雨使土壤含水量达到 17%，选用单轮单行或双轮双行播种机对小型、较大坡度地块播种；选用播种、施肥 2 行精量播种机对较大、较平整的地块播种。每亩留苗密度 4 500～5 000 株，耐密品种尽量提高种植密度。播种时土壤含水量控制在 17%～20%，可显著提高播种质量和效率。

适雨施肥：磷、钾肥均作为底肥一次性施用，无机纯氮施用总量 15～20 千克，在降雨前后按照底肥 40%、苗肥 20%、孕穗肥 40%比例施用。有条件的地区可推广应用缓效（缓控）肥，一次性底施 60～80 千克缓效肥，再看苗追施氮肥一次。也可选用单施肥耧或双施肥耧追施，对行距不低于 60 厘米、苗高不超过 1 米的田块追施化肥。

化学除草：土壤墒情适宜时用乙草胺或异丙甲草胺在玉米播种后杂草出土前按标签说明进行土壤封闭施药。苗后，在杂草 3～5 叶期，可选用烟嘧磺隆或硝磺·莠去津进行茎叶处理；7 叶以上时（拔节后植株高 60 厘米以上），可用百草枯进行行间定向喷雾。

培土垄作：结合追施苗肥，采用人工或选用 6 马力以上微耕机，配套培土机进行培土起垄，以排水散墒，提高玉米抗倒性。

西南丘陵区玉米趁墒机播垄作技术模式图（模式2）

月份（旬）	3月			4月			5月			6月			7月			8月		
	上旬	中旬	下旬	上旬	中旬	下旬	上旬	中旬	下旬	上旬	中旬	下旬	上旬	中旬	下旬	上旬	中旬	下旬
节气	惊蛰		春分	清明		谷雨	立夏		小满	芒种		夏至	小暑		大暑	立秋		处暑
品种类型	通过审定，耐密、耐高温高湿、抗病性好的中熟新品种																	
产量构成	每亩4 500～5 000穗，每穗400～450粒，千粒重280克左右，单穗粒重110～130克																	
生育时期	播种：5月上旬～5月中旬 出苗：5月中旬～5月下旬 拔节：6月上旬～6月中旬 抽雄、散粉、吐丝：7月上旬～7月中旬 成熟、收获：8月中旬～8月下旬																	
播前准备 条带耕整	播前对播种带进行旋耕1～2次。标准达到深度不低于12厘米，耕层内直径大于4厘米的土块不超过5%，表土细碎，地面平整																	
播前准备 种子准备	所选种子应达到纯度≥98%，发芽率≥90%，净度≥98%，含水率≤13%。最好选择满适金拌种防止高温高湿导致的腐霉菌烂种																	
精细播种 趁墒播种	夏播时间一般为5月上旬～5月中旬。前茬小麦、油菜收获后，及时灭茬趁墒播种，采用宽窄行种植。播种量一般每亩1.5～2.5千克，可根据品种千粒重酌情增减																	
精细播种 播种技术	①机直播：一般底肥施入总施肥量的全部磷、钾肥和有机肥，及氮肥总量的40%，或亩用玉米专用肥45～55千克。土壤含水量17%～20%机播最佳。选用单行、双行播种机播种，深浅一致，深度3～5厘米，种子不过深、不落干 ②缩行增密：夏播玉米需要依靠增密方能增产，可通过缩小行距，平均行距控制在70厘米左右，每亩增加种植密度1 000株以上																	
田间管理 化学除草	用乙草胺或异丙甲草胺在玉米播种后杂草出土前按标签说明进行土壤封闭施药，土壤宜保持湿润。温度偏高时和沙质土壤用药量宜低，气温较低时和黏质土壤用药量可适当偏高。干旱年份或干旱地区，土壤处理效果差，可用莠去津类乳油对水在杂草2～4叶期进行茎叶喷雾。做到不重喷、不漏喷，不能使用低容量喷雾器及弥雾机施药。苗后，在杂草3～5叶期，可选用烟嘧磺隆或硝磺·莠去津进行茎叶处理；7叶以上时（拔节后植株高60厘米以上），可用百草枯进行行间定向喷雾																	

（续）

田间管理	追肥	①苗肥：幼苗4～5叶时进行，每亩施尿素10～15千克，对人畜粪水2 000千克左右施用或降雨后丢施，施肥后进行培土 ②攻苞肥：大刺叭口期，或见展叶差4.5～5叶，或叶龄指数50%～60%时猛施攻苞肥，以农家水粪对匀速效氮肥，肥水齐上，促进穗分化。穗肥占总施氮量的40%，即每亩尿素16～20千克对匀人畜粪水3 000千克
	病虫害防治	①大斑病、小斑病：选用抗病品种。在发病早期可采用苯醚甲环唑、丙环唑、代森锰锌喷雾 ②纹枯病：早期可剥除下部叶片以控制病菌的蔓延。用井冈霉素、菌核净、乙烯菌核利重点对茎基部叶鞘喷雾防治 ③黏虫：7月中旬～8月上旬，每株平均有1头黏虫时，用氯氟氰菊酯乳油、高效氯氰菊酯乳油等药剂喷雾防治，将黏虫消灭在三龄前 ④玉米螟：● 颗粒剂点心：用氟氯氰颗粒剂、毒死蜱颗粒剂、丁硫克百威颗粒剂、辛硫磷颗粒剂、Bt制剂、白僵菌制剂等撒入玉米喇叭口内 ● 喷雾：于幼虫三龄前，可选用氯虫苯甲酰胺、氯氟氰菊酯乳油、高效氯氰菊酯乳油等药剂喷雾防治 ● 赤眼蜂防治：在玉米螟卵期，释放赤眼蜂2～3次，每亩释放1万～2万头
适时收获		玉米籽粒成熟后及时收获，并逐步示范应用机械摘穗。收获后及时晾晒脱粒，以防霉变
规模及收益		目标产量：亩产550千克。亩均纯收益：359元。农户适度经营规模为68亩 50～200亩：推荐配置25～35马力拖拉机1台、2行播种机1台、脱粒机2台、旋耕机2台、覆膜机1台、行间追肥机和喷药机械等配套农机具2台（套） 200～500亩：推荐配置25～35马力拖拉机2台、2行播种机2台、2行收获机1～2台、脱粒机2台、旋耕机2台、覆膜机2台、行间追肥和喷药机械等配套农机具2台（套） 500～1 000亩：推荐配置25～35马力拖拉机3台、2行播种机3台、2行收获机2台、脱粒机2台、旋耕机3台、覆膜机3台、行间追肥和喷药机械等配套农机具3台（套） 1 000亩以上：推荐配置25～35马力拖拉机4～5台、2行播种机4～5台、2行收获机3台、脱粒机2台、旋耕机5台、覆膜机4台、行间追肥和喷药机械等配套农机具4台（套）

防治病虫害：组织专业化防治队伍，采用背负式机动喷雾机、高效宽幅远射程喷雾机等现代植保机械，重点防治玉米螟、大螟、纹枯病、锈病等病虫害。

适时收获：在苞叶变黄、田间成熟度达到90%～95%时人工收获，或选用2行摘穗收获机收获，随后灭茬还田。并配套选用脱粒机及时脱粒，以防霉变损失。

——成本效益分析

目标产量收益：以亩产550千克、价格2.24元/千克计算，合计1 232元。

亩均成本投入：873元。

亩均纯收益：359元。

适度经营规模面积：68亩。

——可供选择的常见经营规模推荐农机配置

50～200亩：推荐配置25～35马力拖拉机1台、2行播种机1台、脱粒机2台、旋耕机2台、覆膜机1台、行间追肥机和喷药机械等配套农机具2台（套）。

200～500亩：推荐配置25～35马力拖拉机2台、2行播种机2台、2行收获机1～2台、脱粒机2台、旋耕机2台、覆膜机2台、行间追肥机和喷药机械等配套农机具2台（套）。

500～1 000亩：推荐配置25～35马力拖拉机3台、2行播种机3台、2行收获机2台、脱粒机2台、旋耕机3台、覆膜机3台、行间追肥机和喷药机械等配套农机具3台（套）。

1 000亩以上：推荐配置25～35马力拖拉机4～5台、2行播种机4～5台、2行收获机3台、脱粒机2台、旋耕机5台、覆膜机4台、行间追肥机和喷药机械等配套农机具4台（套）。

（编制专家：刘永红　张世煌　李晓　张东兴　杨勤等）

（二）西南高山高原玉米区

西南高山高原玉米区主要指四川盆周山区及西部和西南部、重庆东北大巴山及东南武陵山区、贵州西部、云南大部、广西西北角、西藏东南部、湖北和湖南武陵山区的玉米种植带，即以云贵高原为中心的低纬度高海拔地区。该区域玉米一年一熟为主，种植面积3 200万亩左右，占西南玉米产区的40%左右，主要种植在海拔1 000～3 000米的高山高原地带，光照充足，昼夜温差大，玉米产量形成期昼夜温差10℃左右。4月上旬至5月上旬播种，8月下旬至9月下旬收获。区域内立体气候明显，年平均温度15.2℃，10℃以上的活动积温2 597℃，无霜期283天，年日照时数平均1 607.3小时，年降水量平均1 100毫米，干湿季节分明，夏、秋季降雨占全年的74.3%。制约该区域玉米高产高效的主要因素：一是农田基础设施差；二是主导品种和机械化种植技术缺乏；三是干旱和灰斑病等灾害日趋严重；四是玉米田间管理粗放，化肥等投入不足。

西南高山高原区玉米抗旱早播全膜技术模式（模式1）

耐密中熟高产品种＋抗旱早播＋适雨施肥＋地膜全覆盖＋病虫害综合防治

——预期目标产量　通过推广该技术模式，玉米平均亩产达到550千克。

——关键技术路线

选择品种：选择生育期140天左右，发芽和出苗期耐旱、耐密、抗病性好、适合机直播以及机收的新品种。在选用优良品种的基础上，选购和使用发芽率高、活力强、适宜精量播种的优质种子，要求种子发芽率≥90%并包衣。

带植抗旱早播：在雨季来临之前，采用“三干”（干种、干肥、干土）技术抗旱播种，确保玉米的关键生育期处于水热同步期，同时避开后期灰斑病和伏旱高发时段对玉米产量形成的影响。分带种植多采用“双三〇”，玉米和马铃薯套作，各占1.0米，行比2∶2。或者“双六〇”，玉米和马铃薯套作，各占2.0米，行比4∶4。使用适应高山高原区的2行播种、施肥精量播种机对较大、较平整的地块播种；单轮单行或双轮双行轻小型播种机对小型、较大坡度地块播种。播种时的土壤含水量控制在17%～20%。

地膜全覆盖：推广应用玉米播种带全覆膜双垄（又称W形）集雨栽培技术，使用黑色地膜或降解膜覆盖；或选用小四轮拖拉机带动覆膜精量播种机具同时播种、覆膜。

适雨施肥：在播种时，底肥每亩施用玉米专用肥40～50千克（磷、钾肥均作为底肥一次性施用）。在降雨前后每亩追施无机纯氮20～25千克，按照拔节追施40%、孕穗追施60%比例施用。也可选用单施肥耧或双施肥耧追施，适用于行距不低于60厘米、苗高不超过1米时追施。

防治病虫害：组织专业化防治队伍，采用背负式机动喷雾机、高效宽幅远射程喷雾机等现代植保机械，重点防治玉米螟、大螟、灰斑病等病虫害。

适时收获：在苞叶变黄、田间成熟度达到90%～95%时人工收获。或采用80马力以上动力推荐配置2行摘穗收获机及时收获，随后灭茬还田或过腹还

西南高山高原区玉米抗旱早播全膜技术模式图（模式1）

月份（旬）		4月			5月			6月			7月			8月			9月			10月		
		上旬	中旬	下旬	上旬	中旬	下旬	上旬	中旬	下旬	上旬	中旬	下旬	上旬	中旬	下旬	上旬	中旬	下旬	上旬	中旬	下旬
节气		清明		谷雨	立夏		小满	芒种		夏至	小暑		大暑	立秋		处暑	白露		秋分	寒露	—	霜降
品种类型		通过审定，耐密、耐旱、抗病性好的中熟新品种																				
产量构成		每亩3 500～4 000穗，每穗450～500粒，千粒重320～330克，单穗粒重150～160克																				
生育时期		播种：4月上旬～5月上旬 出苗：4月下旬～5月中旬 拔节：5月下旬～6月中旬 抽雄、散粉、吐丝：7月中旬～7月下旬 成熟、收获：8月下旬～9月下旬																				
播前准备	选地	选择4～10月降雨量和积温均能达到玉米生长要求的地区，而且土层深厚、保水保肥、肥力均匀的中、上等肥力地块																				
	整地	机械耕整，要求土壤细碎疏松，无大土块架空，地面平整。秋收后秸秆就地粉碎还田或过腹还田。次年宽、窄行互换																				
	施肥	按土壤测试结果进行配方施肥，或根据当地土壤肥力参考配方标准施肥。基肥一般每亩施优质农家肥1 000～1 500千克，结合整地一次施入。一般同时施用玉米专用肥40～50千克																				
	灭鼠	春播前或幼苗移栽后，在地周围摆放高效杀鼠剂，做好春季鼠害防治工作。做好标记和警示，以防小孩误食。收集鼠尸集中深埋																				
	种子处理	①试芽晒种：严格精选种子，保证发芽率90%以上，播前晒种2～3天，并检测发芽率 ②种子包衣：根据各地病虫害发生情况，针对不同防治对象选用通过国家审定登记并符合绿色环保标准的种衣剂进行种子包衣来防治地下害虫及各种病害																				
精细播种	播种时期	结合自然条件和耕作水平，适时播种，确保播种质量。一般于4月上旬～5月上旬播种																				
	播种方式	包括机械播种和人工播种器播种。宽窄行种植或等行距种植，平均行距60～90厘米。下粒均匀，每穴播种2～3粒，深浅一致，播深5～7厘米。地边适当播种营养袋苗，以备补苗之用。育苗移栽地块，实行拉绳定距开行，分级定向规范条栽，提高大田整齐度，保障有效果穗数																				

（续）

田间管理	苗期	①化学除草：播后苗前，用乙草胺或异丙甲草胺在玉米播种后杂草出土前按标签说明进行土壤封闭施药，土壤宜保持湿润。苗后，在杂草3～5叶期，可选用烟嘧磺隆或硝磺·莠去津进行茎叶处理；7叶以上时（拔节后植株高60厘米以上），可用百草枯进行行间定向喷雾。施药要均匀，做到不重喷、不漏喷 ②间、定苗：幼苗3叶期间苗，4～5叶期定苗。留大苗、壮苗、齐苗，不苛求等距、等株，但要按单位面积保苗密度留足苗 ③病虫害防治：播种或移栽前，可在土壤中撒施药剂防治地老虎、黏虫、蓟马等
	穗期	①追肥：幼苗7～8叶1心时进行第一次追肥，每亩施尿素15～20千克。大喇叭口期第二次追施，每亩施尿素30～35千克。追肥部位应在距植株根5～10厘米处，追肥深度为12～15厘米 ②防治病虫害：大喇叭口期，用氟氯氰颗粒剂、毒死蜱颗粒剂、丁硫克百威颗粒剂、辛硫磷颗粒剂、Bt制剂、白僵菌制剂等撒入玉米喇叭口内。也可选用氯虫苯甲酰胺、氯氟氰菊酯乳油、高效氯氰菊酯乳油等药剂喷雾防治 根据病虫预报，及时防治黏虫，将黏虫消灭在三龄前
	花粒期	注意防治病虫害 ①灰斑病、大斑病：选用抗病品种。发病早期统防统治，可采用苯醚甲环唑、丙环唑、代森锰锌喷雾 ②纹枯病：早期可剥除下部叶片以控制病菌的蔓延。发病初期用井冈霉素、菌核净、乙烯菌核利重点对茎基部叶鞘喷雾防治 ③锈病：可于发病初期用三唑酮或氟硅唑按标签喷雾，连喷2次，间隔10～15天
适时收获		玉米成熟期正值山区多雨季节，因此应于晴天及时抢收，并逐步示范应用机摘穗。玉米果穗收获后不宜长时间堆放，应及时扒皮晾晒和脱粒，以防霉变，确保丰产丰收
规模及收益		目标产量：亩产550千克。亩均纯收益：362元。农户适度经营规模为68亩 50～200亩：推荐配置25～35马力拖拉机1台、2行播种机1台、脱粒机2台、旋耕机2台、覆膜机1台及喷药机械等配套农机具2台（套） 200～500亩：推荐配置25～35马力拖拉机2台、2行播种机2台、2行收获机1～2台、脱粒机2台、旋耕机2台、覆膜机2台及喷药机械等配套农机具2台（套） 500～1 000亩：推荐配置25～35马力拖拉机3台、2行播种机3台、2行收获机2台、脱粒机2台、旋耕机3台、覆膜机3台及喷药机械等配套农机具3台（套） 1 000亩以上：推荐配置25～35马力拖拉机4～5台，2行播种机4～5台、2行收获机3台、脱粒机2台、旋耕机5台、覆膜机4台及喷药机械等配套农机具4台（套）

田。并配套选用脱粒机及时脱粒，以防霉变损失。

——成本效益分析

目标产量收益：以亩产550千克、价格2.24元/千克计算，合计1 232元。

亩均成本投入：870元。

亩均纯收益：362元。

适度经营规模面积：68亩。

——可供选择的常见经营规模推荐农机配置

50～200亩：推荐配置25～35马力拖拉机1台、2行播种机1台、脱粒机2台、旋耕机2台、覆膜机1台及喷药机械等配套农机具2台（套）。

200～500亩：推荐配置25～35马力拖拉机2台、2行播种机2台、2行收获机1～2台、脱粒机2台、旋耕机2台、覆膜机2台及喷药机械等配套农机具2台（套）。

500～1 000亩：推荐配置25～35马力拖拉机3台、2行播种机3台、2行收获机2台、脱粒机2台、旋耕机3台、覆膜机3台及喷药机械等配套农机具3台（套）。

1 000亩以上：推荐配置25～35马力拖拉机4～5台、2行播种机4～5台、2行收获机3台、脱粒机2台、旋耕机5台、覆膜机4台及喷药机械等配套农机具4台（套）。

西南高山高原区玉米坐水种全膜技术模式（模式2）

耐密中熟高产品种＋坐水种＋地膜全覆盖＋水肥耦合＋病虫害综合防治

——预期目标产量　通过推广该技术模式，玉米平均亩产达到600千克。

——关键技术路线

选择品种：选择生育期140天左右，耐密、抗病性好、适合机直播以及机收的中熟品种。选用发芽率高、活力强、适宜精量播种的优质种子，要求种子发芽率≥90%并包衣。

坐水种：确保玉米的产量形成期处于水热同步期，同时避开灰斑病和伏旱高发期对玉米产量形成的影响，确定当地播种期。用人工垄沟灌溉直播，或引进北方的2行“坐水种”播种机械进行精量直播，每亩浇水3米^{3}以上。

地膜全覆盖：推广应用玉米播种带全覆膜双垄（又称W形）集雨栽培技术，使用黑色地膜或降解膜覆盖，或用动力机械牵引2行覆膜精量播种机具同步完成播种、覆膜。

水肥耦合：使用蓄积塘堰水或者引用灌溉水，水肥对匀施用，每亩每次浇

西南高山高原区玉米坐水种全膜技术模式图（模式2）

<table>
<tr><td colspan="2" rowspan="2">月份（旬）</td><td colspan="3">4月</td><td colspan="3">5月</td><td colspan="3">6月</td><td colspan="3">7月</td><td colspan="3">8月</td><td colspan="3">9月</td><td colspan="3">10月</td></tr>
<tr><td>上旬</td><td>中旬</td><td>下旬</td><td>上旬</td><td>中旬</td><td>下旬</td><td>上旬</td><td>中旬</td><td>下旬</td><td>上旬</td><td>中旬</td><td>下旬</td><td>上旬</td><td>中旬</td><td>下旬</td><td>上旬</td><td>中旬</td><td>下旬</td><td>上旬</td><td>中旬</td><td>下旬</td></tr>
<tr><td colspan="2">节气</td><td>清明</td><td></td><td>谷雨</td><td>立夏</td><td></td><td>小满</td><td>芒种</td><td></td><td>夏至</td><td>小暑</td><td></td><td>大暑</td><td>立秋</td><td></td><td>处暑</td><td>白露</td><td></td><td>秋分</td><td>寒露</td><td></td><td>霜降</td></tr>
<tr><td colspan="2">品种类型</td><td colspan="21">耐密、抗病性好、适合机直播以及机收的中熟新品种</td></tr>
<tr><td colspan="2">产量构成</td><td colspan="21">每亩4 000～4 500穗，每穗450～500粒，千粒重320～350克，单穗粒重150～160克</td></tr>
<tr><td colspan="2">生育时期</td><td colspan="21">播种：4月上旬～5月上旬 出苗：4月下旬～5月中旬 拔节：5月下旬～6月中旬 抽雄、散粉、吐丝：7月中旬～7月下旬 成熟、收获：8月下旬～9月下旬</td></tr>
<tr><td rowspan="5">播前准备</td><td>选地</td><td colspan="21">选择积温能达到玉米生长要求的地区，而且土层深厚、保水保肥、肥力均匀的中、上等肥力地块</td></tr>
<tr><td>整地</td><td colspan="21">机械耕整，要求土壤细碎疏松，无大土块架空，地面平整。秋收后秸秆就地粉碎还田或过腹还田。次年宽、窄行互换</td></tr>
<tr><td>施肥</td><td colspan="21">按土壤测试结果进行配方施肥，或根据当地土壤肥力参考配方标准施肥。基肥一般每亩施优质农家肥1 000～1 500千克，结合整地一次施入。一般同时施用玉米专用肥40～50千克</td></tr>
<tr><td>灭鼠</td><td colspan="21">春播前或出苗后，在地周围摆放高效杀鼠剂，做好春季鼠害防治工作。做好标记和警示，以防小孩误食。收集鼠尸集中深埋</td></tr>
<tr><td>种子处理</td><td colspan="21">①试芽晒种：严格精选种子，保证发芽率在90%以上，播前晒种2～3天，并检测发芽率
②种子包衣：根据各地病虫害发生情况，针对不同防治对象选用通过国家审定登记并符合绿色环保标准的种衣剂进行种子包衣来防治地下害虫及各种病害</td></tr>
<tr><td rowspan="2">精细播种</td><td>播种时期</td><td colspan="21">结合自然条件和耕作水平，适时播种，确保播种质量。一般于4月上旬～5月上旬播种</td></tr>
<tr><td>播种方式</td><td colspan="21">包括机械播种和人工播种器播种。宽窄行种植或等行距种植，平均行距60～90厘米。下粒均匀，每穴播种2～3粒，深浅一致，播深3～5厘米。地边适当播种营养袋苗，以备补苗之用。育苗移栽地块，实行拉绳定距开行，分级定向规范条栽，提高大田整齐度，保障有效果穗数</td></tr>
</table>

（续）

田间管理	苗期	①化学除草：播后苗前，用乙草胺或异丙甲草胺在玉米播种后杂草出土前按标签说明进行土壤封闭施药，土壤宜保持湿润。苗后，在杂草 3～5 叶期，可选用烟嘧磺隆或硝磺·莠去津进行茎叶处理；7 叶以上时（拔节后植株高 60 厘米以上），可用百草枯进行行间定向喷雾。施药要均匀，做到不重喷、不漏喷 ②间、定苗：幼苗 3 叶期间苗，4～5 叶期定苗。留大苗、壮苗、齐苗，不苛求等距、等株，但要按单位面积保苗密度留足苗 ③病虫害防治：播种或移栽前，可在土壤中撒施药剂防治地老虎、黏虫、蓟马等
	穗期	①追肥：幼苗 7～8 叶 1 心时进行第一次追肥，每亩施尿素 15～20 千克。大喇叭口期第二次追施，每亩施尿素 30～35 千克。追肥部位应在距植株根 5～10 厘米处，追肥深度为 12～15 厘米 ②防治病虫害：大喇叭口期，用氟氯氰颗粒剂、毒死蜱颗粒剂、丁硫克百威颗粒剂、辛硫磷颗粒剂、Bt 制剂、白僵菌制剂等撒入玉米喇叭口内。也可选用氯虫苯甲酰胺、氯氟氰菊酯乳油、高效氯氰菊酯乳油等药剂喷雾防治 根据病虫预报，及时防治黏虫，将黏虫消灭在三龄前
	花粒期	注意防治病虫害 ①灰斑病、大斑病：选用抗病品种。发病早期统防统治，可采用苯醚甲环唑、丙环唑、代森锰锌喷雾 ②纹枯病：早期可剥除下部叶片以控制病菌的蔓延。发病初期用井冈霉素、菌核净、乙烯菌核利重点对茎基部叶鞘喷雾防治 ③锈病：可于发病初期用三唑酮或氟硅唑按标签喷雾，连喷 2 次，间隔 10～15 天
适时收获		玉米成熟期正值山区多雨季节，因此应于晴天进行及时抢收，并逐步示范应用机摘穗。玉米果穗收获后不宜长时间堆放，应及时扒皮晾晒和脱粒，以防霉变，确保丰产丰收
规模及收益		目标产量：亩产 600 千克。亩均纯收益：414 元。农户适度经营规模为 59 亩 50～200 亩：推荐配置 25～35 马力拖拉机 1 台、2 行播种机 1 台、旋耕机 2 台、覆膜机 2 台、追肥机和喷药机械等配套农机具 2 台（套） 200～500 亩：推荐配置 25～35 马力拖拉机 2 台、2 行播种机 2 台、2 行收获机 1～2 台、旋耕机 2 台、覆膜机 2 台、追肥机和喷药机械等配套农机具 2 台（套） 500～1 000 亩：推荐配置 25～35 马力拖拉机 3 台、2 行播种机 3 台、2 行收获机 2 台、旋耕机 3 台、覆膜机 3 台、追肥机和喷药机械等配套农机具 3 台（套） 1 000 亩以上：推荐配置 25～35 马力拖拉机 4～5 台、2 行播种机 4～5 台、2 行收获机 3 台、旋耕机 5 台、覆膜机 4 台、追肥机和喷药机械等配套农机具 4 台（套）

水 3～5 米^3。底肥每亩施用玉米专用肥 50～60 千克（磷、钾肥均作为底肥一次性施用）。追施无机纯氮 25～30 千克，拔节追施 40%，孕穗追施 60%。也可选用单施肥耧或双施肥耧追施，适于行距不低于 60 厘米、苗高不超过 1 米时追施。

防治病虫害：用背负式机动喷雾机、高效宽幅远射程喷雾机等现代植保机械，重点防治玉米螟、大螟、灰斑病等病虫害。

适时收获：在苞叶变黄、田间成熟度达到 90%～95%时人工收获，或 2 行摘穗收获机及时收获，适宜地区可逐步推广籽粒收获机。收获后灭茬还田或过腹还田。

——成本效益分析

目标产量收益：以亩产 600 千克、价格 2.24 元/千克计算，合计 1 344 元。

亩均成本投入：930 元。

亩均纯收益：414 元。

适度经营规模面积：59 亩。

——可供选择的常见经营规模推荐农机配置

50～200 亩：推荐配置 25～35 马力拖拉机 1 台、2 行播种机 1 台、旋耕机 2 台、覆膜机 2 台、追肥机和喷药机械等配套农机具 2 台（套）。

200～500 亩：推荐配置 25～35 马力拖拉机 2 台、2 行播种机 2 台、2 行收获机 1～2 台、旋耕机 2 台、覆膜机 2 台、追肥机和喷药机械等配套农机具 2 台（套）。

500～1 000 亩：推荐配置 25～35 马力拖拉机 3 台、2 行播种机 3 台、2 行收获机 2 台、旋耕机 3 台、覆膜机 3 台、追肥机和喷药机械等配套农机具 3 台（套）。

1 000 亩以上：推荐配置 25～35 马力拖拉机 4～5 台、2 行播种机 4～5 台、2 行收获机 3 台、旋耕机 5 台、覆膜机 4 台、追肥机和喷药机械等配套农机具 4 台（套）。

（编制专家：刘永红　张世煌　黄吉美　张东兴　李晓等）

（三）西北旱作玉米区

西北旱作玉米区主要指陕西北部及甘肃、宁夏和山西等省份依靠自然降雨的玉米种植区，主要种植模式为一年一熟春播玉米。该区域光热资源丰富，昼夜温差大，病虫害轻，是我国最适宜玉米种植的四大区域之一。该区域地形复杂，气候多变，属大陆性季风北温带干旱半干旱、北温带湿润半湿润气候区，≥10℃以上积温 2 800～3 300℃，年降雨量 350～600 毫米，无霜期 150～200 天，土壤类型以垆土、壤土为主。玉米常年播种面积 4 140 万亩，占西北玉米总面积的 60%以上。制约该区域玉米高产稳产的主要因素：一是干旱频繁发生，十年九旱，降雨量少且降水时空分布变异幅度大、无效降水频率高、蒸发量大，影响玉米出苗和籽粒灌浆。二是耕层变浅，土壤瘠薄，水土流失严重，保水保肥能力差。三是品种老化，更新速度慢。

西北旱作区玉米全膜双垄沟播技术模式（模式 1）

抗逆玉米品种＋全膜双垄沟播＋氮肥分次施用＋病虫草综合防治＋机械收获

——预期目标产量　通过推广该技术模式，玉米平均亩产达到 600 千克。

——关键技术路线

选用抗逆玉米品种：选用中熟（春播 120～125 天）、稳产（产量潜力每亩 700 千克以上）、耐密（每亩 4 000～4 300 株）、抗病（抗大斑病、小斑病、丝黑穗病、矮花叶病和粗缩病等主要病害）、耐旱、抗倒伏的玉米杂交种。

全膜覆盖栽培：在年降雨量 300～450 毫米旱作区，应用残膜回收机进行地表残膜清理，机械深松旋耕整地后，用起垄覆膜机进行秋季覆膜或顶凌覆膜。全膜双垄沟覆盖一般选用 120 厘米宽膜，大小垄覆盖，大垄宽 70 厘米，小垄宽 40 厘米，沟中间每隔 50 厘米打一渗水孔，方便水分入渗。

适墒播种：以土壤水分达到 13%满足种子出苗为指标，坚持适墒播种，以墒情确定播期，以播期确定品种。将播期从 4 月上、中旬适度延长至 5 月上旬，等雨适墒播种，确保出苗整齐、均匀，每亩适当增加 300～500 株，确保亩种植密度达到 4 000～4 300 株。

分次施肥：改氮肥底肥“一炮轰”为两次施肥，60%作底肥，40%结合土壤墒情和降雨，在拔节至大喇叭口期作追肥施用，增加籽粒灌浆，提高粒重。

机械收获：当玉米籽粒乳线消失至 2/3 时，采用 30～40 马力 2 行收获机械进行收获。

——成本效益分析

目标产量收益：以亩产 600 千克、价格 2.24 元/千克计算，合计 1 344 元。

亩均成本投入：955 元。

亩均纯收益：389 元。

适度经营规模面积：189 亩。

西北旱作区玉米全膜双垄沟播技术模式图（模式1）

月份（旬）		4月			5月			6月			7月			8月			9月			10月		
		上旬	中旬	下旬	上旬	中旬	下旬	上旬	中旬	下旬	上旬	中旬	下旬	上旬	中旬	下旬	上旬	中旬	下旬	上旬	中旬	下旬
节气		清明		谷雨	立夏		小满	芒种		夏至	小暑		大暑	立秋		处暑	白露		秋分	寒露		霜降
生育时期		播种：4月中旬～5月上旬 出苗：5月上旬～5月下旬 拔节：6月中旬～6月下旬 抽雄、吐丝、开花：7月中旬 ～7月下旬 成熟：9月下旬～10月上旬																				
主攻目标		苗全、苗匀、苗齐、苗壮				促根壮苗				保花增粒										防倒伏、防早衰		
品种选择		选用中熟（春播120～125天）、稳产（亩产量潜力700千克），耐密（每亩4 000～4300株），抗病（抗大斑病、小斑病、丝黑穗病、瘤黑粉病、矮花叶病和粗缩病等主要病害）、耐旱、抗倒伏的杂交种																				
播前准备	整地	在年降雨量300～450毫米旱作区，用30马力动力机械牵引灭茬回收残膜，用40马力动力机械牵引整地，用起垄覆膜机进行秋季覆膜保墒 在秋季未整地地块，翌年早春用30马力动力机械牵引灭茬回收残膜，在顶凌期用40马力动力机械牵引整地，用起垄覆膜机进行顶凌覆膜																				
	施肥	按照有机肥、磷肥、钾肥、锌肥和硼肥作为底肥一次深施，氮肥分期施用的原则施肥。根据产量目标确定用量，一般情况下亩施农家肥3 000～5 000千克，氮肥（N）15～20千克，磷肥（P_2O_5）5～10千克，钾肥（K_2O）5～8千克。氮肥60%作底肥，40%作追肥在拔节至大喇叭口期施用																				
	防治害虫	耕地前，每亩用毒死蜱·辛硫磷1.5千克或50%辛硫磷乳剂0.1千克，拌炒熟的麸皮或谷子2～3千克制成诱饵并均匀撒施地表，结合耕地深翻入土壤																				
	选择地膜	一般选用120厘米宽膜，大小垄覆盖，大垄宽70厘米，小垄40厘米，沟中间每隔50厘米打一渗水孔，方便水分入渗																				
	精选种子	所选种子应色泽光亮，具有本品种固有颜色，籽粒饱满，大小一致，无虫损，符合GB 4401.1—1996二级良种以上要求（纯度≥96%，净度≥98%，发芽率≥85%，含水率≤13%）																				
	种子处理	①晒种：播前3～5天，选无风晴天，将种子摊开在干燥向阳处晒2～3天 ②种子包衣：根据各地病虫害发生情况，针对不同防治对象选用通过国家审定登记并符合绿色环保标准的种衣剂进行种子包衣来防治地下害虫及各种病害。禁止使用含有克百威和甲拌磷等杀虫剂的种衣剂，应选择高效低毒无公害的玉米种衣剂。如可用5.4%吡·戊玉米种衣剂进行包衣，能够有效防治苗期灰飞虱、蚜虫、粗缩病、丝黑穗病和纹枯病等；或采用药剂拌种，如用戊唑醇、福美双、三唑酮等药剂拌种可减轻玉米丝黑穗病、瘤黑粉病发生；用辛硫磷、毒死蜱等药剂拌种，可防治地老虎、金针虫、蝼蛄、蛴螬等地下害虫																				

（续）

精细播种	播种时期	坚持适墒播种，以墒情确定播期，以土壤水分达到13%满足种子出苗为指标，等雨适墒播种，以4月中、下旬为宜，争取在5月10日前播种完毕
	覆膜播种	①种植模式：根据不同地区降雨和积温情况，可选择秋覆膜和顶凌覆膜两种方式。应将膜拖展，紧贴地面铺平，四周用土压严盖实，每隔5～7米或更长距离（视风力大小）压一道腰土，以防风鼓膜 ②播种方式：一般采取点播和机械穴播，每穴播2～3粒。亩留苗密度4 000～4 300株
	化学除草	覆膜前，每亩垄面用乙草胺或丁·异·莠去津等对水均匀喷于垄面
田间管理	苗期	①查田护膜：播种后经常到田间检查，发现膜损要及时用土封住破处。盖膜地块应及时破孔放苗，机播地块放苗时应根据留苗密度所规定的株距打孔，放苗孔越小越好，每孔放出1～2株健壮苗，放苗后用土将苗孔封严，放苗时间应在上午或下午，避开风天和中午热天。先盖膜后播种的地块，出苗后要封严苗孔 ②及时间苗、定苗：幼苗3～4叶期间苗，5～6叶期按留苗密度定苗。除去弱苗、小苗、病苗，每孔留1株健壮苗。发现缺株时，可在相邻孔中留双株来补缺，其效果优于移栽或补种。留苗密度一般每亩4 000～4 300株
	穗期	①追施拔节肥和穗肥：在拔节至大喇叭口期结合降雨及土壤墒情追施，追施氮肥占总量的40% ②防治害虫：防治玉米螟可在大喇叭口期用1.5%辛硫磷颗粒剂（每亩1.5千克）灌心；防治黏虫用菊酯类农药；防治红蜘蛛可用爱诺螨清2 000～3 000倍液喷洒
适时收获		当玉米籽粒乳线消失至2/3时，采用40～80马力2行收获机械进行收获
规模及收益		目标产量：亩产600千克。亩均纯收益：389元。农户适度经营规模为189亩 100～200亩：推荐配置25马力拖拉机1台、旋耕机1台、播种机1台、2行收割机1台、起垄覆膜机1台、残膜回收机1台及喷药机械1台，共7台（套） 200～500亩：推荐配置55马力拖拉机1台、25马力拖拉机1台、5行深松机1台、播种机1台、2行收割机1台、全膜覆膜机1台、残膜回收机1台及喷药机械1台，共8台（套） 500～1 000亩：推荐配置90马力以上拖拉机1台、25马力拖拉机2台、7行深松机1台、播种机2台、2行收割机2台、全膜覆膜机2台、残膜回收机2台及喷药机械2台，共14台（套） 1 000亩以上：每500亩推荐配置90马力以上拖拉机1台、25马力拖拉机2台、7行深松机1台、播种机2台、2行收割机2台、全膜覆膜机2台、残膜回收机2台及喷药机械2台

——可供选择的常见经营规模推荐农机配置

100～200 亩：推荐配置 25 马力拖拉机 1 台、旋耕机 1 台、播种机 1 台、2 行收割机 1 台、起垄覆膜机 1 台、残膜回收机 1 台及喷药机械 1 台，共 7 台（套）。

200～500 亩：推荐配置 55 马力拖拉机 1 台、25 马力拖拉机 1 台、5 行深松机 1 台、播种机 1 台、2 行收割机 1 台、全膜覆膜机 1 台、残膜回收机 1 台及喷药机械 1 台，共 8 台（套）。

500～1 000 亩：推荐配置 90 马力以上拖拉机 1 台、25 马力拖拉机 2 台、7 行深松机 1 台、播种机 2 台、2 行收割机 2 台、全膜覆膜机 2 台、残膜回收机 2 台及喷药机械 2 台，共 14 台（套）。

1 000 亩以上：每 500 亩推荐配置 90 马力以上拖拉机 1 台、25 马力拖拉机 2 台、7 行深松机 1 台、播种机 2 台、2 行收割机 2 台、全膜覆膜机 2 台、残膜回收机 2 台及喷药机械 2 台。

西北旱作区玉米半膜覆盖技术模式（模式 2）

抗逆玉米品种＋半膜覆盖＋氮肥分次施＋病虫草综合防治＋机械收获

——预期目标产量　通过推广该技术模式，玉米平均亩产达到 600 千克。

——关键技术路线

选用抗逆玉米品种：选用中熟（春播 120～125 天）、稳产（亩产量潜力 700 千克以上）、耐密（每亩 4 000～4 300 株）、抗病（抗大斑病、小斑病、丝黑穗病、矮花叶病和粗缩病等主要病害）、耐旱、抗倒伏的玉米杂交种。所选种子应色泽光亮，具有本品种固有颜色，籽粒饱满，大小一致，无虫损，符合 GB 4401.1—1996 二级良种以上要求（纯度≥96%，净度≥98%，发芽率≥90%，含水率≤13%）。

整地施肥：应用残膜回收机对地表残留地膜进行清理，用大中型拖拉机配套的深耕犁或深松旋耕联合整地机对土壤进行深松（耕），并深施底肥。根据产量目标确定施肥量，一般亩施农家肥 3 000～5 000 千克，氮肥（N）15～20 千克，磷肥（P_2O_5）5～10 千克，钾肥（K_2O）5～8 千克。氮肥的 60%作底肥，40%作追肥，磷、钾肥全部基施。

覆盖地膜：用 20～30 马力动力机械牵引起垄覆膜机覆膜保墒，选用 80 厘米宽膜半膜覆盖，起 5～10 厘米高的垄。

适墒播种：以土壤水分达到 13%满足种子出苗为指标，以墒情确定播期，以播期确定品种。将播期从 4 月上中旬适度延长至 5 月上旬，等雨适墒播种，

西北旱作区玉米半膜覆盖技术模式图（模式 2）

月份（旬）		4月			5月			6月			7月			8月			9月			10月		
		上旬	中旬	下旬	上旬	中旬	下旬	上旬	中旬	下旬	上旬	中旬	下旬	上旬	中旬	下旬	上旬	中旬	下旬	上旬	中旬	下旬
节气		清明		谷雨	立夏		小满	芒种		夏至	小暑		大暑	立秋		处暑	白露		秋分	寒露		霜降
生育时期		播种：4月中旬～5月上旬 出苗：5月上旬～5月下旬 拔节：6月中旬～6月下旬 抽雄、吐丝、开花：7月中旬～7月下旬 成熟：9月下旬～10月上旬																				
主攻目标		苗全、苗匀、苗齐、苗壮 促根壮苗 保花增粒 防倒伏、防早衰																				
品种选择		选用中熟（春播 120～125 天）、稳产（亩产量潜力 700 千克）、耐密（每亩 4 000～4 300 株）、抗病（抗大斑病、小斑病、丝黑穗病、瘤黑粉病、矮花叶病和粗缩病等主要病害）、耐旱、抗倒伏的杂交种																				
播前准备	整地	前茬作物收获后秋季及时深耕（松）灭茬，用 40 马力拖拉机进行整地，深耕 25 厘米以上并深施底肥																				
	施肥	按照有机肥、磷肥、钾肥、锌肥和硼肥作为底肥一次深施，氮肥分期施用的原则施肥。根据产量目标确定，一般亩施农家肥 3 000～5 000 千克，氮肥（N）15～20 千克，磷肥（P_2O_5）5～10 千克，钾肥（K_2O）5～8 千克。氮肥的 60%作底肥，40%作追肥，磷、钾肥全部基施																				
	防治害虫	耕地前，每亩用毒死蜱·辛硫磷 1.5 千克或 50%辛硫磷乳剂 0.1 千克，拌炒熟的麸皮或谷子 2～3 千克制成诱饵并均匀撒施地表，结合耕地深翻入土壤																				
	选择地膜	选用 80 厘米宽膜，半膜覆盖，起 5～10 厘米高的垄																				
	精选种子	所选种子应色泽光亮，具有本品种固有颜色，籽粒饱满，大小一致，无虫损，符合 GB 4401.1—1996 二级良种以上要求（纯度≥96%，净度≥98%，发芽率≥85%，含水率≤13%）																				
	种子处理	①晒种：播前 3～5 天，选无风晴天，将种子摊开在干燥向阳处晒 2～3 天 ②种子包衣：根据各地病虫害发生情况，针对不同防治对象选用通过国家审定登记并符合绿色环保标准的种衣剂进行种子包衣来防治地下害虫及各种病害。禁止使用含有克百威和甲拌磷等杀虫剂的种衣剂，应选择高效低毒无公害的玉米种衣剂。如可用 5.4%吡·戊玉米种衣剂进行包衣，能够有效防治苗期灰飞虱、蚜虫、粗缩病、丝黑穗病和纹枯病等；或采用药剂拌种，如用戊唑醇、福美双、三唑酮等药剂拌种可减轻玉米丝黑穗病、瘤黑粉病发生；用辛硫磷、毒死蜱等药剂拌种，可防治地老虎、金针虫、蝼蛄、蛴螬等地下害虫																				

（续）

精细播种	播种时期	当5～10厘米地温稳定通过10℃时即可播种。采用地膜覆盖栽培，播种时间可比露地种植提早7～10天。以墒情确定播期，以土壤水分达到13%满足种子出苗为指标，等雨适墒播种，灵活掌握播种时间，以4月中、下旬为宜，争取在5月10日前播种完毕
	覆膜播种	①行距配置：采用地膜覆盖栽培，应根据“密度适宜、用膜较少、管理方便”的原则配置株行距。通常采用宽窄行大小垄种植和等行距种植两种方式 ②种植模式：根据不同地区降雨和积温情况，可选择采用膜上播和膜侧播两种方式，行距与株距根据密度而定。盖膜时应将膜拖展，紧贴地面铺平，四周用土压严盖实，每隔5～7米或更长距离（视风力大小）压一道腰土，以防风鼓膜 ③播种方式：一般采取点播和机械穴播，每穴播2～3粒。亩留苗密度4 000～4 300株
	化学除草	覆膜前，每亩垄面用乙草胺或丁·异·莠去津等对水均匀喷于垄面
田间管理	苗期	①查田护膜：播种后常到田间检查，发现膜损要及时用土封住破处。盖膜地块应及时破孔放苗，机播地块放苗时应根据留苗密度所规定的株距打孔，放苗孔越小越好，每孔放出1～2株健壮苗，放苗后用土将苗孔封严，放苗时间应在上午或下午，避开风天和中午热天。先盖膜后播种地块，出苗后要封严苗孔 ②及时间苗、定苗：幼苗3～4叶期间苗，5～6叶期按留苗密度定苗。除去弱苗、小苗、病苗，每孔留1株健壮苗。发现缺株时，可在相邻孔中留双株来补缺，其效果优于移栽或补种。留苗密度一般每亩4 000～4 300株
	穗期	①追施拔节肥和穗肥：在拔节至大喇叭口期结合降雨及土壤墒情追施，追施氮肥占总量的40% ②防治害虫：防治玉米螟可在大喇叭口期用1.5%辛硫磷颗粒剂（每亩1.5千克）灌心；防治黏虫用菊酯类农药；防治红蜘蛛可用爱诺螨清2 000～3 000倍液喷洒
适时收获		当玉米籽粒乳线消失至2/3时，采用40～80马力2行收获机械进行收获
规模及收益		目标产量：亩产600千克。亩均纯收益：439元。农户适度经营规模为168亩 100～200亩：推荐配置25马力拖拉机1台、旋耕机1台、2行小型收割机1台、起垄覆膜播种机1台、残膜回收机1台及喷药机械1台，共6台（套） 200～500亩：推荐配置55马力拖拉机1台、25马力拖拉机1台、5行深松机1台、旋耕机1台，2行玉米收割机1台、起垄覆膜播种机1台、残膜回收机1台及喷药机械1台，共8台（套） 500～1 000亩：推荐配置90马力以上拖拉机1台、25马力拖拉机2台、深松联合整地机1台、起垄覆膜播种机2台、2行大型玉米收割机2台、残膜回收机2台及喷药机械2台，共12台（套） 1 000亩以上：每500亩推荐配置90马力以上拖拉机1台、25马力拖拉机2台、深松联合整地机1台、起垄覆膜播种机2台、2行收割机2台、残膜回收机2台及喷药机械2台

确保出苗整齐、均匀，每亩适当增加 300～500 株，确保亩种植密度达到 4 000～4 300 株。

分次施肥：改氮肥底肥“一炮轰”为两次施肥，60％氮肥作底肥，40％氮肥结合土壤墒情和降雨在拔节至大喇叭口期作为追肥，增加籽粒灌浆，提高粒重。

机械收获：当籽粒乳线消失至2/3时，采用30～40马力2行收获机械进行收获。

——成本效益分析

目标产量收益：以亩产 600 千克、价格 2.24 元/千克计算，合计 1 344 元。

亩均成本投入：905 元。

亩均纯收益：439 元。

适度经营规模面积：168 亩。

——可供选择的常见经营规模推荐农机配置

100～200 亩：推荐配置 25 马力拖拉机 1 台、旋耕机 1 台、2 行小型收割机 1 台、起垄覆膜播种机 1 台、残膜回收机 1 台及喷药机械 1 台，共 6 台（套）。

200～500 亩：推荐配置 55 马力拖拉机 1 台、25 马力拖拉机 1 台、5 行深松机 1 台、旋耕机 1 台，2 行玉米收割机 1 台、起垄覆膜播种机 1 台、残膜回收机 1 台及喷药机械 1 台，共 8 台（套）。

500～1 000 亩：推荐配置 90 马力以上拖拉机 1 台、25 马力拖拉机 2 台、深松联合整地机 1 台、起垄覆膜播种机 2 台、2 行大型玉米收割机 2 台、残膜回收机 2 台及喷药机械 2 台，共 12 台（套）。

1 000 亩以上：每 500 亩推荐配置 90 马力以上拖拉机 1 台、25 马力拖拉机 2 台、深松联合整地机 1 台、起垄覆膜播种机 2 台、2 行收割机 2 台、残膜回收机 2 台及喷药机械 2 台。

（编制专家：薛吉全　张世煌）

（四）西北灌溉玉米区

西北灌溉玉米区主要指新疆、陕北长城沿线风沙区、甘肃河西走廊、宁夏、内蒙古西部河套地区及山西部分地区等有灌溉条件的一年一熟春玉米种植区。该区域光热资源丰富，昼夜温差大，病虫害轻，是我国玉米高产区及产量潜力最大的地区。全区地形复杂，气候多变，属温带大陆性季风干旱、半干旱气候，≥10℃积温 2 500～3 500℃，年降水量 100～400 毫米，无霜期 150～190

天。土壤类型以沙土为主。玉米常年播种面积2 760万亩，占西北区玉米总面积的40%左右。制约该区域玉米高产稳产的主要因素：一是干旱频繁发生，十年九旱，降雨量少且降水时空分布变异幅度大、无效降水频率高、蒸发量大，影响玉米出苗和籽粒灌浆。二是灌水效率低，水资源浪费严重。三是土壤瘠薄，保水保肥能力差。

西北灌溉区玉米膜下滴灌技术模式（模式1）

高产耐密品种＋地膜覆盖＋膜下滴灌＋氮肥分次施＋全程机械化作业

——预期目标产量　通过推广该技术模式，玉米平均亩产达到800千克。

——关键技术路线

选择高产耐密品种：选用中熟（春播120～125天）、高产（亩产量潜力900千克以上）、耐密（每亩5 500～6 000株）、抗病（抗大斑病、小斑病、丝黑穗病、矮花叶病和粗缩病等主要病害）、耐旱、抗倒伏的杂交种。

整地施肥：用30马力动力机械牵引灭茬回收残膜，用60马力动力机械牵引进行翻耕，深度以20～30厘米为宜，耕后及时耙耱保墒。根据产量目标确定施肥量，一般情况下亩施农家肥3 000～5 000千克，氮肥（N）25～30千克，磷肥（P_2O_5）10～13千克，钾肥（K_2O）8～10千克，锌、硼肥各1千克。底肥施尿素5千克，磷酸二铵15～20千克，硫酸钾15～20千克，混匀后在耕地时撒施地表，深翻入土壤。

铺设节水滴管带及覆膜：用60马力拖拉机配套起垄覆膜机覆膜保墒，用80厘米宽膜，半膜覆盖，起5～10厘米高的垄，使节水滴管带平整。

机械化单粒播种：用机械单粒播种，播深4～6厘米，沙壤土可适当深播，墒情较差的土壤可深播种浅覆土，确保种子紧贴湿土。播种后要及时镇压提墒，确保一次全苗。种植密度每亩5 500～6 000株。

节水灌溉：前期蹲苗，促进根系生长，一般在大喇叭口前后灌头水。全生育期灌水5～6次，灌水定额为每亩300～350米^3，在拔节、大喇叭口、抽雄前、吐丝后、乳熟5个时期进行灌溉。

氮肥分次施用：底肥占总量的30%～40%，拔节肥攻秆肥30%～40%，大喇叭口期攻穗肥10%～15%，吐丝期攻粒肥10%～15%，增加籽粒灌浆速率及持续期，提高粒重。

机械收获：在玉米籽粒含水量降至16%以下时，用80马力配套的2～4行玉米联合收获机直接收获玉米籽粒。若玉米已达完熟期，但籽粒水分难以降至16%以下，用80马力配套的2～4行玉米收获机直接收获玉米果穗。

西北灌溉区玉米膜下滴灌技术模式图（模式 1）

<table>
<tr><td colspan="2" rowspan="2">月份
（旬）</td><td colspan="3">4 月</td><td colspan="3">5 月</td><td colspan="3">6 月</td><td colspan="3">7 月</td><td colspan="3">8 月</td><td colspan="3">9 月</td><td colspan="3">10 月</td></tr>
<tr><td>上旬</td><td>中旬</td><td>下旬</td><td>上旬</td><td>中旬</td><td>下旬</td><td>上旬</td><td>中旬</td><td>下旬</td><td>上旬</td><td>中旬</td><td>下旬</td><td>上旬</td><td>中旬</td><td>下旬</td><td>上旬</td><td>中旬</td><td>下旬</td><td>上旬</td><td>中旬</td><td>下旬</td></tr>
<tr><td colspan="2">节气</td><td>清明</td><td></td><td>谷雨</td><td>立夏</td><td></td><td>小满</td><td>芒种</td><td></td><td>夏至</td><td>小暑</td><td></td><td>大暑</td><td>立秋</td><td></td><td>处暑</td><td>白露</td><td></td><td>秋分</td><td>寒露</td><td></td><td>霜降</td></tr>
<tr><td colspan="2">生育时期</td><td colspan="21">播种：4 月中旬～5 月上旬 出苗：5 月上旬～5 月下旬 拔节：6 月中旬～6 月下旬 抽雄、吐丝、开花：7 月中旬～7 月下旬 成熟：9 月下旬～10 月上旬</td></tr>
<tr><td colspan="2">主攻目标</td><td colspan="6">苗全、苗匀、苗齐、苗壮</td><td colspan="3">促根壮苗</td><td colspan="6">保花增粒</td><td colspan="6">防倒伏、防早衰</td></tr>
<tr><td colspan="2">品种选择</td><td colspan="21">选用中熟（春播 120～125 天）、稳产（亩产量潜力 900 千克）、耐密（每亩 4 300～5 000 株）、抗病（抗大斑病、小斑病、丝黑穗病、矮花叶病和粗缩病等主要病害）、耐旱、抗倒伏的玉米杂交种</td></tr>
<tr><td rowspan="6">播前准备</td><td>整地</td><td colspan="21">在清除前茬作物根茬和地膜的基础上，用 60 马力拖拉机进行翻耕，深度以 20～30 厘米为宜，耕后及时耙耱保墒</td></tr>
<tr><td>施肥</td><td colspan="21">按照有机肥、磷肥、钾肥、锌肥和硼肥作为底肥一次深施，氮肥分期施用的原则施肥。据产量目标确定施肥量，一般亩施农家肥 3 000～5 000 千克，氮肥（N）25～30 千克，磷肥（P_2O_5）10～13 千克，钾肥（K_2O）8～10 千克，锌、硼肥各 1 千克。底肥施尿素 5 千克，磷酸二铵 15～20 千克，硫酸钾 15～20 千克，混匀后在耕地时撒施地表，深翻入土壤</td></tr>
<tr><td>防治害虫</td><td colspan="21">耕地前，每亩用毒死蜱·辛硫磷 1.5 千克或 50%辛硫磷乳剂 0.1 千克，拌炒熟的麸皮或谷子 2～3 千克制成诱饵并均匀撒施地表，结合耕地深翻入土壤</td></tr>
<tr><td>选择地膜</td><td colspan="21">选用幅宽 80 厘米、厚度 0.007 毫米的微膜或线性膜，适合小行距 40～50 厘米宽的垄面</td></tr>
<tr><td>精选种子</td><td colspan="21">所选种子应色泽光亮，具有本品种固有颜色，籽粒饱满，大小一致，无虫损，符合 GB 4401.1—1996 二级良种以上要求（纯度≥96%，净度≥98%，发芽率≥85%，含水率≤13%）</td></tr>
<tr><td>种子处理</td><td colspan="21">①晒种：播前 3～5 天，选无风晴天，将种子摊开在干燥向阳处晒 2～3 天
②种子包衣：根据各地病虫害发生情况，针对不同防治对象选用通过国家审定登记并符合绿色环保标准的种衣剂进行种子包衣来防治地下害虫及各种病害。禁止使用含有克百威和甲拌磷等杀虫剂的种衣剂，应选择高效低毒无公害的玉米种衣剂。如可用 5.4%吡·戊玉米种衣剂进行包衣，能够有效防治苗期灰飞虱、蚜虫、粗缩病、丝黑穗病和纹枯病等；或采用药剂拌种，如用戊唑醇、福美双、三唑酮等药剂拌种可减轻玉米丝黑穗病、瘤黑粉病发生；用辛硫磷、毒死蜱等药剂拌种，可防治地老虎、金针虫、蝼蛄、蛴螬等地下害虫</td></tr>
</table>

（续）

精细播种	播种时期	当5～10厘米地温稳定通过10℃时即可播种。采用地膜覆盖栽培，播种时间可比露地种植提早7～10天。以4月中、下旬为宜，争取在5月10日前播种完毕
	播种方式	采用机械单粒播种，播深4～6厘米，沙壤土可以适当深播，墒情较差的土壤可采取深播种浅覆土，确保种子紧贴湿土。播种后要及时镇压提墒，确保一次全苗
	化学除草	土壤墒情好、整地精细的地块宜采取苗前封闭除草，播种后用乙草胺等药剂对水进行喷雾封闭，亩用水量40～50千克
	科学灌溉	前期蹲苗，促进根系生长，一般在6月20日前后灌头水。全生育期灌水5～6次，灌水定额为每亩300～350米^3，分别在拔节、大喇叭口、抽雄前、吐丝后、乳熟期灌溉
田间管理	苗期	①喷施除草剂：未封闭除草或封闭失败的田块，在玉米3～5叶期选用耕杰等药剂进行行间喷雾防除杂草。遇到降温或霜冻天气应停止药剂除草，以免诱发药害 ②查田护膜：播种后经常到田间检查，发现膜损要及时用土封住破处。盖膜地块应及时破孔放苗，机播地块放苗时应根据留苗密度所规定的株距打孔，放苗孔越小越好，每孔放出1～2株健壮苗，放苗后用土将苗孔封严，放苗时间应在上午或下午，避开风天和中午热天。先盖膜后播种的地块，出苗后要封严苗孔 ③及时间苗、定苗：幼苗3～4叶期间苗，5～6叶期按留苗密度定苗。除去弱苗、小苗、病苗，每孔留1株健壮苗。发现缺株时，可在相邻孔中留双株来补缺，其效果好于移栽或补种。留苗密度一般每亩5 500～6 000株
	穗期	①追施拔节肥和穗肥：结合中耕、降雨或灌水，在拔节期、喇叭口期追施氮肥占总量的60% ②防治害虫：防治玉米螟可在大喇叭口期用1.5%辛硫磷颗粒剂（每亩1.5千克）灌心；防治黏虫用菊酯类农药；防治红蜘蛛可用爱诺螨清2 000～3 000倍液喷洒
适时收获		在玉米籽粒含水量降至16%以下时，用80马力配套的2～4行玉米联合收获机直接收获玉米籽粒。若玉米已达完熟期，但籽粒水分难以降至16%以下时，用80马力配套的2～4行玉米收获机直接收获玉米果穗
规模及收益		目标产量：亩产800千克。亩均纯收益：642元。农户适度经营规模为115亩 100～200亩：推荐配置30马力拖拉机1台、精量播种机1台、2行收割机1台、起垄覆膜铺管机1台及喷药机械1台（套），共5台（套） 200～500亩：推荐配置70马力拖拉机1台、30马力拖拉机1台、深松联合整地机1台、精量播种机1台、起垄覆膜铺管机1台、小型玉米收割机1台、残膜回收机1台及喷药机械1台（套），共8台（套） 500亩以上：每500亩推荐配置80～100马力拖拉机1台、30马力拖拉机2台、深松联合整地机1台、精量播种机2台、起垄覆膜铺管机2台、自走式玉米收割机1台、残膜回收机2台及喷药机械2台（套）

——成本效益分析

目标产量收益：以亩产 800 千克、价格 2.24 元/千克计算，合计 1 792 元。

亩均成本投入：1 150 元。

亩均纯收益：642 元。

适度经营规模面积：115 亩。

——可供选择的常见经营规模推荐农机配置

100～200 亩：推荐配置 30 马力拖拉机 1 台、精量播种机 1 台、2 行收割机 1 台、起垄覆膜铺管机 1 台及喷药机械 1 台（套），共 5 台（套）。

200～500 亩：推荐配置 70 马力拖拉机 1 台、30 马力拖拉机 1 台、深松联合整地机 1 台、精量播种机 1 台、起垄覆膜铺管机 1 台、小型玉米收割机 1 台、残膜回收机 1 台及喷药机械 1 台（套），共 8 台（套）。

500 亩以上：每 500 亩推荐配置 80～100 马力拖拉机 1 台、30 马力拖拉机 2 台、深松联合整地机 1 台、精量播种机 2 台、起垄覆膜铺管机 2 台、自走式玉米收割机 1 台、残膜回收机 2 台及喷药机械 2 台（套）。

西北灌溉区玉米节水灌溉技术模式（模式 2）

高产耐密品种＋节水灌溉＋氮肥分次施＋全程机械化作业

——预期目标产量　通过推广该技术模式，玉米平均亩产达到 800 千克。

——关键技术路线

选用高产耐密品种：选用中熟（春播 120～125 天）、高产（亩产量潜力 900 千克以上）、耐密（每亩 5 000～5 500 株）、抗病（抗大斑病、小斑病、丝黑穗病、矮花叶病和粗缩病等主要病害）、耐旱、抗倒伏的杂交种。

整地施肥：用 30 马力动力机械牵引灭茬回收残膜，用 60 马力动力机械牵引进行整地，深耕 25 厘米以上并深施底肥。根据产量目标确定施肥量，一般亩施农家肥 3 000～5 000 千克，氮肥（N）25～30 千克，磷肥（P_2O_5）10～13 千克，钾肥（K_2O）8～10 千克，锌、硼肥各 1 千克。一般底肥施尿素 5 千克，磷酸二铵 15～20 千克，硫酸钾 15～20 千克，混匀后在耕地时撒施地表，深翻入土壤。

机械单粒播种：用机械单粒播种，播深 4～6 厘米，沙壤土可适当深播，墒情较差的土壤可深播种浅覆土，确保种子紧贴湿土。播种后要及时镇压提墒，确保一次全苗，亩密度达到 5 000～5 500 株。

节水灌溉：前期蹲苗，促进根系生长，一般在大喇叭口前后灌头水。全生育期灌水 7～8 次，灌水定额为每亩 300～350 $米^3$，分别在拔节、大喇叭口、抽雄前、吐丝后、乳熟 5 个时期进行灌溉。

西北灌溉区玉米节水灌溉技术模式（模式 2）

<table>
<tr><td colspan="2" rowspan="2">月份
（旬）</td><td colspan="3">4 月</td><td colspan="3">5 月</td><td colspan="3">6 月</td><td colspan="3">7 月</td><td colspan="3">8 月</td><td colspan="3">9 月</td><td colspan="3">10 月</td></tr>
<tr><td>上旬</td><td>中旬</td><td>下旬</td><td>上旬</td><td>中旬</td><td>下旬</td><td>上旬</td><td>中旬</td><td>下旬</td><td>上旬</td><td>中旬</td><td>下旬</td><td>上旬</td><td>中旬</td><td>下旬</td><td>上旬</td><td>中旬</td><td>下旬</td><td>上旬</td><td>中旬</td><td>下旬</td></tr>
<tr><td colspan="2">节气</td><td>清明</td><td></td><td>谷雨</td><td>立夏</td><td></td><td>小满</td><td>芒种</td><td></td><td>夏至</td><td>小暑</td><td></td><td>大暑</td><td>立秋</td><td></td><td>处暑</td><td>白露</td><td></td><td>秋分</td><td>寒露</td><td></td><td>霜降</td></tr>
<tr><td colspan="2">生育
时期</td><td colspan="21">播种：4 月中旬～5 月上旬 出苗：5 月上旬～5 月下旬 拔节：6 月中旬～6 月下旬 抽雄、吐丝、开花：7 月中旬～7 月下旬 成熟：9 月下旬～10 月上旬</td></tr>
<tr><td colspan="2">主攻
目标</td><td colspan="6">苗全、苗匀、苗齐、苗壮</td><td colspan="6">促根壮苗</td><td colspan="5">保花增粒</td><td colspan="4">防倒伏、防早衰</td></tr>
<tr><td colspan="2">品种
选择</td><td colspan="21">选用中熟（春播 120～125 天）、稳产（产量潜力 900 千克/亩）、耐密（4 300～5 000 株/亩）、抗病（抗大斑病、小斑病、丝黑穗病、矮花叶病和粗缩病等主要病害）、耐旱、抗倒伏的玉米杂交种</td></tr>
<tr><td rowspan="5">播前准备</td><td>整地</td><td colspan="21">在清除前茬作物根茬和地膜的基础上，用 60 马力拖拉机翻耕，深度以 20～30 厘米为宜，耕后及时耙耱保墒</td></tr>
<tr><td>施肥</td><td colspan="21">按照有机肥、磷肥、钾肥、锌肥和硼肥作为底肥一次深施，氮肥分期施用的原则施肥。据产量目标确定施肥量，一般亩施农家肥 3 000～5 000 千克，氮肥（N）25～30 千克，磷肥（P_2O_5）10～13 千克，钾肥（K_2O）8～10 千克，锌、硼肥各 1 千克。底肥施尿素 5 千克，磷酸二铵 15～20 千克，硫酸钾 15～20 千克，混匀后在耕地时撒施地表，深翻入土壤</td></tr>
<tr><td>防治
害虫</td><td colspan="21">耕地前，每亩用毒死蜱·辛硫磷 1.5 千克或 50%辛硫磷乳剂 0.1 千克，拌炒熟的麸皮或谷子 2～3 千克制成诱饵并均匀撒施地表，结合耕地深翻入土壤</td></tr>
<tr><td>精选
种子</td><td colspan="21">所选种子应色泽光亮，具有本品种固有颜色，籽粒饱满，大小一致，无虫损，符合 GB 4401.1—1996 二级良种以上要求（纯度≥96%，净度≥98%，发芽率≥85%，含水率≤13%）</td></tr>
<tr><td>种子
处理</td><td colspan="21">①晒种：播前 3～5 天，选无风晴天，将种子摊开在干燥向阳处晒 2～3 天
②种子包衣：根据各地病虫害发生情况，针对不同防治对象选用通过国家审定登记并符合绿色环保标准的种衣剂进行种子包衣来防治地下害虫及各种病害。禁止使用含有克百威和甲拌磷等杀虫剂的种衣剂，应选择高效低毒无公害的玉米种衣剂。如可用 5.4%吡·戊玉米种衣剂进行包衣，能够有效防治苗期灰飞虱、蚜虫、粗缩病、丝黑穗病和纹枯病等；或采用药剂拌种，如用戊唑醇、福美双、三唑酮等药剂拌种可减轻玉米丝黑穗病、瘤黑粉病发生；用辛硫磷、毒死蜱等药剂拌种，可防治地老虎、金针虫、蝼蛄、蛴螬等地下害虫</td></tr>
</table>

（续）

精细播种	播种时期	当5～10厘米地温稳定通过10℃时即可播种。以4月下旬为宜，争取在5月10日前播种完毕
	播种方式	采用机械单粒播种，播深4～6厘米，沙壤土可以适当深播，墒情较差的土壤可采取深播种浅覆土，确保种子紧贴湿土。播种后要及时镇压提墒，确保一次全苗
	化学除草	土壤墒情好、整地精细的地块宜采取苗前封闭除草，播种后用乙草胺等药剂对水进行喷雾封闭，亩用水量40～50千克
科学灌溉		前期蹲苗，促进根系生长，一般在6月20日前后灌头水。全生育期灌水7～8次，灌水定额为每亩300～350米^3，分别在拔节、大喇叭口、抽雄前、吐丝后、乳熟5个时期进行灌溉
田间管理	苗期	①喷施除草剂：未封闭除草或封闭失败的田块，在玉米3～5叶期选用耕杰等药剂进行行间喷雾防除杂草。遇到降温或霜冻天气应停止药剂除草，以免诱发药害 ②及时间苗、定苗：幼苗3～4叶期间苗，5～6叶期按留苗密度定苗。除去弱苗、小苗、病苗，每孔留1株健壮苗。发现缺株时，可在相邻孔中留双株来补缺，其效果好于移栽或补种。留苗密度一般每亩5 500～6 000株
	穗期	①追施拔节肥和穗肥：结合中耕、降雨或灌水，在拔节期、喇叭口期追施氮肥占总量的60％ ②防治害虫：防治玉米螟可在大喇叭口期用1.5％辛硫磷颗粒剂（每亩1.5千克）灌心；防治黏虫用菊酯类农药；防治红蜘蛛可用爱诺螨清2 000～3 000倍液喷洒
适时收获		在玉米籽粒含水量降至16％以下时，用80马力配套的2～4行玉米联合收获机直接收获玉米籽粒。若玉米已达完熟期，但籽粒水分难以降至16％以下，用80马力配套的2～4行玉米收获机直接收获玉米果穗
规模及收益		目标产量：亩产800千克。亩均纯收益：782元。农户适度经营规模为94亩 100～200亩：推荐配置40～60马力拖拉机1台、播种机1台、深耕机1台、2行收割机1台、喷药机械等配套农机具1台（套） 200～500亩：推荐配置60～80马力拖拉机1台、深耕机1台、播种机1台、2行收割机1台、喷药机械等配套农机具1台（套） 500亩以上：每500亩推荐配置80～100马力拖拉机2台、深耕机2台、播种机2台、2～4行收割机2台、喷药机械等配套农机具2台（套）

氮肥分次施用：实行氮肥分次施用，底肥占30%～40%，拔节肥、攻秆肥占30%～40%，大喇叭口期攻穗肥占10%～15%，吐丝期攻粒肥占10%～15%，增加籽粒灌浆速率及持续期，提高粒重。

机械收获：在籽粒含水量降至16%以下时，用80马力配套的2～4行玉米联合收获机直接收获籽粒。若玉米已达完熟期，但籽粒水分难以降至16%以下，用80马力配套的2～4行玉米收获机直接收获果穗。

——成本效益分析

目标产量收益：以亩产800千克、价格2.24元/千克计算，合计1 792元。

亩均成本投入：1 010元。

亩均纯收益：782元。

适度经营规模面积：94亩。

——可供选择的常见经营规模推荐农机配置

100～200亩：推荐配置40～60马力拖拉机1台、播种机1台、深耕机1台、2行收割机1台、喷药机械等配套农机具1台（套）。

200～500亩：推荐配置60～80马力拖拉机1台、深耕机1台、播种机1台、2行收割机1台、喷药机械等配套农机具1台（套）。

500亩以上：每500亩推荐配置80～100马力拖拉机2台、深耕机2台、播种机2台、2～4行收割机2台、喷药机械等配套农机具2台（套）。

（编制专家：薛吉全　张世煌）

（一）西南一季作马铃薯区

西南一季作马铃薯区主要分布在贵州省毕节市、六盘水市，云南省曲靖市、昭通市和四川省凉山州、甘孜州和阿坝州等海拔 1 800 米以上的高海拔区域。该区域马铃薯种植面积 2 160 万亩左右，总产量 2 400 万吨左右。播种时间 2～4 月份，收获时间 8～10 月份。土壤类型主要为红壤土。制约该区域马铃薯高产的因素：一是春季干旱少雨，影响马铃薯出苗；二是生育中后期恰逢雨季，田间湿度大，易暴发晚疫病，导致大幅度减产甚至绝产；三是种薯混杂、退化严重，常造成减产；四是连作时间长，病害累积影响严重。

西南一季作区马铃薯机平播后起垄技术模式

抗晚疫病品种＋双行整薯机播＋平播后起垄＋晚疫病防控＋机械化收获

——预期目标产量　通过推广该技术模式，马铃薯平均亩产达到 2 000 千克。

——关键技术路线

选用抗病品种：选择适宜当地种植的抗晚疫病的高产优质中晚熟品种，采用 50～100 克的优质脱毒种薯，播前 15 天将种薯移至 15～20℃散射光下催芽。

双行机播：选用 654 拖拉机耕整地，耕深 25 厘米以上；整平耙细后，播种机双行整薯播种，宽行 80 厘米，窄行 40 厘米，株距为 30 厘米，亩密度 3 500～4 000 株；播种时亩施 50 千克马铃薯专用复合肥。

平播后起垄：机播后形成平垄保墒，出苗后结合中耕追施 10 千克尿素，蕾期追施 15 千克硫酸钾，分两次培土起垄，垄高 20 厘米。

西南一季作区马铃薯机平播后起垄技术模式图

月份（旬）	2月			3月			4月			5月			6月			7月			8月			9月			10月		
	上旬	中旬	下旬	上旬	中旬	下旬	上旬	中旬	下旬	上旬	中旬	下旬	上旬	中旬	下旬	上旬	中旬	下旬	上旬	中旬	下旬	上旬	中旬	下旬	上旬	中旬	下旬
节气	立春		雨水	惊蛰		春分	清明		谷雨	立夏		小满	芒种		夏至	小暑		大暑	立秋		处暑	白露		秋分	寒露		霜降
生育时期	播种期					发芽期				苗期			现蕾期				开花期					成熟收获期					
主攻目标	健康适龄种薯、壮芽，促早出苗、出全苗					培育发达的根系，保全苗、壮苗				苗齐、苗壮、根深			茎叶生长旺盛，中耕培土提高单株结薯率				严格防控晚疫病，提高大中薯率					防止茎叶早衰，改善块茎品质适时收获，丰产丰收效益好					
播前准备	品种选择：选用抗晚疫病、高产、优质的优良品种。产量构成：亩播种穴数 3 500～4 000，单株平均薯重 500 克以上，单株结薯 6～10 个 种薯处理：选用合格脱毒种薯，播前 15 天将种薯移到 15～20℃散射光下催芽 地块处理：选用壤土或沙壤土，深翻耙平，翻耕深度 25 厘米以上 肥料准备：每亩施农家肥 1 000～2 000 千克，磷肥 30 千克，三元复合肥或马铃薯专用肥 50 千克，尿素 10 千克，硫酸钾 15 千克																										
精细播种	播种期：2 月 1 日至 3 月底，适墒播种 播种量：根据品种不同，按每亩 3 500～4 000 株的密度确定播量，亩播种薯 200～300 千克左右 播种方式：播种机双行整薯播种，宽行 80 厘米、窄行 40 厘米，株距为 30 厘米，亩密度 3 500～4 000 株 施足底肥：每亩施农家肥 1 000～2 000 千克，磷肥 30 千克，整地时施入；复合肥（N ：P ：K＝15 ：15 ：15）50 千克，播种时施入																										

（续）

田间管理	中耕培土起垄：齐苗后第一次中耕除草、培土起垄，起垄高度10厘米左右；10～15天后第二次中耕培土，起垄高度10厘米左右。垄高20厘米 合理追肥：结合中耕培土追肥，撒施10千克尿素、15千克硫酸钾。封垄后如植株表现脱肥症状应及时叶面喷施追肥 防治晚疫病：根据晚疫病病情测报，初花期喷药预防，一旦发现中心病株要及时拔除，并选用不同药剂轮流喷施，间隔7天，直至杀秧前5天
适时收获	收获前7～10天用机械杀秧 2行机械收获，收获运输过程尽量避免机械损伤和混杂
规模及收益	目标产量：亩产2 000千克。亩均纯收益：480元。农户适度经营规模为154亩 50～100亩：推荐配置65马力拖拉机1台，2行收获机1台、小型杀秧机1台等配套农机具2台（套） 100～300亩：推荐配置65马力拖拉机1台，2行播种机1台、2行收获机1台、小型中耕机1台、小型旋耕机1台、小型杀秧机1台及喷药机械等配套农机具6台（套） 300～500亩：推荐配置65马力拖拉机1台，2行播种机1台、2行收获机1台、小型中耕机1台、小型旋耕机1台、小型杀秧机1台及喷药机械等配套农机具6台（套） 500亩以上：推荐配置65马力拖拉机1台，2行播种机1台、2行收获机1台、小型中耕机1台、小型旋耕机1台、小型杀秧机1台及喷药机械等配套农机具6台（套）

晚疫病防控：根据晚疫病病情测报，初花期喷药预防，一旦发现中心病株立即拔除、深埋，同时整个地块采用背负式小型喷雾机或机动喷雾机立即喷药防治，选用不同药剂轮流喷施，每隔7天喷施一次，直至杀秧前5天。

机械化收获：视薯皮老化程度，适时收获。收获前7～10天用杀秧机杀秧。用两行收获机收获，在收获运输过程中尽量避免机械损伤和混杂。

——成本效益分析

目标产量收益：以亩产2 000千克、价格1元/千克计算，合计2 000元。

亩均成本投入：1 520元。

亩均纯收益：480元。

适度经营规模面积：154亩。

——可供选择的常见经营规模推荐农机配置

50～100亩：推荐配置65马力拖拉机1台，2行收获机1台、小型杀秧机1台等配套农机具2台（套）。

100～300亩：推荐配置65马力拖拉机1台，2行播种机1台、2行收获机1台、小型中耕机1台、小型旋耕机1台、小型杀秧机1台及喷药机械等配套农机具6台（套）。

300～500亩：推荐配置65马力拖拉机1台，2行播种机1台、2行收获机1台、小型中耕机1台、小型旋耕机1台、小型杀秧机1台及喷药机械等配套农机具6台（套）。

500亩以上：每500亩推荐配置65马力拖拉机1台，2行播种机1台、2行收获机1台、小型中耕机1台、小型旋耕机1台、小型杀秧机1台及喷药机械等配套农机具6台（套）。

（编制专家：隋启君　金黎平　庞万福　吕金庆　雷尊国　何卫　王季春）

（二）西南二季作马铃薯区

西南二季作马铃薯区主要分布在贵州省的黔南、黔东南、黔西南与广西交界的低热河谷地区，黔北的铜仁、松桃、赤水、习水等市（县），云南的曲靖、昭通、昆明、大理等地，四川的平原丘陵区、盆周山区及河谷地带和重庆全部。该区域种植面积约1 247万亩、总产量1 621万吨，主要种植模式为薯—稻—薯、薯—稻—薯/油—麦、薯—玉—麦（菜）、薯—玉—苕（甘薯）、薯—玉—豆、薯—菜—稻等，一年3熟。属亚热带湿润季风气候区，土壤类型以水稻土和黄棕壤、红壤、石灰土、紫色土为主。播种时间为10月至翌年2月，收获时间3～6月。制约该区域马铃薯高产的因素：一是秋季多雨、冬春旱、低温冻害等气象灾害多；二是晚疫病发生面积大、危害重；三是作物茬口紧，薯—玉—薯共生矛盾突出；四是马铃薯机械化种植水平低，基本没有全程机械化种植。

西南二季作区马铃薯高垄双行覆膜机播技术模式

高产抗病品种＋高垄双行覆膜机播＋晚疫病防控＋机械化收获＋残膜回收

——预期目标产量　通过推广该技术模式，马铃薯平均亩产2 000千克。

——关键技术路线

选用高产抗病品种：选择适宜当地种植的优质耐旱抗病高产中早熟品种，采用优质脱毒种薯。在播种前10天，催壮芽至0.5～1厘米，50克左右小薯整薯播种，50克以上切块播种，每个切块1～2个芽眼。100千克种薯用1.5千克滑石粉（或草木灰）＋50克甲霜·锰锌＋60克农用链霉素拌种，阴干使伤口愈合，24小时即可播种。

高垄双行覆膜机播：采用504拖拉机及配套机具耕整田地，耕深25厘米以上，整平耙细。双行垄作，宽行80厘米，窄行30厘米，株距25～30厘米，亩密度4 000～5 000株。两行覆膜播种机一次完成播种、施肥、起垄和覆膜，垄高20厘米。播种带膜上覆土。

晚疫病防治：根据预测预报，封垄前预防晚疫病，盛花期和块茎膨大期防治晚疫病。每隔10天喷一次药预防，一旦发现中心病株后改为每7天喷一次治疗药剂。采用背负式小型喷雾机或机动喷雾机。

适时机械杀秧收获：根据薯皮老化程度，适时收获。收获前7天杀秧机杀秧。机械化收获。收获运输过程尽量避免机械损伤和混杂。收获后人工和机械回收残膜。

——成本效益分析

目标产量收益：以亩产2 000千克、价格1.4元/千克计算，合计2 800元。

亩均成本投入：1 635元。

亩均纯收益：1 165元。

适度经营规模面积：32亩。

——可供选择的常见经营规模推荐农机配置

50～100亩：一般不需要配置农机具。

西南二季作区马铃薯高垄双行覆膜机播技术模式图

<table>
<tr><td rowspan="2">月份（旬）</td><td>12月</td><td colspan="3">1月</td><td colspan="3">2月</td><td colspan="3">3月</td><td colspan="3">4月</td><td colspan="3">5月</td><td colspan="3">6月</td></tr>
<tr><td>下旬</td><td>上旬</td><td>中旬</td><td>下旬</td><td>上旬</td><td>中旬</td><td>下旬</td><td>上旬</td><td>中旬</td><td>下旬</td><td>上旬</td><td>中旬</td><td>下旬</td><td>上旬</td><td>中旬</td><td>下旬</td><td>上旬</td><td>中旬</td><td>下旬</td></tr>
<tr><td>节气</td><td>冬至</td><td>小寒</td><td></td><td>大寒</td><td>立春</td><td></td><td>雨水</td><td>惊蛰</td><td></td><td>春分</td><td>清明</td><td></td><td>谷雨</td><td>立夏</td><td></td><td>小满</td><td>芒种</td><td></td><td>夏至</td></tr>
<tr><td>生育时期</td><td colspan="5">播种期</td><td colspan="2">发芽期</td><td colspan="2">苗期</td><td colspan="2">现蕾期</td><td colspan="3">花期</td><td colspan="5">成熟收获期</td></tr>
<tr><td>主攻目标</td><td colspan="5">健康适龄种薯、壮芽</td><td colspan="2">促早出苗，出全苗、壮苗</td><td colspan="2">苗齐、苗壮、根深</td><td colspan="2">提高单株结薯率</td><td colspan="3">控制晚疫病，提高大、中薯率</td><td colspan="5">防止茎叶早衰，适时收获，丰产丰收</td></tr>
<tr><td>播前准备</td><td colspan="19">品种选择：选用适合当地生态环境的优质高产抗病优良品种，采用优质脱毒种薯，亩产潜力 2 000 千克以上
种薯处理：选用生活力健壮的健康种薯，做好种薯催芽、切块、草木灰或药剂拌种等处理
地块处理：选用壤土或沙壤土，深翻耙平，翻耕深度 30 厘米左右
肥料准备：亩施农家肥 1 000～2 000 千克，三元复合肥或马铃薯专用肥 75 千克</td></tr>
<tr><td>精细播种</td><td colspan="19">播种期：12 月上旬至翌年 2 月上旬，适墒播种
播种量：根据品种不同，按每亩 4 000～5 000 株的密度确定播量，亩需种薯 150～200 千克左右
播种方式：采用机械化的播种方式，一次完成播种、施肥、起垄和覆膜
施足底肥：每亩施农家肥 1 000～2 000 千克，三元复合肥或马铃薯专用肥 75 千克</td></tr>
<tr><td>预防低温冻害</td><td colspan="19">出苗后要密切关注天气预报，如预报有低温霜冻，应向田地内灌水或者在上风口燃烧潮湿的柴草释放烟雾飘至马铃薯田块，以避免或减轻低温冻害带来的损失</td></tr>
</table>

（续）

适时排灌水、追肥	现蕾期、开花期及时灌水，多雨季节及时排出田内积水 早追肥，出苗时施清粪水加尿素，封垄后应及时追施叶面肥
防治晚疫病	根据预测预报，封垄前预防、盛花期后防治结合。采用背负式小型喷雾机或机动喷雾机，每隔10天喷药预防，一旦发现中心病株后每7天喷施治疗药剂一次，共3～4次
适时机械收获	收获时间：视天气情况和薯皮老化程度，选用2行收获机适时晴天收获 注意事项：减少机械损伤和混杂，增加商品性。收获后防止暴晒、防雨、防风、防冻和防光 残膜回收：覆膜种植及时回收所有残膜，防止污染环境
规模及收益	目标产量：亩产2 000千克。亩均纯收益：1 165元。农户适度经营规模为32亩 50～100亩：不配置农机具 100～300亩：推荐配置50马力拖拉机1台，2行播种覆膜机1台、2行收获机1台、小型中耕机1台、小型旋耕机1台、小型杀秧机1台、残膜回收机1台及喷药机械1台等配套农机具7台（套） 300～500亩：推荐配置50马力拖拉机1台，2行播种覆膜机1台、2行收获机1台、小型中耕机1台、小型旋耕机1台、小型杀秧机1台、残膜回收机1台及喷药机械1台等配套农机具7台（套） 500亩以上：每500亩推荐配置50马力拖拉机1台，2行播种覆膜机1台、2行收获机1台、小型中耕机1台、小型旋耕机1台、小型杀秧机1台、残膜回收机1台及喷药机械1台等配套农机具7台（套）

100～300 亩：推荐配置 50 马力拖拉机 1 台，2 行播种覆膜机 1 台、2 行收获机 1 台、小型中耕机 1 台、小型旋耕机 1 台、小型杀秧机 1 台、残膜回收机 1 台及喷药机械 1 台等配套农机具 7 台（套）。

300～500 亩：推荐配置 50 马力拖拉机 1 台，2 行播种覆膜机 1 台、2 行收获机 1 台、小型中耕机 1 台、小型旋耕机 1 台、小型杀秧机 1 台、残膜回收机 1 台及喷药机械 1 台等配套农机具 7 台（套）。

500 亩以上：推荐配置 50 马力拖拉机 1 台，2 行播种覆膜机 1 台、2 行收获机 1 台、小型中耕机 1 台、小型旋耕机 1 台、小型杀秧机 1 台、残膜回收机 1 台及喷药机械 1 台等配套农机具 7 台（套）。

（编制专家：黄振霖　金黎平　郭华春　杨炳南　雷尊国　庞万福　何卫）

（三）西北马铃薯区

西北马铃薯区主要分布在甘肃、青海、宁夏、陕西及新疆地区，是我国重要的马铃薯一季作产区。该区域马铃薯种植面积 2 000 多万亩，其中水浇地 600 万亩左右。属典型的大陆性温带季风气候，无霜期 110～180 天，降雨量 200～610 毫米，年蒸发量 1 000～2 500 毫米。土壤以黄土、黄绵土、黑垆土、栗钙土、沙土、沙壤土为主。种植模式为一年一熟，一般 4 月中下旬至 5 月中旬播种，9 月中旬至 10 月中、下旬收获。制约该区域马铃薯高产的因素：一是干旱少雨，蒸发量大；二是机种机收不足 10%，机械化水平低；三是马铃薯早疫病、晚疫病等病害发生面积大、危害重。

西北马铃薯秋覆膜双行垄侧播种技术模式（模式 1）

耐旱品种＋秋覆膜＋双行垄侧播种＋早疫病、晚疫病防控＋机械化收获＋残膜回收

——预期目标产量　通过推广该技术模式，马铃薯平均亩产达到 1 300 千克。

——关键技术路线

选用耐旱高产抗病品种：选择适宜当地种植的优质耐旱高产中晚熟品种，采用优质脱毒种薯，在播种前 20 天内（一般 3 月下旬）出库，置于 18～20℃暖室暗光催芽 10 天左右，待幼芽至 0.5～0.7 厘米时，转在 12～15℃散射光下处理一周，均匀感光并避免伤芽、掉芽。50 克左右小薯整薯播种，50 克以上

切块播种，每个切块带1～2个芽。100千克种薯用1.5千克滑石粉+50克70%甲基托布津+60克农用链霉素拌种，阴干使伤口愈合，24小时即可播种。

秋覆膜：上一年秋收后整地、施肥、土壤处理、覆膜依次连续作业，当天完成。用654拖拉机耕整地，每亩用5%辛硫磷颗粒剂2.5千克进行土壤处理防治地下害虫。全膜覆盖选用1.2米宽地膜、半膜覆盖选用0.8米宽地膜，用覆膜机覆膜，每隔2米设一个“压土带”以防大风揭膜。地膜厚度要求选用0.01毫米以上添加耐候剂的地膜，地膜颜色首选黑色。

双行垄侧播种：大垄70厘米，小垄40厘米。用特制的打孔器按25～30厘米的株距人工打孔，孔深10厘米，直径4～5厘米，播后用细土将播种孔封严。

早疫病、晚疫病防控：现蕾期（6月上、中旬）预防早疫病，封垄前（6月底至7月上旬）预防晚疫病，盛花期和块茎膨大期防治晚疫病。采用背负式小型喷雾机或机动喷雾机，每隔10天喷一次药预防，一旦发现中心病株后改为每7天喷一次治疗药剂。

适时机械收获：视薯皮老化程度，适时收获。根据地块大小选用双行收获机收获。收获运输过程尽量避免机械损伤和混杂。收获后人工或机械回收残膜。

建立严格的轮作倒茬制度：至少每3年轮作倒茬一次。

——成本效益分析

目标产量收益：以亩产1 300千克、价格1元/千克计算，合计1 300元。

亩均成本投入：943元。

亩均纯收益：357元。

适度经营规模面积：206亩。

——可供选择的常见经营规模推荐农机配置

50～100亩：一般不需要配置农机具。

100～300亩：推荐配置65马力拖拉机1台，小型覆膜机1台、2行收获机1台、小型中耕机1台、小型旋耕机1台、残膜回收机1台及喷药机械1台等配套农机具6台（套）。

300～500亩：推荐配置65马力拖拉机1台，小型覆膜机1台、2行收获机1台、小型中耕机1台、小型旋耕机1台、残膜回收机1台及喷药机械1台等配套农机具6台（套）。

500亩以上：每500亩推荐配置65马力拖拉机1台，小型覆膜机1台、2行收获机1台、小型中耕机1台、小型旋耕机1台、残膜回收机1台及喷药机械1台等配套农机具6台（套）。

西北马铃薯秋覆膜双行垄侧播种技术模式图（模式 1）

月份（旬）	3月	4月			5月			6月			7月			8月			9月			10月			11月
	下旬	上旬	中旬	下旬	上旬	中旬	下旬	上旬	中旬	下旬	上旬	中旬	下旬	上旬	中旬	下旬	上旬	中旬	下旬	上旬	中旬	下旬	上旬
节气	春分	清明		谷雨	立夏		小满	芒种		夏至	小暑		大暑	立秋		处暑	白露		中秋	寒露		霜降	立冬

生育期	休眠催芽期	发芽期	幼苗期	现蕾期	开花期	成熟期	收获期	休眠期
主攻目标	种薯适龄、健康，催壮芽	出苗快、整齐，多发根	促根、壮苗	促茎叶生长，提高单株结薯数	提高大薯率、减少缺陷，防控病害	防早衰，促干物质积累	减少损伤、防冻	减少贮藏损失

播前准备	品种选择：耐旱高产抗病品种。产量构成：亩株数 3 000～4 000，单株结薯 3～4 个，平均块茎重 150 克以上 种薯处理：脱毒种薯播前 20 天出窖，剔除病烂薯，暖种、散射光催壮芽；正确切块，切刀消毒，药剂拌种，愈合伤口，防止感染 深耕保墒：选择沙壤土与轻壤土，避免下湿地或偏碱地；切忌重茬，3 年轮作。秋收后用 654 拖拉机深耕整地，蓄足底墒。山坡地等高耕作和种植 深施基肥：施足基肥，深度 15 厘米。亩施有机肥 2 000 千克，复合肥 50 千克。要将有机肥和化肥集中深施在膜带内 地膜覆盖：秋覆膜，全膜或半膜覆盖。施肥、土壤处理、覆膜机覆膜依次连续作业，当天完成。每隔 2 米要设一个“压土带”以防大风揭膜。地膜要求厚度在 0.01 毫米以上添加耐候剂的，地膜颜色首选黑色
适时播种	播种期：4 月 15 日～5 月 20 日土壤 10 厘米深处地温达到 7～8℃时适墒播种 播种量：按亩基本保苗 3 000～4 000 株，一般每亩需种薯 150～200 千克 播种方式：双行垄侧播种。大垄 70 厘米，小垄 40 厘米。用打孔器按 30～40 厘米的株距人工打孔，孔深 10 厘米，直径 4～5 厘米，播后用土封严播种孔

（续）

田间管理	查膜护膜：苗期加强查膜护膜，防止大风扯膜；出苗期及时查苗放苗 及时除草：苗期、现蕾期尽早除草 疫病防控：根据预报，现蕾期（6月上、中旬）预防早疫病，封垄前（6月底～7月上旬）预防晚疫病，盛花期后防治晚疫病。采用背负式小型喷雾机或机动喷雾机，每隔10天喷一次药预防，一旦发现中心病株后改为每7天喷一次治疗药剂
机械收获	收获时间：视天气情况和薯皮老化程度，选用两行收获机适时晴天收获 注意事项：减少机械损伤和混杂，增加商品性。收获后防暴晒、防雨、防风、防冻和防光 残膜回收：覆膜种植的应及时回收所有残膜，防止污染环境
规模及收益	目标产量：亩产1 300千克。亩均纯收益：357元。农户适度经营规模为206亩 50～100亩：不配置农机具 100～300亩：推荐配置65马力拖拉机1台，小型覆膜机1台、2行收获机1台、小型中耕机1台、小型旋耕机1台、残膜回收机1台及喷药机械1台等配套农机具6台（套） 300～500亩：推荐配置65马力拖拉机1台，小型覆膜机1台、2行收获机1台、小型中耕机1台、小型旋耕机1台、残膜回收机1台及喷药机械1台等配套农机具6台（套） 500亩以上：每500亩配置65马力拖拉机1台，小型覆膜机1台、2行收获机1台、小型中耕机1台、小型旋耕机1台、残膜回收机1台及喷药机械1台等配套农机具6台（套）

西北马铃薯双行机播膜下滴灌技术模式（模式 2）

优质高产品种＋双行机播起垄覆膜＋膜下滴灌＋晚疫病综合防控＋机械化收获＋残膜回收

——预期目标产量　通过推广该技术模式，马铃薯平均亩产达到 1 800 千克。

——关键技术路线

选择优质抗病高产品种：选择适宜当地种植的优质抗病高产品种，采用优质脱毒种薯，在播种前 20 天内（一般 4 月初）出库，置于 18～20℃暖室暗光催芽 10 天左右，待幼芽至 0.5～0.7 厘米时，转在 12～15℃散射光下处理一周，均匀感光并避免伤芽、掉芽。50 克左右小薯整薯播种，50 克以上切块播种，每个切块带 1～2 个芽。100 千克种薯用 1.5 千克滑石粉＋50 克 70%甲基托布津＋60 克农用链霉素拌种，阴干使伤口愈合，24 小时即可播种。

双行机播起垄覆膜：选用 80 马力拖拉机，配套开沟、施肥、播种、起垄、施药、铺管和覆膜一体机完成作业。上一年秋季整地每亩施腐熟农家肥 1 500～2 000 千克，春季播前旋耕整地，播种时每亩施复合肥 60 千克、添加 5%辛硫磷颗粒剂 2.5 千克防治地下害虫，用封闭性除草剂垄面喷雾。双行机播，起垄覆膜，选用 90 厘米宽的地膜，宽行 70 厘米，窄行 40 厘米，垄高15～20 厘米，株距 24～30 厘米，密度 3 800～5 000 株。毛管一膜一带，铺在窄行双行中间；播后膜上覆土 3 厘米。

膜下滴灌：出苗后视土壤墒情适时滴灌。在水源不足时，在出苗期、现蕾期和开花期滴灌 3 次，每次每亩滴灌 10 吨水；水源充足时，在出苗期、现蕾期、开花期、盛花期和薯块膨大期滴灌 5～8 次，每次每亩滴灌 10 吨水。结合滴灌，现蕾期每亩追施 5 千克尿素；盛花期每亩追施 5 千克尿素、5 千克硫酸钾。

晚疫病综合防控：在初花期预防晚疫病，开花期和块茎膨大期防治晚疫病。每 8～10 天喷一次保护剂，一旦发现中心病株后改为每 5～7 天喷一次治疗药剂。

机械化收获：初霜后根据天气适时收获，收获前 15 天停止灌水，选用双行收获机在晴天收获，防止机械损伤和冻害。收获后回收毛管和残膜。

——成本效益分析

目标产量收益：以亩产 1 800 千克、价格 1 元/千克计算，合计 1 800 元。

亩均成本投入：1 308 元。

亩均纯收益：492 元。

西北马铃薯双行机播膜下滴灌技术模式图（模式 2）

<table>
<tr><td rowspan="2">月份
（旬）</td><td>3月</td><td colspan="3">4月</td><td colspan="3">5月</td><td colspan="3">6月</td><td colspan="3">7月</td><td colspan="3">8月</td><td colspan="3">9月</td><td colspan="3">10月</td><td>11月</td></tr>
<tr><td>下旬</td><td>上旬</td><td>中旬</td><td>下旬</td><td>上旬</td><td>中旬</td><td>下旬</td><td>上旬</td><td>中旬</td><td>下旬</td><td>上旬</td><td>中旬</td><td>下旬</td><td>上旬</td><td>中旬</td><td>下旬</td><td>上旬</td><td>中旬</td><td>下旬</td><td>上旬</td><td>中旬</td><td>下旬</td><td>上旬</td></tr>
<tr><td>节气</td><td>春分</td><td>清明</td><td></td><td>谷雨</td><td>立夏</td><td></td><td>小满</td><td>芒种</td><td></td><td>夏至</td><td>小暑</td><td></td><td>大暑</td><td>立秋</td><td></td><td>处暑</td><td>白露</td><td></td><td>中秋</td><td>寒露</td><td></td><td>霜降</td><td>立冬</td></tr>
<tr><td>生育期</td><td colspan="3">休眠催芽期</td><td colspan="4">发芽期</td><td colspan="3">苗期</td><td colspan="2">现蕾期</td><td colspan="3">开花期</td><td colspan="3">成熟期</td><td colspan="3">收获期</td><td colspan="2">休眠期</td></tr>
<tr><td>主攻
目标</td><td colspan="3">种薯适龄、
健康，催壮芽</td><td colspan="4">出苗快、整齐，
多发根</td><td colspan="3">促根、壮苗</td><td colspan="2">促茎叶生长，
提高单株
结薯数</td><td colspan="3">提高大薯率、
减少缺陷，
防控病害</td><td colspan="3">防早衰，
促干物质积累</td><td colspan="3">减少损伤、
防冻</td><td colspan="2">减少贮藏
损失</td></tr>
<tr><td>播前
准备</td><td colspan="23">品种选择：优质抗病高产品种。产量构成：亩株数 3800～5 000，单株结薯 3～4 个，平均块茎重 150 克以上
田地选择：选择地势平坦、土层深厚疏松、有灌溉条件的地块，切忌连作，秋收后精细翻耙整地，翻耕 25～30 厘米
配方施肥：施足底肥，亩施优质腐熟农家肥 1 500～2 000 千克，合理配施化肥
种薯处理：脱毒种薯播前 20 天出窖，剔除病烂薯，暖种、散射光催壮芽；正确切块，切刀消毒，药剂拌种，愈合伤口，防止感染
滴灌铺设：科学设计，田间地头铺设滴灌配套主管和支管</td></tr>
<tr><td>适时
播种</td><td colspan="23">播种期：4 月 20 日～5 月 20 日土壤 10 厘米深处地温达到 7～8℃时适墒播种
播种量：按亩基本保苗 3 800～5 000 株计，一般每亩需种薯 190～250 千克
播种方式：80 马力拖拉机配套覆膜种植机，开沟、施肥、播种、起垄、施药、铺管、覆膜一次完成。双行机播，起垄覆膜，宽行 70 厘米，窄行 40 厘米。滴灌毛管一膜一带，株距 24～30 厘米，密度 3 800～5 000 株；铺在窄行的双行中间；播后膜上机械覆土 3 厘米</td></tr>
<tr><td>田间
管理</td><td colspan="23">查膜护管：苗期加强查膜护膜，防止大风扯膜、滴灌管堵塞；出苗期及时查苗放苗
适时补灌：在水源不足时，在出苗期、现蕾期和开花期滴灌 3 次，每次每亩滴灌 10 吨水；水源充足时，在出苗期、现蕾期、开花期、盛花期和薯块膨大期滴灌 5～8 次，每次每亩滴灌 10 吨水</td></tr>
</table>

（续）

田间管理	科学追肥：结合滴灌，现蕾期每亩追施 5 千克尿素；盛花期每亩追施 5 千克尿素、5 千克硫酸钾 疫病防控：初花期预防晚疫病，开花期和块茎膨大期防治晚疫病。采用背负式小型喷雾机或机动喷雾机，每隔 8～10 天喷一次药预防，一旦发现中心病株后改为每 5～7 天喷一次治疗药剂
机械收获	收获时间：初霜后根据天气情况适时收获，收获前 7 天停止灌水，选用双行收获机在晴天收获，防止机械损伤和冻害 残膜回收：收获后人工或机械回收毛管和残膜，防止环境污染
规模及收益	目标产量：亩产 1 800 千克。亩均纯收益：492 元。农户适度经营规模为 150 亩 50～100 亩：不配置农机具 100～300 亩：推荐配置 80 马力拖拉机 1 台，2 行覆膜种植机 1 台、小型膜上覆土机 1 台、2 行收获机 1 台、旋耕机 1 台、残膜回收机 1 台及喷药机械 1 台等配套农机具 6 台（套） 300～500 亩：推荐配置 80 马力拖拉机 1 台，2 行覆膜种植机 1 台、小型膜上覆土机 1 台、2 行收获机 1 台、旋耕机 1 台、残膜回收机 1 台及喷药机械 1 台等配套农机具 6 台（套） 500 亩以上：每 500 亩配置 80 马力拖拉机 1 台，2 行覆膜种植机 1 台、小型膜上覆土机 1 台、2 行收获机 1 台、旋耕机 1 台、残膜回收机 1 台及喷药机械 1 台等配套农机具 6 台（套）

适度经营规模面积：150 亩。

——可供选择的常见经营规模推荐农机配置

50～100 亩：一般不需要配置农机具。

100～300 亩：推荐配置 80 马力拖拉机 1 台，2 行覆膜种植机 1 台、小型膜上覆土机 1 台、2 行收获机 1 台、旋耕机 1 台、残膜回收机 1 台及喷药机械 1 台等配套农机具 6 台（套）。

300～500 亩：推荐配置 80 马力拖拉机 1 台，2 行覆膜种植机 1 台、小型膜上覆土机 1 台、2 行收获机 1 台、旋耕机 1 台、残膜回收机 1 台及喷药机械 1 台等配套农机具 6 台（套）。

500 亩以上：每 500 亩推荐配置 80 马力拖拉机 1 台，2 行覆膜种植机 1 台、小型膜上覆土机 1 台、2 行收获机 1 台、旋耕机 1 台、残膜回收机 1 台及喷药机械 1 台等配套农机具 6 台（套）。

（编制专家：金黎平　郭志乾　常勇　王蒂　庞万福　吕金庆）

（四）南方冬种马铃薯区

南方冬种马铃薯区主要为广西具有菜用马铃薯发展潜力的产区。一般海拔 500 米以下，属于亚热带季风性气候，水源丰富，无霜期长（部分地区全年无霜），马铃薯生长期平均气温 13～20℃。该区域冬季马铃薯大部分是利用冬闲稻田、旱地、坡地、果园种植，土壤以黄红壤、沙壤土为主。一般 10 月中旬至 12 月上旬播种，翌年 1 月上旬至 5 月上旬收获。制约该区域马铃薯高产的主要因素：一是低温霜冻，二是光照少，三是机械化水平低，四是种薯异地调运。

南方冬马铃薯双行机垄播覆盖技术模式

早熟高产品种＋双行垄播＋稻草或黑地膜覆盖＋晚疫病防控＋机械化收获＋残膜回收

——预期目标产量　通过推广该技术模式，马铃薯平均亩产达到 2 000 千克。

——关键技术路线

选用早熟高产品种：选择适宜当地种植的早熟优质高产品种，采用脱毒种薯，带芽播种。50 克左右小薯整薯播种，50 克以上切块播种，每个切块带 1～2 个芽。100 千克种薯用 1.5 千克滑石粉＋100 克 72％克露＋50 克 70％甲基托

南方冬马铃薯双行机垄播覆盖技术模式图

<table>
<tr><td rowspan="2">月份（旬）</td><td colspan="2">10月</td><td colspan="3">11月</td><td colspan="3">12月</td><td colspan="3">1月</td><td colspan="3">2月</td><td colspan="3">3月</td><td colspan="3">4月</td><td>5月</td></tr>
<tr><td>中旬</td><td>下旬</td><td>上旬</td><td>中旬</td><td>下旬</td><td>上旬</td><td>中旬</td><td>下旬</td><td>上旬</td><td>中旬</td><td>下旬</td><td>上旬</td><td>中旬</td><td>下旬</td><td>上旬</td><td>中旬</td><td>下旬</td><td>上旬</td><td>中旬</td><td>下旬</td><td>上旬</td></tr>
<tr><td>节气</td><td></td><td>霜降</td><td>立冬</td><td></td><td>小雪</td><td>大雪</td><td></td><td>冬至</td><td>小寒</td><td></td><td>大寒</td><td>立春</td><td></td><td>雨水</td><td>惊蛰</td><td></td><td>春分</td><td>清明</td><td></td><td>谷雨</td><td>立夏</td></tr>
<tr><td>生育期</td><td colspan="6">播种出苗期</td><td colspan="3">幼苗期</td><td colspan="12">块茎膨大期、成熟收获期</td></tr>
<tr><td>主攻目标</td><td colspan="6">施足基肥，带芽播种，
保证播种质量，避开霜冻</td><td colspan="3">出苗快、整齐，
促根、壮苗</td><td colspan="12">提高大薯率、减少缺陷，防控病害
防早衰，抢晴收获，减少损伤</td></tr>
<tr><td>播前准备</td><td colspan="21">品种选择：早熟、高产、优质品种。产量构成：亩株数 5 000～6 000 株，单株结薯 3～4 个，平均块茎重 150～500 克
种薯处理：提前备足合格脱毒种薯，剔除病烂薯，散射光催壮芽；正确切块，切刀消毒，药剂拌种，愈合伤口，防止感染，带芽播种
备耕选地：选择沙壤土与轻壤土，避免排灌不良，精细整地，随整随播
施足基肥：施足基肥，一般亩施腐熟农家肥 1 000～1 500 千克或鸡粪 500～800 千克，马铃薯专用复合肥 100～150 千克，或者 45%三元硫酸钾型复合肥 80～120 千克，硫酸钾 20～30 千克。有机肥和防治地下害虫的农药可在耙地时全田撒施
备膜备草：每亩备稻草 500～800 千克或者宽度为 70～80 厘米的黑色地膜 5～6 千克</td></tr>
<tr><td>适时播种</td><td colspan="21">播种期：10 月中下旬～12 月上旬
播种量：按亩基本保苗 5 000～6 000 株计，一般每亩需种薯 150～180 千克
播种方式：按每畦包沟 110～120 厘米，畦面宽 70～80 厘米，沟宽 40 厘米的规格分畦，每畦分别种植 2 行，行距 30 厘米，畦边留20～25 厘米，株距 20～25 厘米，每亩种植 5 000～6 000 株。可以用专业播种机施肥、播种，也可以用人工在畦面中央条施一行肥料后，在肥料两边品字形摆种，种薯不接触化肥。施肥摆种后用机械开沟覆土或人工挑沟盖种盖肥，覆盖 4～5 厘米细土，然后用 3～5 厘米厚的稻草或者宽度为 70～80 厘米的黑色地膜覆盖。最后用机械或人工清沟压土，稻草面上压土 3～5 厘米，黑色地膜面上压土 2～3 厘米</td></tr>
</table>

（续）

田间管理	严格控水：播种后保持湿润，苗期不要受旱，后期防止水分过多 及时除草：苗期尽早用马铃薯专用除草剂除草 疫病防控：封垄后防治晚疫病2～3次，每7天喷一次防治药剂
机械收获	收获时间：视市场和天气情况，用收获机及时在晴天收获上市 注意事项：减少机械损伤，收获后防止暴晒、防雨和防光 残膜回收：覆膜种植及时回收所有残膜，防止污染环境
规模及收益	目标产量：亩产2 000千克。亩均纯收益：1 500元。农户适度经营规模为25亩 50～100亩：推荐配置404拖拉机、旋耕机、播种机、收获机、开沟（上土）机和喷药机等配套农机具6台（套），或只配置小型田园管理机 100～300亩：推荐配置404拖拉机2台、旋耕机1台、播种机1台、收获机2台、开沟（上土）机1台、喷药机1台等配套农机具8台（套） 300～500亩：推荐配置404拖拉机3台、旋耕机2台、播种机2台、收获机2台、开沟（上土）机2台、喷药机1台等配套农机具12台（套） 500亩以上：每500亩配置954拖拉机1台、404拖拉机3台、旋耕机3台、播种机3台、收获机3台、开沟（上土）机2台、喷药机2台等配套农机具17台（套）

布津+60克农用链霉素拌种，阴干使伤口愈合后即可播种。

双行垄播：选用404拖拉机及配套机械整地开沟，按每畦包沟110～120厘米，畦面宽70～80厘米，沟宽40厘米的规格分畦，每畦分别种植2行，行距30厘米，畦边留20～25厘米，株距20～25厘米，每亩种植5 000～6 000株。

稻草或黑膜覆盖机播：土地耙平耙碎后，可以用专业播种机施肥、播种，也可以用人工在畦面中央条施一行肥料后，在肥料两边品字形摆种，种薯不接触化肥。施肥摆种后用机械开沟覆土或人工挑沟盖种盖肥，覆盖4～5厘米细土，然后用3～5厘米厚的稻草或者宽度为70～80厘米的黑色地膜覆盖。最后用机械或人工清沟压土，稻草面上压土3～5厘米，黑色地膜面上压土2～3厘米。

防控晚疫病：封垄后防治晚疫病2～3次，每7天喷一次防治药剂。

机械化收获：综合考虑市场价格、植株成熟程度，选择晴天适时机械收获。收获运输过程尽量避免机械损伤和混杂。收获后人工和机械回收残膜。

——成本效益分析

目标产量收益：以亩产2 000千克、价格1.8元/千克计算，合计3 600元。

亩均成本投入：2 100元。

亩均纯收益：1 500元。

适度经营规模面积：25亩。

——可供选择的常见经营规模推荐农机配置

50～100亩：推荐配置404拖拉机1台、旋耕机1台、播种机1台、收获机1台、开沟（上土）机1台、喷药机1台等配套农机具6台（套）。也可以只配置小型田园管理机。

100～300亩：推荐配置404拖拉机2台、旋耕机1台、播种机1台、收获机2台、开沟（上土）机1台、喷药机1台等配套农机具8台（套）。

300～500亩：推荐配置404拖拉机3台、旋耕机2台、播种机2台、收获机2台、开沟（上土）机2台、喷药机1台等配套农机具12台（套）。

500亩以上：每500亩配置954拖拉机1台、404拖拉机3台、旋耕机3台、播种机3台、收获机3台、开沟（上土）机2台、喷药机2台等配套农机具17台（套）。

（编制专家：金黎平　陈明才　庞万福）

图书在版编目（CIP）数据

粮食高产高效技术模式／农业部种植业管理司，全国农业技术推广服务中心主编．—北京：中国农业出版社，2013.11

ISBN 978-7-109-18584-5

Ⅰ.①粮…　Ⅱ.①农…②全…　Ⅲ.①粮食作物-高产栽培-栽培技术　Ⅳ.①S51

中国版本图书馆CIP数据核字（2013）第269413号

中国农业出版社出版

（北京市朝阳区农展馆北路2号）

（邮政编码 100125）

责任编辑　张洪光　赵立山

阎莎莎　魏兆猛

中国农业出版社印刷厂印刷　　新华书店北京发行所发行

2013年11月第1版　　2013年12月北京第2次印刷

开本：700mm×1000mm　1/16　　印张：14.75

字数：258千字

定价：36.00元